기계
인벤터 - 3D / 2D
실기 활용서

예문사

저자 약력

다솔유캠퍼스 대표
고용노동부 과정평가형 자격 지정종목 검토위원
산업통상자원부 기술표준원 ISO 기계제도 표준위원

대표 강좌

권사부의 도면해독 실기이론
기계제도-2D + 첨삭지도
인벤터-3D/2D 실기 + 첨삭지도
기계AutoCAD-2D 3일 완성

늘 기본에 충실히
탑을 쌓듯이 차근차근

아무리 훌륭한 CAD 솔루션이라 할지라도 설계자 위에 있을 수는 없습니다.
그것은 설계를 하기 위한 도구일 뿐입니다.
중요한 것은 창조적인 설계 능력과 도면화할 수 있는 설계 제도 기술입니다.

이 책은 기계설계제도의 기본에서 기하공차 적용 부분까지 자격증 취득은 물론
실무에서도 활용할 수 있도록 심도 있게 구성했으며
유형별 분류 및 부품명 해설을 통해 과제도면 분석에 보다 쉽게 접근할 수 있도록 하였습니다.

이 책이 기계설계분야에 첫발을 내딛는 입문자, 비전공자들에게 밝은 빛이 되어줄 것이라 믿습니다.

다솔유캠퍼스 연구진들의 땀과 정성으로 만든 이 책이 누군가에게는 기회를 만들 수 있는 초석이 되었으면 하는 바람입니다.

권신혁

Creative Engineering Drawing

Dasol U-Campus Book

1996

전산응용기계설계제도

1998

제도박사 98 개발
기계도면 실기/실습

2001

전산응용기계제도 실기
전산응용기계제도기능사 필기
기계설계산업기사 필기

2007

KS규격집 기계설계
전산응용기계제도 실기 출제도면집

2008

전산응용기계제도 실기/실무
AutoCAD-2D 활용서

1996

다솔기계설계교육연구소

2000

㈜다솔리더테크
설계교육부설연구소 설립

2001

다솔유캠퍼스 오픈
국내 최초 기계설계제도
교육 사이트

2002

㈜다솔리더테크
신기술벤처기업 승인

2008

다솔유캠퍼스 통합

2010

자동차정비
강의 서비스

2012

홈페이지 12

Since 1996

Dasol U-Campus

다솔유캠퍼스는 기계설계공학의 상향 평준화라는 한결같은 목표를 가지고 1996년 이래 교재 집필과 교육에 매진해 왔습니다.
앞으로도 여러분의 꿈을 실현하는 데 다솔유캠퍼스가 기회가 될 수 있도록 교육자로서 사명감을 가지고 더욱 노력하는 전문교육기업이 되겠습니

2017

CATIA-3D 실무 실습도면집
3D 실기 활용서 시리즈(신간)

2021

건설기계설비기사 필기
기계설계산업기사 필기
전산응용기계제도기능사 필기
CATIA-3D 실기/실무 II

11

산응용제도 실기/실무(신간)
규격집 기계설계
규격집 기계설계 실무(신간)

2014

NX-3D 실기활용서
인벤터-3D 실기/실무
인벤터-3D 실기활용서
솔리드웍스-3D 실기/실무
솔리드웍스-3D 실기활용서
CATIA-3D 실기/실무

2018

기계설계 필답형 실기
권사부의 인벤터-3D 실기

2019

박성일마스터의 기계 3역학
홍쌤의 솔리드웍스-3D 실기

2022

UG NX-3D 실기 활용서
GV-CNC 실기/실무 활용서

12

oCAD-2D와 기계설계제도

2015

CATIA-3D 실기활용서
기능경기대회 공개과제 도면집

2020

일반기계기사 필기
컴퓨터응용가공선반기능사
컴퓨터응용가공밀링기능사

13

응용기계제도실기 출제도면집

  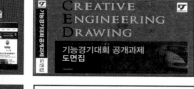

2013

홈페이지 2차 개편

2015

홈페이지 3차 개편
단체수강시스템 개발

2016

오프라인
원데이클래스

2017

오프라인
투데이클래스

2018

국내 최초 기술전문교육
브랜드 선호도 1위

2020

홈페이지 4차 개편
Live클래스
E-Book사이트(교사/교수용)

2021

모바일 최적화 1차 개편
YouTube 채널다솔 개편

2022

모바일 최적화 2차 개편

CONTENTS

인벤터 실행 및 환경설정

2D 스케치 기본 명령 및 기능 설명

기계 인벤터 - 3D / 2D 실기 활용서

3D 모델링 기본 명령 및 기능 설명

2D/3D 도면 작성 및 환경설정

기계요소설계작업 3D/2D 학습도면

CHAPTER 05

모델링에 의한 과제도면 해석

CHAPTER 06

KS기계제도규격

기계 인벤터 - 3D / 2D 실기 활용서

기 계 인 벤 터 - 3 D / 2 D 실 기 활 용 서

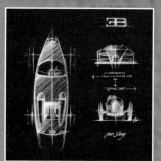

인벤터 실행 및 환경설정

● ● ● **BRIEF SUMMARY**

이 장은 기사/산업기사/기능사 시험에서 필요한 단위설정, 환경설정(응용프로그램 옵션 설정) 등에 대해서 상세하게 설명해 놓았다.

인벤터 3D/2D 핵심작업 4가지 요약

01 환경설정

- 작업을 진행하는 데 중요한 환경을 설정하는 부분이다.
- 작업 시간을 줄이기 위한 단축키를 설정할 수 있다.

02 2D 스케치 작업

- 3D 모델링을 하기 위한 스케치(밑그림)를 간단히 작업하기 위한 영역이다.

03 3D 모델링 작업

- 3D 단품 모델링을 완성하는 영역이다.
- 2D 스케치 영역에서 스케치(밑그림) 작업 후 3D 모델링을 진행할 수 있다.
- 2D 스케치(밑그림) 작업 없이 바로 모델링 작업을 진행할 수도 있다.
- 3D 모델링과 스케치 작업을 병행하면서 모델링을 완성할 수 있다.

04 2D, 3D 도면화 작업

- 2D 도면 및 3D 도면 작성을 위한 스타일 설정을 할 수 있다.

01 | 인벤터 실행

01 시작화면 구성 및 설정

① 홈 버튼 클릭

② 새로 만들기에서 단위 및 도면표준 설정 : 밀리미터, JIS 체크(ISO : 1각법, JIS : 3각법) (2019 이전 버전)

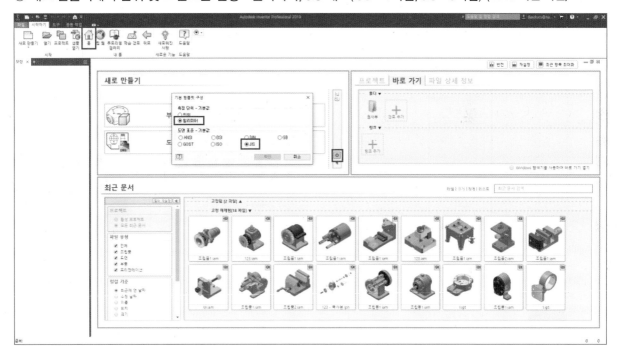

③ 새로 만들기에서 단위 및 도면표준 설정 : 밀리미터, JIS 체크(ISO : 1각법, JIS : 3각법) (2020 이후 버전)

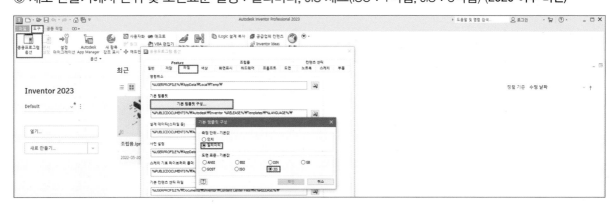

02 새로 만들기 열기

① Metric 선택

② 부품 : 2D 스케치와 3D 단품 모델링 작업영역

③ 도면 : 2D 도면 작업영역

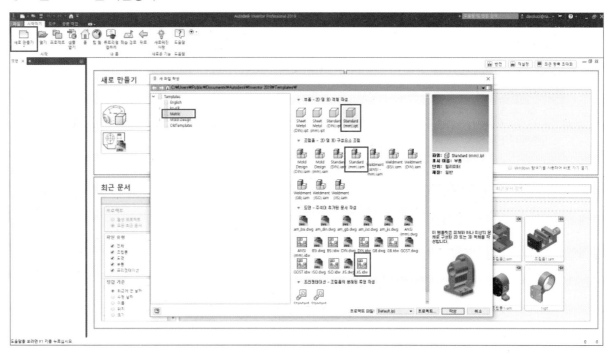

기능

1. 2D 스케치 및 3D 모델링 작업 : 부품 → Standard.ipt 선택

2. 2D, 3D 도면화 작업 : 도면 → JIS.idw 선택

---

03 시작 경로

① 새로 만들기 → Metric → 부품 → Standard.ipt 더블클릭

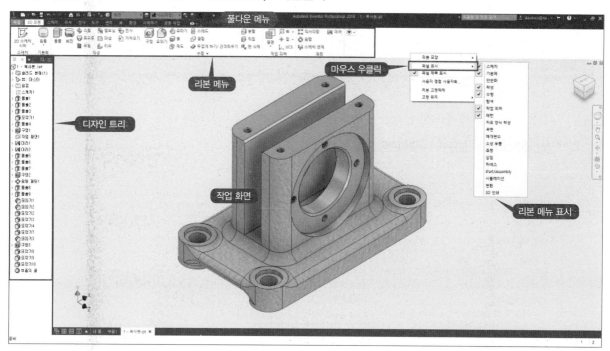

기능

1. 자격검정 시 필요한 3D 모형과 스케치 리본메뉴만 체크해서 사용하도록 한다.

2. 리본메뉴 패널에서 → 마우스 우클릭 → 패널 표시

3D 모형	스케치
스케치, 기본체, 작성, 수정, 작업피쳐, 패턴	스케치. 작성, 수정, 패턴, 구속조건, 형식

② 디자인 트리가 사라졌을 때

• 풀다운 메뉴 : 뷰 → 사용자 인터페이스 → 모형 체크

02 | 인벤터 환경설정

01 환경설정

작업을 진행하는 데 중요한 환경을 설정하는 부분이다.

- 풀다운 메뉴 → 도구 → 응용프로그램 옵션

(1) 일반 체크

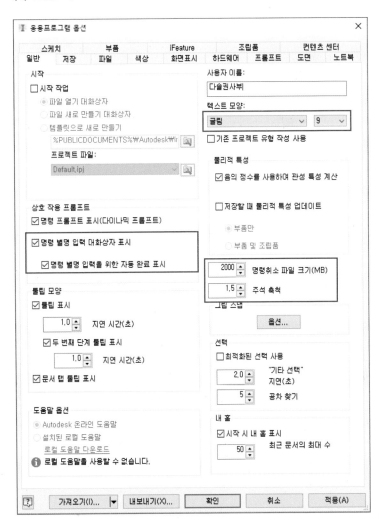

• 주요 설정 요약

텍스트 모양	명령취소 파일 크기	주석 축척
문자종류(환경설정 화면, 스케치 영역 치수 포함)	최대 작업용량	스케치 화면요소 크기 설정
굴림체, 9포인트 권장	1.5 ~ 2GB 권장	1.5 권장

명령 별명 입력 대화상자 표시	명령 별명 입력을 위한 자동완료 표시
단축키 입력시 화면상에 표시	중복된 단축키 또는 비슷한 단축명령 화면상에 표시
체크 권장	체크 권장

(2) 색상 체크

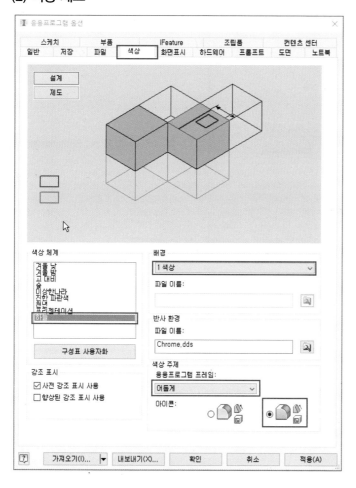

• 주요 설정 요약

색상 체계	배경	색상 주제 , 아이콘 색상
인벤터 화면 색상	바탕 배경 설정	메뉴 밝기 및 아이콘 색상
하늘색 권장	기본 설정 색상(하늘색) 권장	어둡게, 컬러 체크 권장

(3) 화면표시 체크

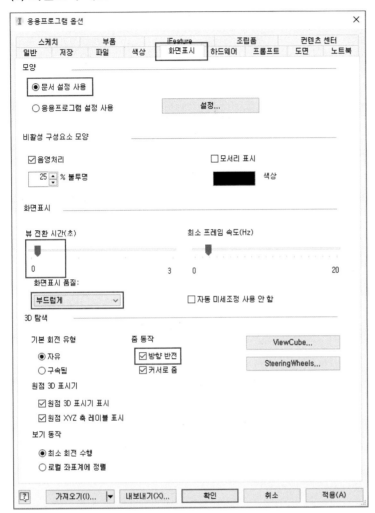

• 주요 설정 요약

색상 체계	배경	줌 동작
모델링 화면표시 모양	뷰 전환 속도	마우스 줌 동작(AutoCAD와 동일하게 사용)
문서 설정사용 체크 권장	0.16 ~ 0.2 권장	방향반전 체크 권장

(4) 도면 체크

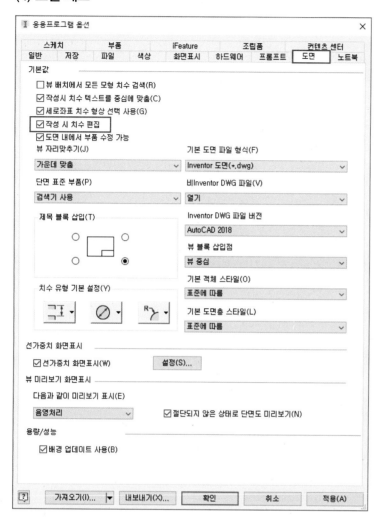

• 주요 설정 요약

기본값
도면작성 시 치수 기입 후 바로 편집화면 전환(2D 도면작성 시 불편하면 해지할 수 있음)
도면작성 시 치수 편집 체크 권장

(5) 스케치 체크

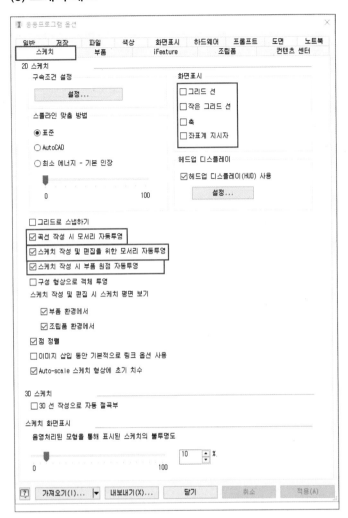

• 주요 설정 요약

구속조건 설정 → 일반 → 치수
작성 시 치수 편집
체크 권장

화면표시	스케치 작성 및 편집을 위한 모서리 자동투영 외
스케치 화면 표시 그리드 등	스케치 작성 시 해당 작업평면에 자동으로 투상(투영)선이 생성됨
모두 체크 해제 권장	해당 부분 체크

02 단축키 설정

단축명령으로 새로 지정 또는 수정할 수 있다. 대부분 AutoCAD 단축명령과 동일하다.

기본설정 그대로 쓰고, 설정되지 않은 명령들은 새롭게 지정한다.

① 풀다운 메뉴 → 도구 → 사용자화 → 키보드

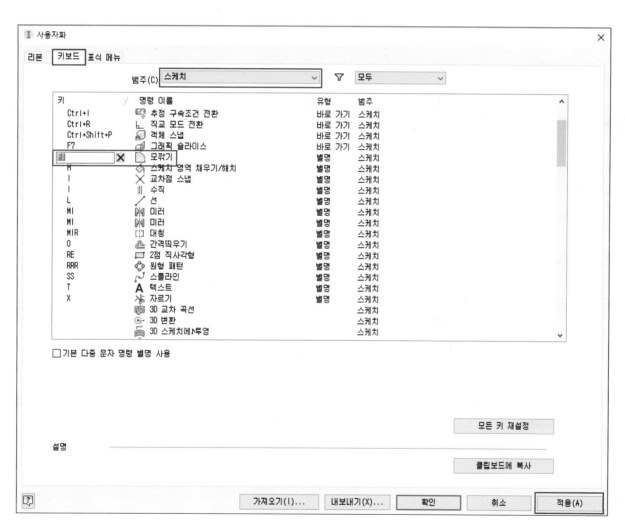

② 2D 스케치 주요 단축키

명령	단축키	범주(C)	기타
*새 스케치	S	배치된 피쳐	
선	L	스케치	
*스플라인	SS	스케치	새로 지정
원	C	스케치	
*2점 직사각	RE	스케치	새로 지정
자르기	X	스케치	
치수	D	치수	

③ 3D 모형 주요 단축키

명령	단축키	범주(C)	기타
*돌출	E	스케치된 피쳐	
*회전	R	스케치된 피쳐	
*구멍	H	스케치된 피쳐	
*원통(기본체)	HH	배치된 피쳐	새로 지정
*반 단면도	VV	뷰	새로 지정
*끝단면(단면해지)	EE	뷰	새로 지정
와이어프레임	WW	뷰	새로 지정
모서리로 음영처리	HI	뷰	새로 지정

④ 2D도면 작성 주요 단축키

명령	단축키	범주(C)	기타
*브레이크아웃	BB	도면 관리자	새로 지정

주

* : 인벤터 활용 시 자주 쓰이는 기능 표시

⑤ 기능키

명령	기능키
부드러운 줌(IN/OUT)	F3 + 마우스 왼쪽 버튼 상/하
자유롭게 형상 회전	F4
이전 뷰(화면) 전환	F5
* 등각 홈 뷰	F6
* 그래픽 슬라이스(절단면)	F7
구속조건 ON	F8
구속조건 OFF	F9
3D 화면에서 스케치(ON/OFF)	F10

03 뷰 화면 전환 및 3D 모델링 비주얼 스타일

(1) 뷰큐브(ViewCube)

① 화면상에 보이는 모델링의 뷰를 전환시킨다. 주로 3D 상태에서 사용한다.

② 뷰를 전환시키면 좌표도 함께 변환된다.

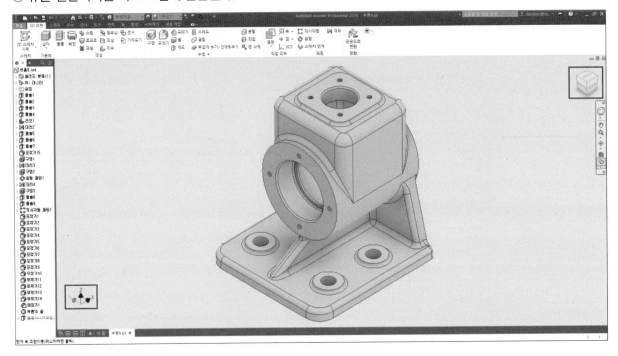

기능

뷰큐브가 사라졌을 때 : 풀다운 메뉴 → 뷰 → 사용자 인터페이스 → ViewCube 체크

(2) 뷰큐브(ViewCube)로 뷰 전환해 보기

원하는 부분에서 마우스 좌클릭 하면 뷰가 전환되는 것을 확인할 수 있다.

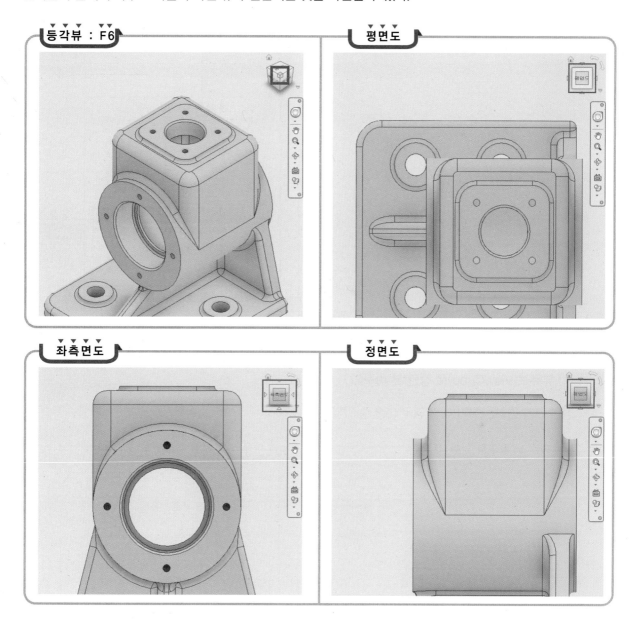

등각뷰 : F6

평면도

좌측면도

정면도

기능

1. 뷰큐브 단축키 설정 경로 : 풀다운 메뉴 → 도구 → 사용자화 → 키보드 → 범주(C) → 뷰
2. 뷰 전환 시 3각 화살표 클릭

(3) 뷰큐브(ViewCube)로 뷰 고정 바꾸기

홈 뷰(F6)가 원하는 뷰가 아닐 경우 바꿀 수 있다.

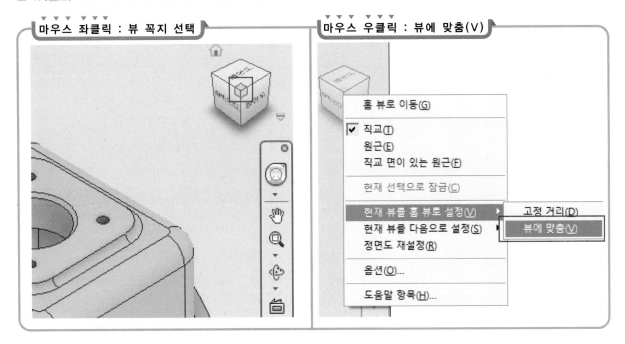

(4) 뷰큐브(ViewCube)로 정면 뷰 바꾸기

정면 뷰가 원하는 뷰가 아닐 경우 바꿀 수 있다.

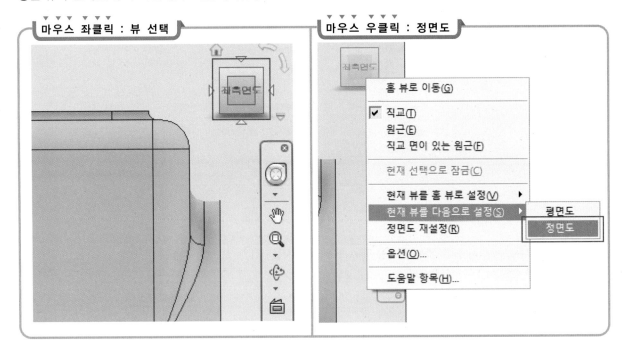

(5) 3D 모델링 비주얼 스타일

① 화면상에 보이는 3D 모델링 비주얼 스타일을 변경할 수 있다.

② 우측 화면 비주얼 스타일 클릭 → 원하는 비주얼 스타일 선택

③ 풀다운 메뉴 → 뷰 → 비주얼 스타일 → 원하는 비주얼 스타일 선택

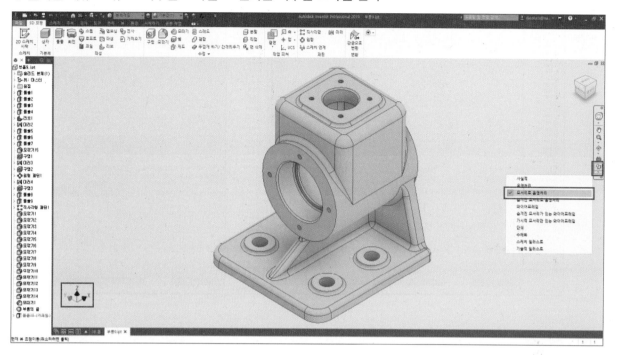

기능

탐색 막대가 사라졌을 때 : 풀다운 메뉴 → 뷰 → 사용자 인터페이스 → 탐색 막대 체크

(6) 가장 많이 하는 비주얼 스타일

① 모서리로 음영처리　　　　　　　　　　② 와이어프레임

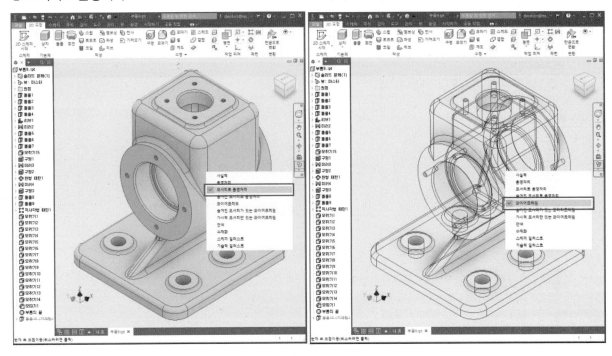

기능

다른 비주얼 스타일도 작업 상황에 따라 선택적으로 사용한다.

기 계 인 벤 터 - 3 D / 2 D 실 기 활 용 서

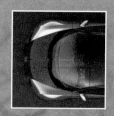

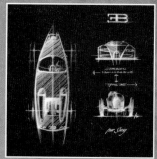

2D 스케치
기본 명령 및 기능 설명

● ● ● **BRIEF SUMMARY**

이 장은 인벤터 2D 스케치 명령들을 상세하게 설명해 놓았다.

01 | 인벤터 2D 스케치 작업

01 2D 스케치 작업평면 선택

3D 모델링을 하기 위한 스케치(밑그림) 작업영역이다.

① 경로 1 : 2D 스케치 시작 클릭 → XY평면 선택 → "원점"을 기준으로 작업을 진행한다.

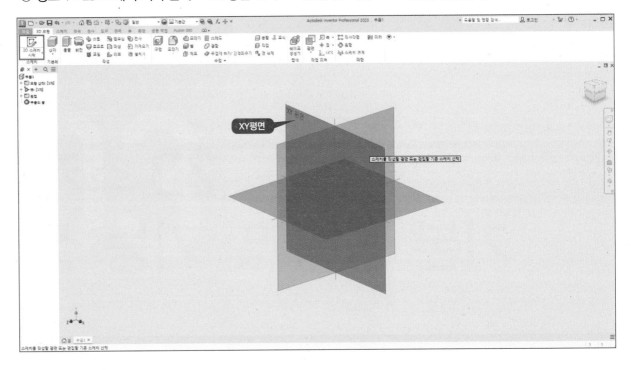

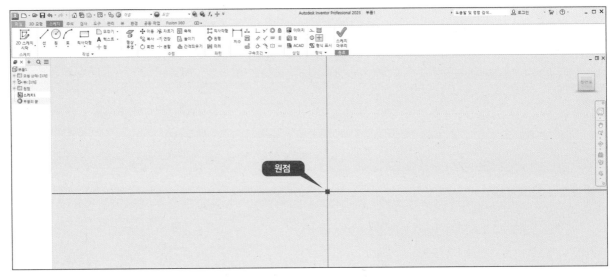

02 ✏ 선(L)

직선을 스케치한다.

① 단축키 : L `Enter`

② 풀다운 메뉴 : 스케치 → 작성 → 선

> • 작업평면 선택 : XY평면 클릭(다른 경로 : 디자인 트리 → 원점 → XY평면)
>
> • 화면상 원점(P1) 클릭
>
> • 다음 점 P2 클릭 또는 치수 값 입력
>
> • 명령 종료는 `Esc` 를 두 번 누름

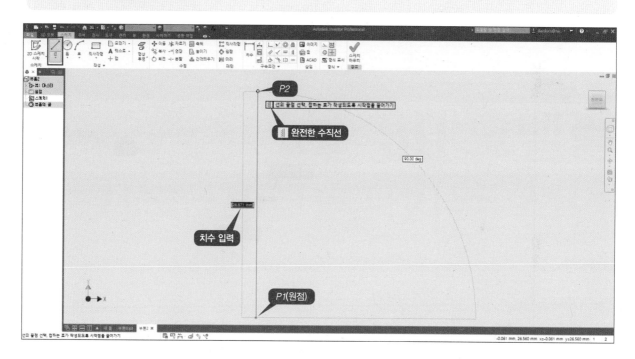

기능

1. 마우스 스크롤을 누른 상태에서 화면을 움직일 수 있고 더블클릭하면 전체화면으로 확대된다.

2. 첫 번째 점은 되도록 원점에서 시작한다.

3. 치수 입력은 그대로 치수 값을 입력하면 된다.

4. 치수 값을 변경하려면 치수를 더블클릭한 후 변경한다.

5. 삭제할 때는 작성된 객체를 클릭(선택) 또는 드래그해서 `Delete`

03 ⊘ 중심점 원(C)

원을 스케치한다.

① 단축키 : C Enter

② 풀다운 메뉴 : 스케치 → 작성 → 원

- 작업평면 선택 : XY평면 클릭(다른 경로 : 디자인 트리 → 원점 → XY평면)
- 화면상 원점(P1) 클릭
- 다음점 P2 클릭 또는 치수 값 입력
- 명령 종료는 Esc 를 두 번 누름

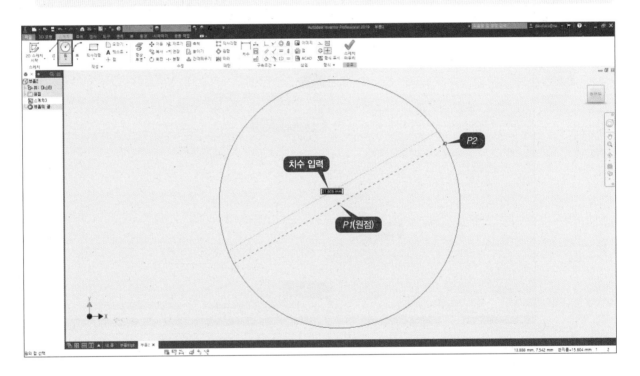

기능

1. 첫 번째 점은 되도록 원점에서 시작한다.

2. 치수 입력은 그대로 치수 값을 입력하면 된다.

3. 되도록 치수 값을 바로 입력해서 스케치하는 습관을 갖는다.

4. 치수 입력을 놓치면 치수를 더블클릭한 후 입력한다.

5. 삭제할 때는 작성된 객체를 클릭(선택) 또는 드래그해서 Delete

04 ☐ 2점 직사각형(RE)

사각형을 스케치한다.

① 단축키 : RE Enter

② 풀다운 메뉴 : 스케치 → 작성 → 직사각형

> • 화면상 P1(원점) 클릭
>
> • 다음 점 P2 클릭 또는 치수 값 입력(가로/세로 치수창 이동은 키보드 Tab)
>
> • 명령 종료는 Esc 를 두 번 누름

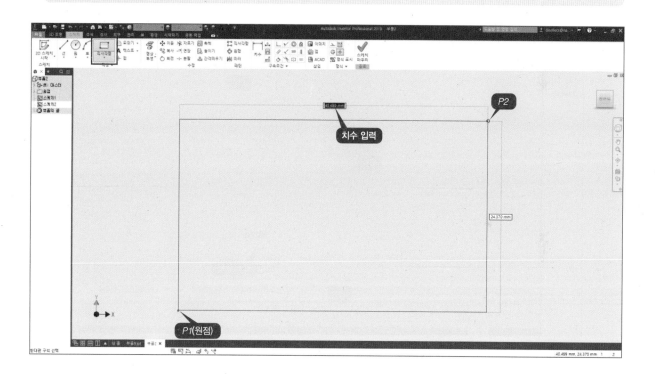

기능

1. 첫 번째 점은 되도록 원점에서 시작한다.

2. 치수 입력은 그대로 치수 값을 입력하면 된다.

3. 되도록 치수 값을 바로 입력해서 스케치하는 습관을 갖는다.

4. 치수 값을 변경하려면 치수를 더블클릭한 후 변경한다.

5. 삭제할 때는 작성된 객체를 클릭 또는 드래그해서 Delete

05 ⟋ 3점 호

시작, 끝, 반지름에 대한 3개의 점을 사용하여 호를 스케치한다.

• 풀다운 메뉴 : 스케치 → 작성 → 호

> • 화면상 시작점 : P1 클릭
>
> • 호의 끝점 : P2 클릭
>
> • 호의 경유점 : P3 클릭 또는 라운드 R 값 입력
>
> • 명령 종료는 Esc 를 두 번 누름

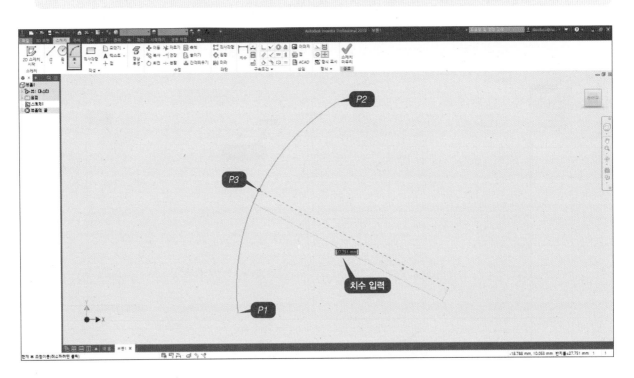

기능

1. R 값을 변경하려면 치수를 더블클릭한 후 변경한다.

2. 삭제할 때는 작성된 객체를 클릭(선택) 또는 드래그해서 Delete

3. 마우스 스크롤을 누른 상태에서 화면을 움직일 수 있다.

4. 마우스 스크롤을 더블클릭하면 전체화면으로 확대된다.

06 📄 모깎기

스케치된 객체를 선택해 입력한 반지름(R) 값만큼 모깎기(필렛)한다.

• 풀다운 메뉴 : 스케치 → 작성 → 모깎기

> • 모깎기 : R 값 입력
>
> • 첫 번째 객체 선택 : P1 클릭
>
> • 두 번째 객체 선택 : P2 클릭
>
> • 명령 종료는 Esc 를 두 번 누름

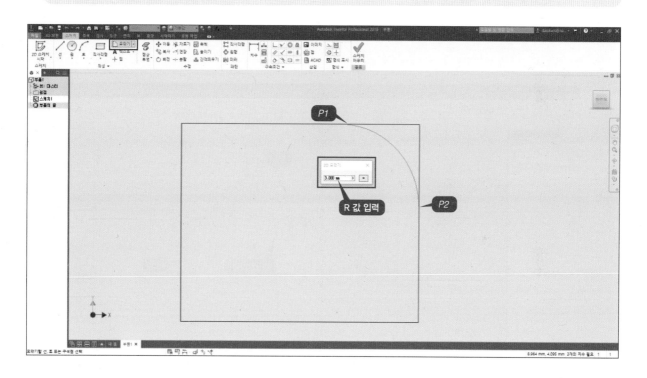

기능

1. R 값을 변경하려면 치수를 더블클릭한 후 변경한다.

2. 삭제할 때는 작성된 객체를 클릭 또는 드래그해서 Delete

3. 마우스 스크롤을 누른 상태에서 화면을 움직일 수 있다.

4. 마우스 스크롤을 더블클릭하면 전체화면으로 확대된다.

07 ◢ 모따기

스케치된 객체를 선택해 입력한 크기만큼 모따기한다.

(1) 일반적인 45˚ 모따기

• 풀다운 메뉴 : 스케치 → 작성 → 모따기

- 모따기 : C 값 입력
- 첫 번째 객체 선택 : P1 클릭
- 두 번째 객체 선택 : P2 클릭
- 명령 종료는 `Esc` 를 두 번 누름

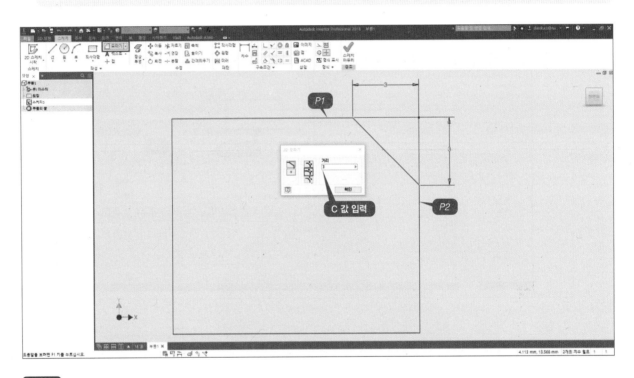

기능

1. 모따기 값을 변경하려면 치수를 더블클릭한 후 변경한다.
2. 삭제할 때는 작성된 객체를 클릭 또는 드래그해서 `Delete`
3. 명령 뒤로 가기 : `Ctrl` + Z
4. 전체 화면 Zoom(In/Out) : `F3` + 마우스 좌클릭 상태에서 상/하로 움직인다.

(2) 변수에 따른 모따기

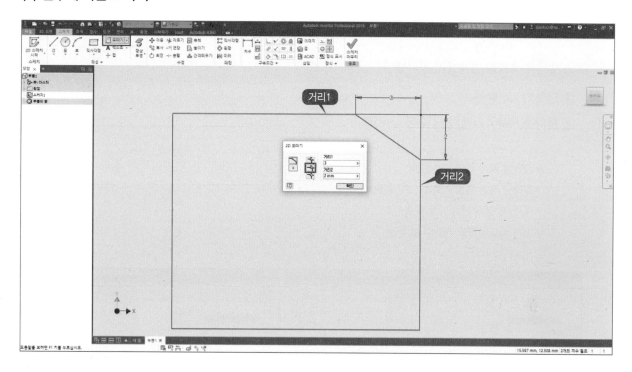

(3) 거리 및 각도에 따른 모따기

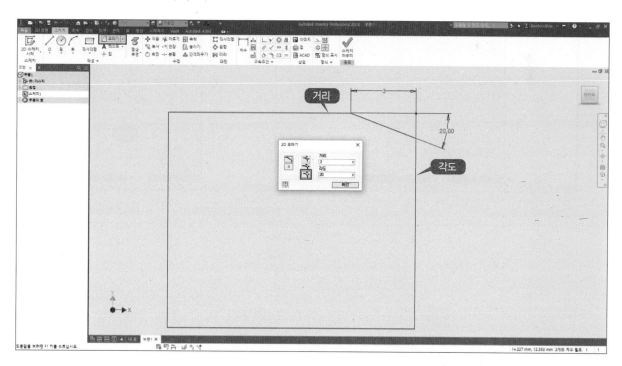

08 ✂ 자르기(X)

스케치된 객체를 경계까지 잘라낸다.

① 단축키 : X Enter

② 풀다운 메뉴 : 스케치 → 수정 → 자르기

- 잘라낼 객체 선택 : P1 클릭
- 잘라낸 객체 연장 : Shift + P2 클릭
- 두 번째 객체 선택 : P2 클릭
- 명령 종료는 Esc 를 두 번 누름

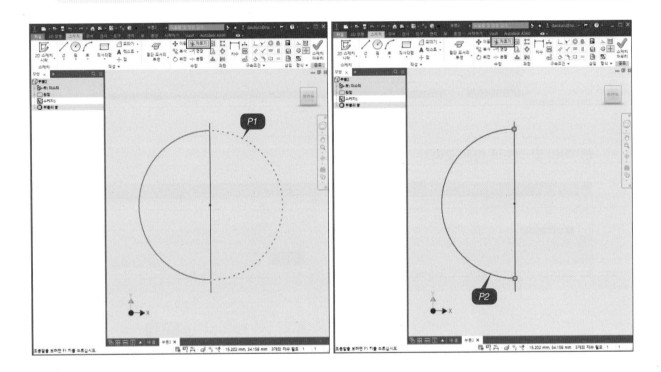

③ 자르기 실습 : P1, P2, P3, P4 클릭 　　　　　　　　④ 결과

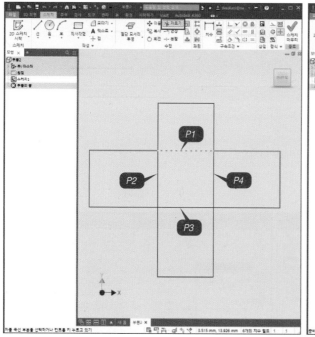

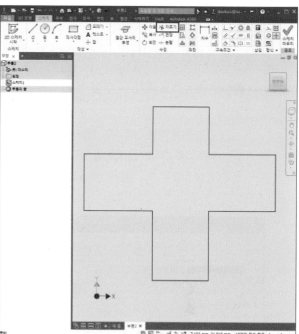

기능

1. 명령 뒤로 가기 : Ctrl + Z

2. 삭제할 때는 작성된 객체를 클릭 또는 드래그해서 Delete

09 ⚐ 간격띄우기

선택한 객체를 복사하고 간격띄우기 한다.

• 풀다운 메뉴 : 스케치 → 수정 → 간격띄우기

• 간격 띄울 객체 선택 : P1 클릭
• 마우스를 움직여 간격을 띌 방향 선택 : 거리 값(11mm) 입력
• 명령 종료는 Esc 를 두 번 누름

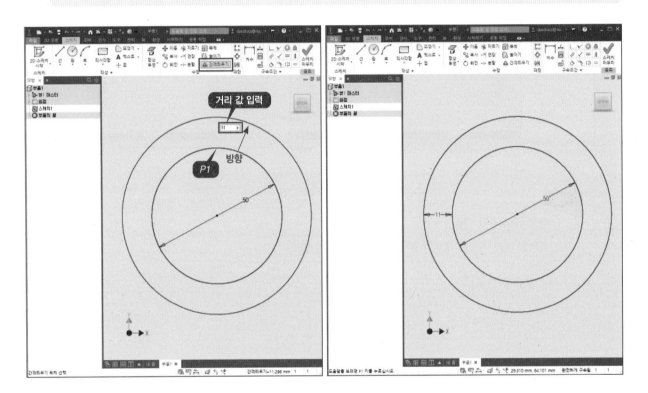

기능

1. 거리 값을 변경하려면 치수를 더블클릭한 후 변경한다.
2. 삭제할 때는 작성된 객체를 클릭 또는 드래그해서 Delete
3. 명령 뒤로 가기 : Ctrl + Z
4. 전체 화면 Zoom(In/Out) : F3 + 마우스 좌클릭 상태에서 상/하로 움직인다.
5. 마우스 스크롤을 누른 상태에서 화면을 움직일 수 있다.
6. 마우스 스크롤을 더블클릭하면 전체화면으로 확대된다.

10 ◙◄ 미러

선택한 객체를 대칭(미러) 중심선을 기준으로 대칭시킨다.

• 풀다운 메뉴 : 스케치 → 패턴 → 미러

> • 대칭(미러)시킬 객체 선택 : P1 ~ P2(드래그) 또는 객체를 각각 따로 선택
>
> • 대칭(미러) 중심(선) 선택 : P3 클릭, P4 클릭
>
> • 적용 : P5 클릭

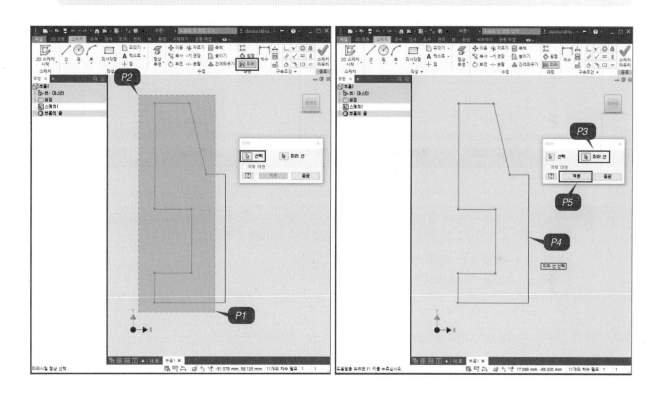

③ 종료　　　　　　　　　　　　　　　　　④ 완료

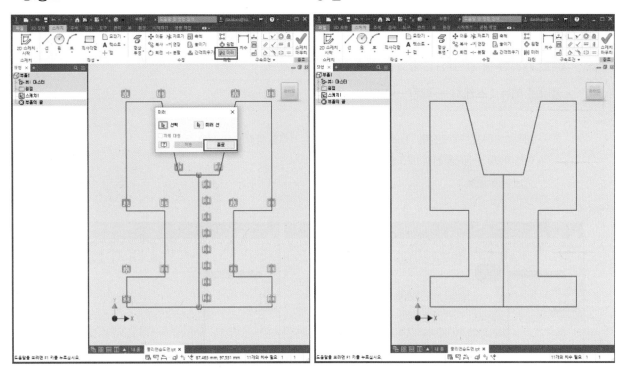

기능

1. 전체 화면 Zoom(In/Out) : F3 + 마우스 좌클릭 상태에서 상/하로 움직인다.

2. 마우스 스크롤을 누른 상태에서 화면을 움직일 수 있다.

3. 마우스 스크롤을 더블클릭하면 전체화면으로 확대된다.

11 ▦ 2D 직사각형 패턴

선택한 객체를 열(방향1)과 행(방향2) 방향으로 이동하여 배열한다.

· 풀다운 메뉴 : 스케치 → 패턴 → 직사각형

· 배열할 객체 선택 : P1 클릭(선택)

· 방향1(열) 선택 : P2 클릭, P3 클릭

· ⭢ 클릭(방향 체크)

· 객체 수량 및 열 간격 입력 : 2(수량), 30(간격)

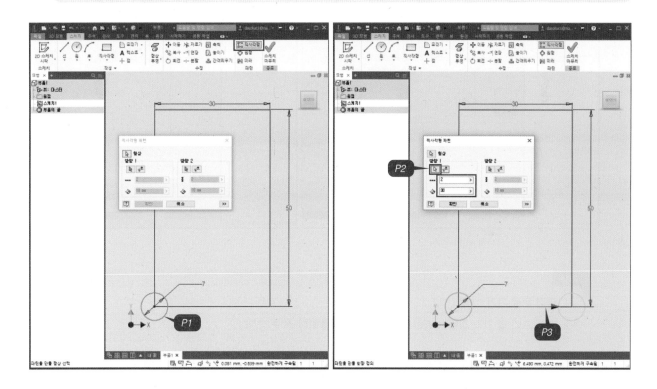

- 방향2(행) 선택 : P4 클릭, P5 클릭
- 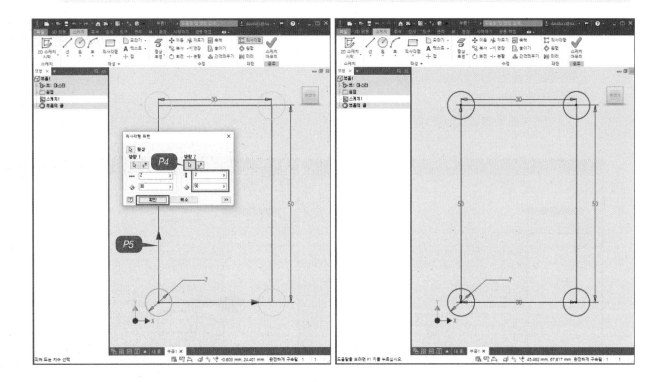 클릭(방향 체크)
- 객체 수량 및 행 간격 입력 : 2(수량), 50(간격)
- 확인

기능

1. 명령 뒤로 가기 : Ctrl + Z
2. 객체 크기 및 간격 값을 변경하려면 치수를 더블클릭한 후 변경한다.

12 ⊕ 원형 패턴

중심점을 기준으로 선택한 객체를 호 또는 원 패턴으로 배열한다.

① 풀다운 메뉴 : 스케치 → 패턴 → 원형

- 배열할 객체 선택 : P1 클릭(선택)
- 회전 축(점) 선택 : P2 클릭, P3 클릭(중심점)
- ⟳ 클릭(방향 체크)
- 객체 수량 및 배열 각도 입력 : 4(수량), 360(간격)
- 확인

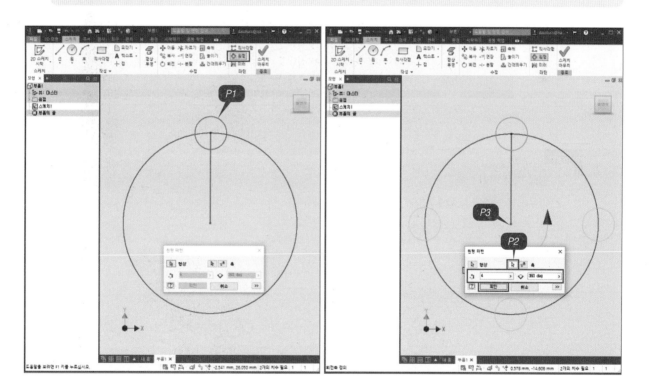

② 완료

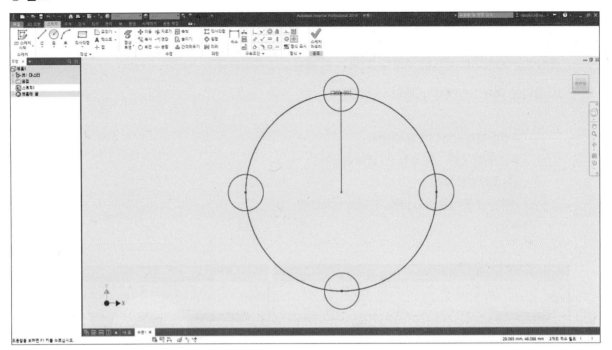

기능

1. 명령 뒤로 가기 : `Ctrl` + Z

2. 마우스 스크롤을 더블클릭하면 전체화면으로 확대된다.

13 □ 치수(D)

2D 또는 3D 스케치에서 작성된 객체에 치수 구속을 한다.

(1) 지름(Φ) 및 반지름(R) 치수구속

① 단축키 : D Enter

② 풀다운 메뉴 : 스케치 → 구속조건 → 치수

> • 치수 기입할 첫 번째 선 선택 : P1 클릭(지름/반지름 치수 따로 연습)
> • 치수선 위치 지정 : P2(화면상 임의 치수배치 지점) 클릭, 치수 값 입력
> • 확인 : ✔ 클릭 또는 Enter

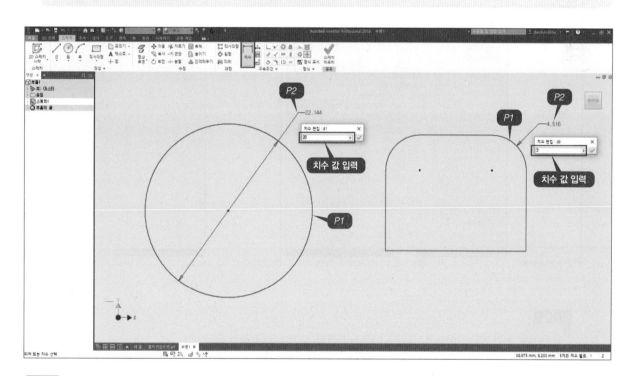

기능

1. 스케치된 객체 형상은 입력된 치수 값에 따라 변경되는데, 이것을 치수구속이라 한다.

2. 3D 모델링을 작성하기 위한 스케치이므로 치수 위치는 화면상 어느 위치든 상관없다.

3. 객체 치수 값을 변경하려면 치수를 더블클릭한 후 변경한다.

4. 삭제할 때는 기입된 치수를 클릭 또는 드래그해서 Delete

(2) 지름(Φ) 및 반지름(R) 치수변경

① 단축키 : D Enter

② 풀다운 메뉴 : 스케치 → 구속조건 → 치수

> • 치수 기입할 첫 번째 선 선택 : P1 클릭
> • 치수 변경 : 마우스 우클릭 → 치수 유형 → 반지름 클릭
> • 치수선 위치 지정 : P2(화면상 임의 치수배치 지점) 클릭, 치수 값(반지름) 입력
> • 확인 : ✔ 클릭 또는 Enter

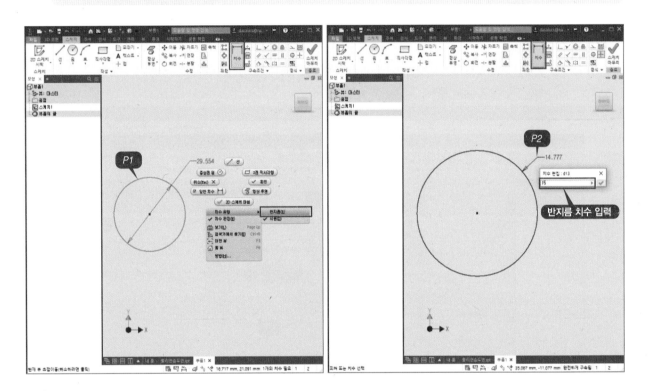

기능

1. 전체 화면 Zoom(In/Out) : F3 + 마우스 좌클릭 상태에서 상/하로 움직인다.

2. 마우스 스크롤을 누른 상태에서 화면을 움직일 수 있다.

3. 마우스 스크롤을 더블클릭하면 전체화면으로 확대된다.

(3) 각도치수 구속

① 단축키 : D [Enter]

② 풀다운 메뉴 : 스케치 → 구속조건 → 치수

> - 치수 기입할 첫 번째 선 선택 : P1 클릭
> - 치수 기입할 두 번째 선 선택 : P2 클릭
> - 치수선 위치 지정 : P3(화면상 임의 치수배치 지점) 클릭, 치수 값 입력
> - 확인 : ✔️ 클릭 또는 [Enter]

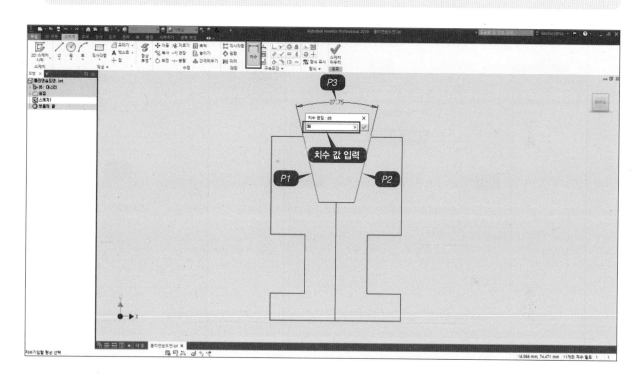

기능

1. 스케치된 객체 형상은 입력된 치수 값에 따라 변경되는데, 이것을 치수구속이라 한다.

2. 3D 모델링을 작성하기 위한 스케치이므로 치수 위치는 화면상에서 어느 위치든 상관없다.

3. 객체 치수 값을 변경하려면 치수를 더블클릭한 후 변경한다.

4. 삭제할 때는 기입된 치수를 클릭 또는 드래그해서 [Delete]

(4) 선형(수평, 수직)치수 구속

① 단축키 : D Enter

② 풀다운 메뉴 : 스케치 → 구속조건 → 치수

- 치수 기입할 첫 번째 선 선택 : P1 클릭
- 치수 기입할 두 번째 선 선택 : P2 클릭
- 치수선 위치 지정 : P3(화면상 임의 치수배치 지점) 클릭, 치수 값 입력
- 확인 : ✔ 클릭 또는 Enter

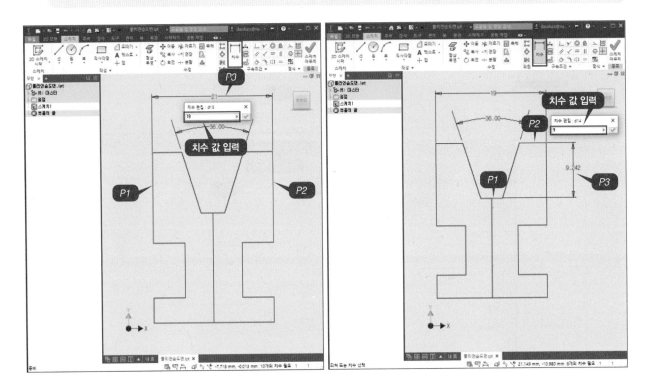

기능

1. 전체 화면 Zoom(In/Out) : F3 + 마우스 좌클릭 상태에서 상/하로 움직인다.

2. 마우스 스크롤을 누른 상태에서 화면을 움직일 수 있다.

3. 마우스 스크롤을 더블클릭하면 전체화면으로 확대된다.

14 ⟳ 중심선

스케치 선을 중심선으로 변경한다.

(1) 중심선 변경

• 풀다운 메뉴 : 스케치 → 형식 → 중심선

• 중심선으로 변경할 선 선택 : P1 ~ P2 드래그

• ⟳ 클릭

• 명령 종료는 Esc 누름

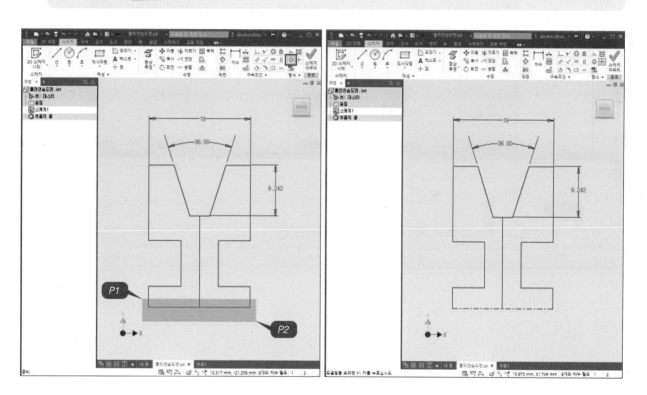

(2) 대칭치수 구속

중심선을 기준으로 대칭치수를 기입한다.

- 단축키 : D Enter

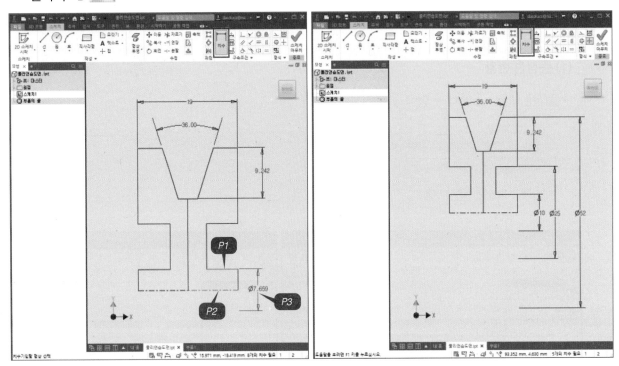

기능

중심선은 3D 회전작업에서 자동으로 회전축으로 인식된다.

15 ◿ 구성선

스케치 선을 구성선(스케치 가상선)으로 변경한다.

(1) 구성선 변경

• 풀다운 메뉴 : 스케치 → 형식 → 구성선

> • 구성선으로 변경할 선 선택 : P1 클릭
>
> • ◿ 클릭
>
> • 명령 종료는 Esc 누름

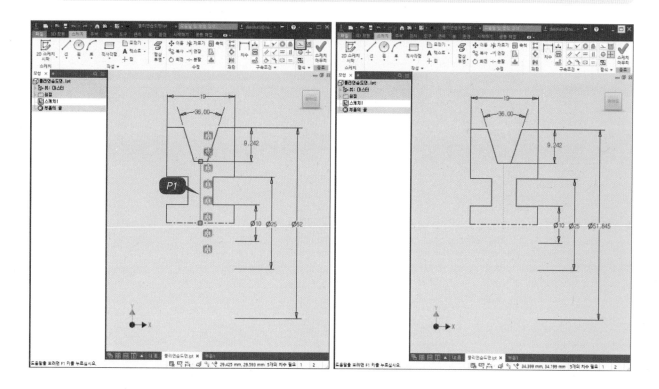

기능

1. 구성선 툴바를 체크 해제 하지 않으면 구성선으로 계속 스케치된다.

2. 구성선은 3D 작업 시 영향을 주지 않고, 치수기입, 대칭선 등의 기준선으로만 사용된다.

(2) 치수구속 마무리

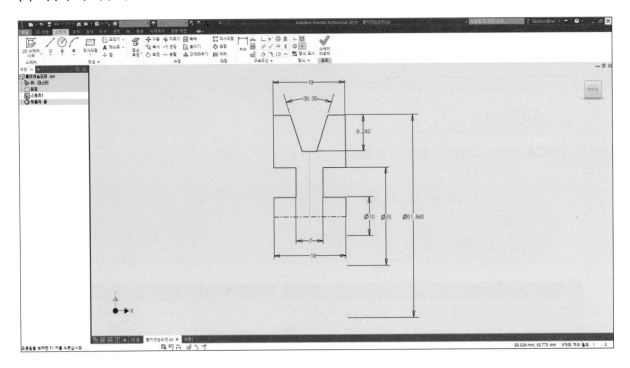

16 구속조건

스케치 선 또는 점을 구속한다.

• 풀다운 메뉴 : 스케치 → 구속조건 → 구속 아이콘

• 구속할 점 또는 선 선택 : P1 클릭
• 구속할 점 또는 선 선택 : P2 클릭

(1) 일치 구속

점과 점 또는 점과 선을 구속한다.

① 끝점과 끝점 구속

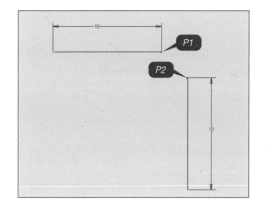 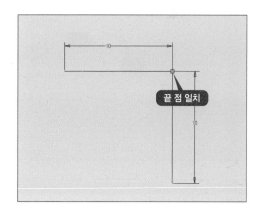

② 중간점과 중간점 구속

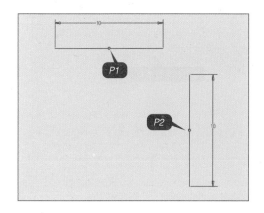 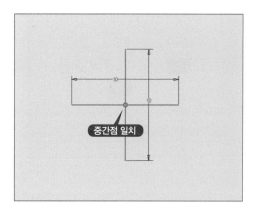

③ 끝점과 중간점 구속

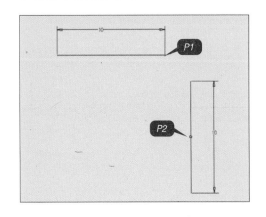
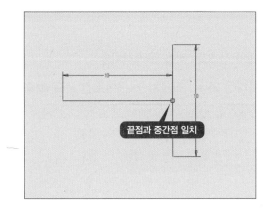

④ 끝점과 선 구속

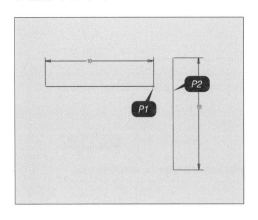
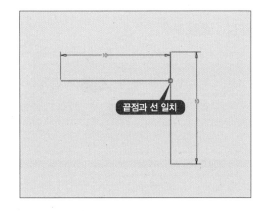

⑤ 중간점과 선 구속

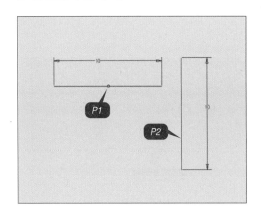
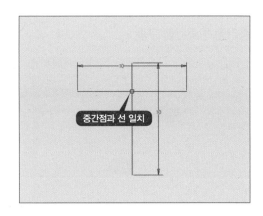

(2) 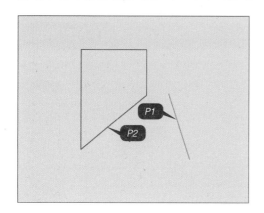 동일 선상 **구속**

선택한 선이 동일 선상에 놓이도록 구속한다.

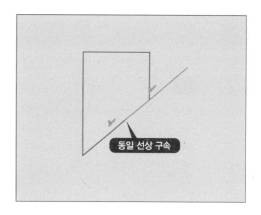

> **참조**
> 1. 두 선이 각각 수평, 수직일 경우 추가 구속 안 됨
> 2. 구속기호를 삭제하면 구속됨(기호 클릭 → Delete)

(3) 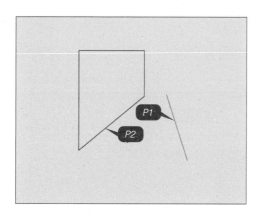 평행 **구속**

선택한 선이 서로 평행을 이루도록 구속한다.

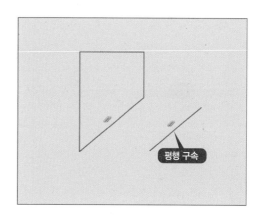

> **참조**
> 1. 이미 구속된 수평, 수직은 추가 구속 안 됨
> 2. 구속기호를 삭제하면 구속됨(기호 클릭 → Delete)

(4) ⫘ 수평 **구속**

선택한 선, 점을 좌표계 X축에 평행하도록 구속한다.

> **참조**
>
> 1. 화면상 수평 은선 확인
> 2. 중심점, 끝점은 기준점을 정하고 수평 구속

(5) ⫼ 수직 **구속**

선택한 선, 점을 좌표계 X축에 수직이 되도록 구속한다.

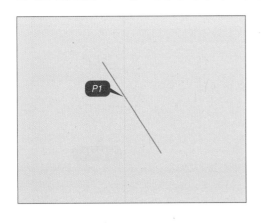 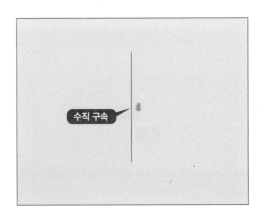

> **참조**
>
> 1. 화면상 수직 은선 확인
> 2. 중심점, 끝점은 기준점을 정하고 수직 구속

(6) ✓ 직각 **구속**

선택한 선을 직각 구속한다.

① 도형일 경우

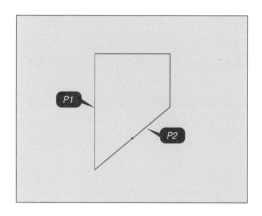

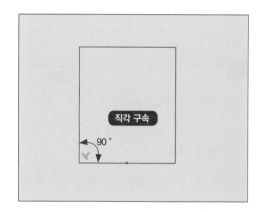

② 단독 선일 경우

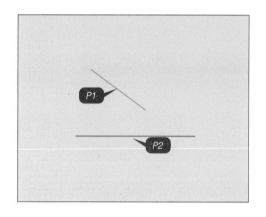

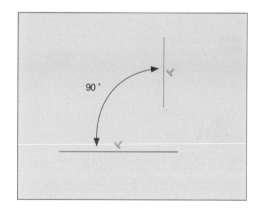

기능

1. 구속조건 ON/OFF : F8 = ON, F9 = OFF
2. 구속조건을 제거(삭제) : 구속기호를 클릭한 후 Delete

(7) ◎ 동심 구속

동일 중심점에 원, 호를 구속한다.

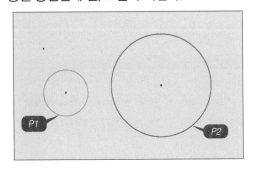 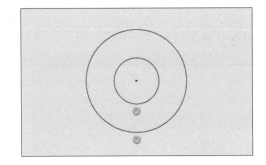

(8) ═ 동일 구속

선택한 원, 호, 선을 동일한 반지름과 길이로 구속한다.

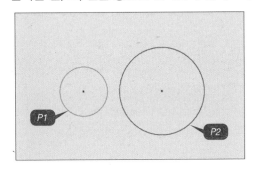 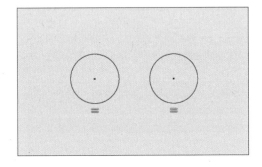

(9) [:] 대칭 구속

선택한 선, 곡선을 선택한 대칭선을 기준으로 대칭 구속한다.

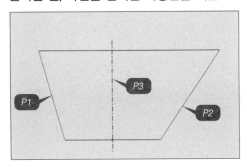 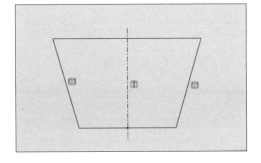

(10) ⟳ 접선 **구속**

선택한 선, 곡선을 다른 곡선에 접하도록 구속한다.

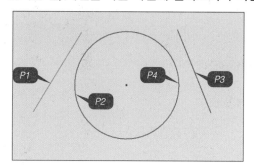 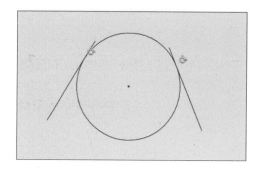

• 사용빈도가 높은 2D 명령

툴바	명령	단축키	위치	툴바	명령	단축키	위치
◿	선	L		✂	자르기	X	수정
⊙	원	C		⊓	치수	D	구속조건
▭	사각	RE	작성	◉	중심선	–	형식
◻	모깎기(2D)	FI		＋	점, 중심점	PO	작성
◿	모따기(2D)	CH		✔	스케치 마무리	–	종료

기 계 인 벤 터 - 3 D / 2 D 실 기 활 용 서

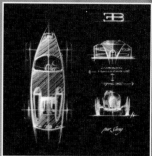

3D 모델링
기본 명령 및 기능 설명

📢 BRIEF SUMMARY

이 장은 3D 모델링 명령 기능에 대해 설명하였고, QR을 이용해 응용모델링 따라하기 실습을 해볼 수 있다.

01 | 인벤터 3D 모델링 작업

01 🔵 원통(HH)

원을 스케치한 다음 이를 3D 쉐이프로 돌출시킨다.

① 단축키 : HH

② 풀다운 메뉴 : 3D 모형 → 기본체 → 원통

> • 작업평면 선택 : YZ평면 클릭(다른 경로 : 디자인 트리 → 원점 → YZ평면)

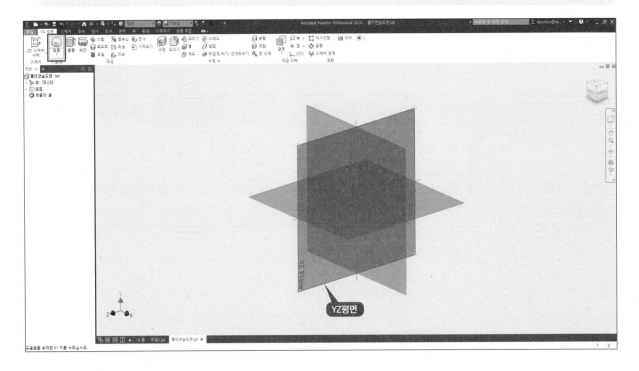

- 원의 중심점 선택 : P1(원점) 클릭
- 원의 지름값 입력 : 20 Enter

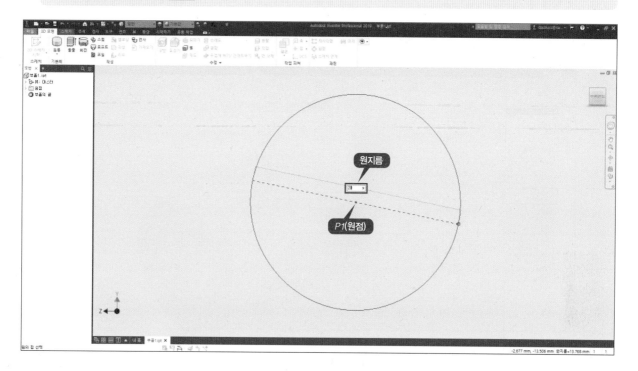

- 돌출높이 입력 : 20
- 방향1 선택 → 확인

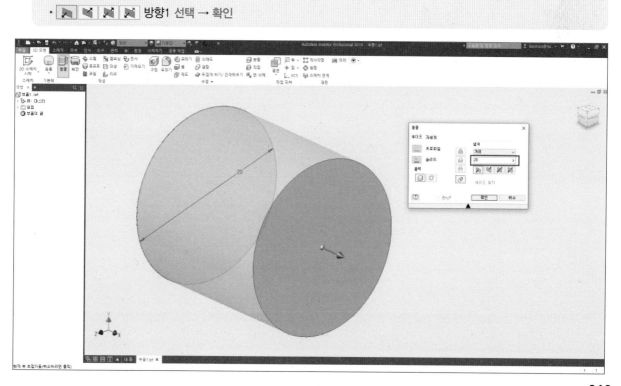

③ 스케치 원 치수 및 돌출높이 변경 방법

- 디자인 트리에서 → 돌출1 마우스 우클릭
- 스케치 편집 : 원지름 변경
- 피처 편집 : 돌출높이, 방향 변경

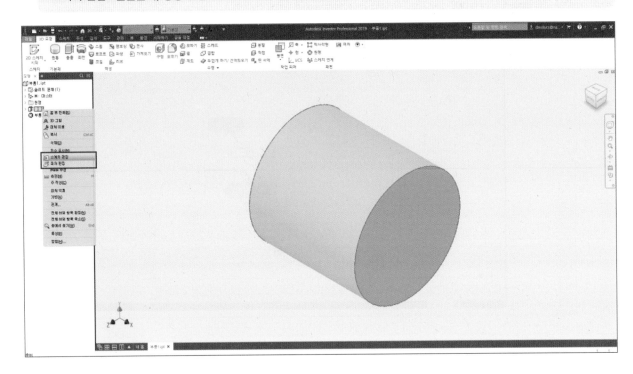

02 ⬜ 상자

사각을 스케치한 다음 이를 3D 쉐이프로 돌출시킨다.

• 풀다운 메뉴 : 3D 모형 → 기본체 → 상자

• 작업평면 선택 : YZ평면 클릭(다른 경로 : 디자인 트리 → 원점 → YZ평면)

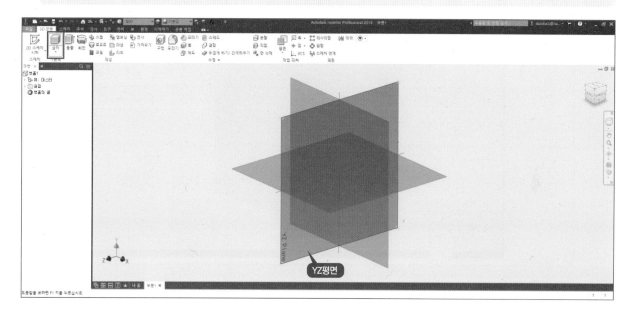

• 상자의 중심점 선택 : P1(원점) 클릭

• 상자의 가로, 세로 치수 값 입력 : 20 `Enter` (가로/세로 치수창 이동 : 키보드 `Tab`)

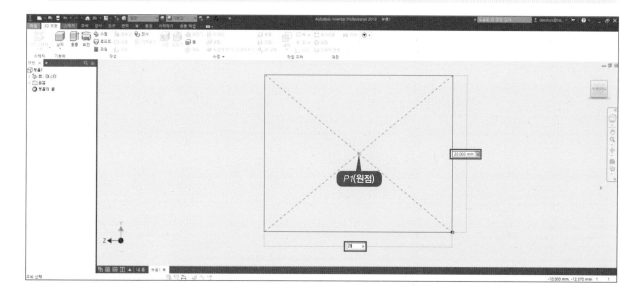

- 돌출높이 입력 : 20

- 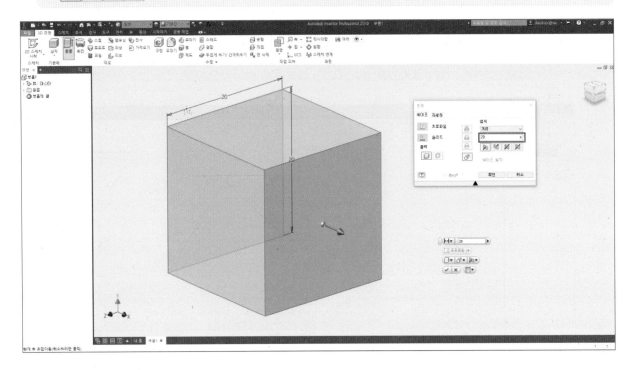 방향1 선택 → 확인

기능

1. 등각 홈 뷰 : F6

2. 마우스 스크롤을 누른 상태에서 화면을 움직일 수 있다.

3. 마우스 스크롤을 더블클릭하면 전체화면으로 확대된다.

4. 작업 중 수시로 저장 버튼을 누른다.

03 🔲 돌출(E)

2D 스케치한 프로파일을 돌출시킨다(반드시 2D 스케치가 필요).

(1) 돌출 기본

① XZ평면에서 아래와 같은 치수로 스케치를 한다.
② 스케치 마무리를 클릭하여 종료한다.

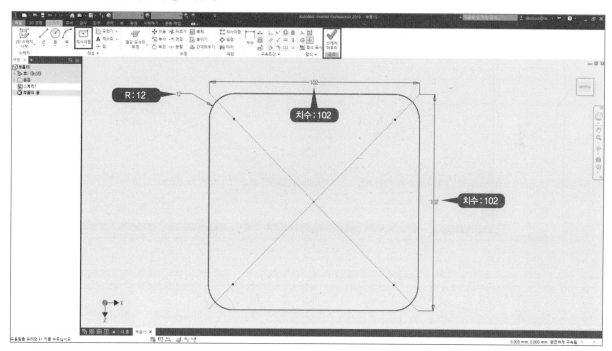

③ 풀다운 메뉴 : 3D 모형 → 작성 → 돌출

- **돌출높이 입력 : 10**

- ▨ ◹ ◺ ◸ **방향1** 선택 → 확인

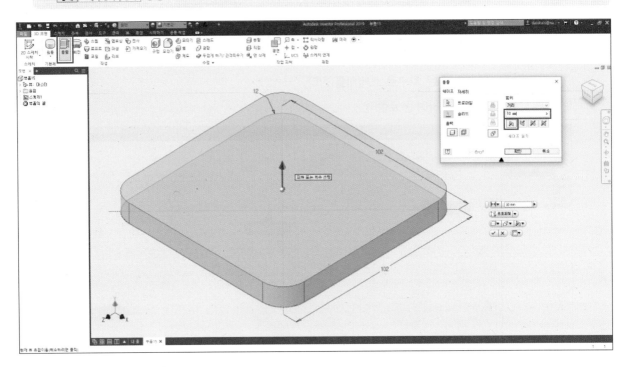

(2) 돌출 응용 I

모델링에 이어 붙이기(합집합)를 한다.

① 단축키 : S Enter (스케치 단축키)

② 상자 위 평면 선택(클릭)

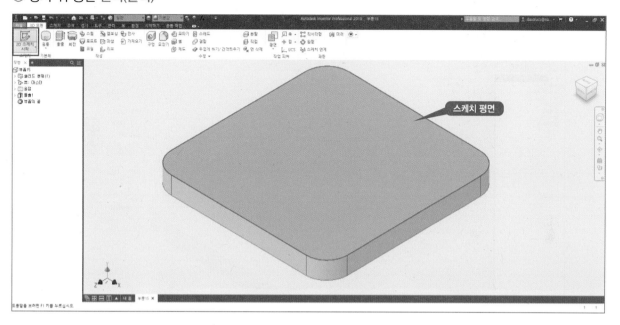

③ 원 → 클릭 → 스케치 원 지름 : 42

④ 돌출명령 : E Enter

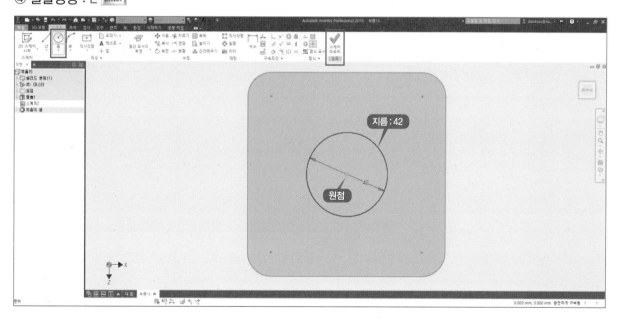

- 돌출높이 입력 : 37

- 🖨 합집합 선택

- ⬈ ⬉ ⬊ ⬋ 방향1 선택 → 확인

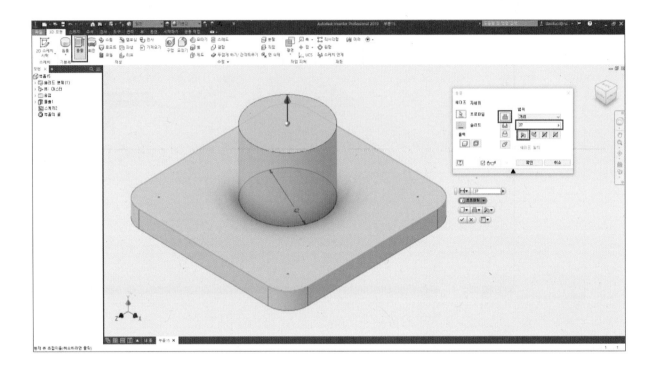

⑤ 완료 → 저장(작업 폴더)

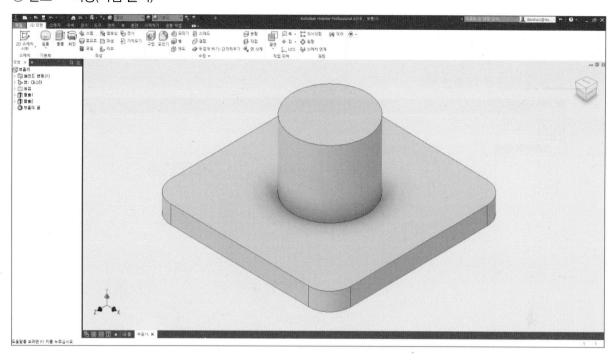

기능

1. 등각 홈 뷰 : F6

2. 전체화면 Zoom(In/Out) : F3 + 마우스 좌클릭 상태에서 상/하로 움직인다.

3. 마우스 스크롤을 누른 상태에서 화면을 움직일 수 있다.

4. 마우스 스크롤을 더블클릭하면 전체화면으로 확대된다.

• 사용빈도가 높은 3D 명령

툴바	명령	단축키	위치	툴바	명령	단축키	위치
	* 원통	HH	기본체		리브	–	작성
	상자	–			쉘	–	수정
	* 돌출	E	작성		작업평면	–	작업피쳐
	회전	R			원형배열	–	패턴
	* 구멍	H	수정		직사각형	–	
	모깎기	–			미러	–	
	모따기	–					

(3) 돌출 응용 Ⅱ

모델링에 이어 붙이기(합집합)를 한다.

① 단축키 : S Enter

② 상자 위 평면 선택(클릭)

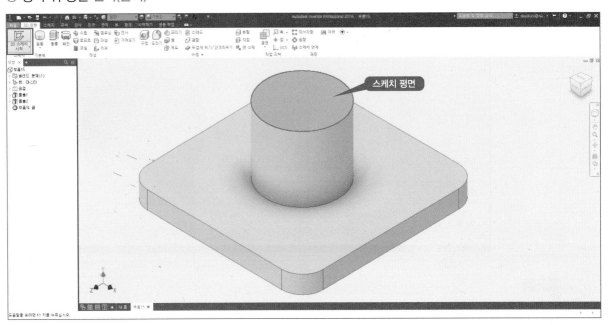

③ 스케치 원 지름 : 30

④ 돌출명령 : E Enter → 돌출높이 : 68-47(사칙연산 입력 가능) 확인

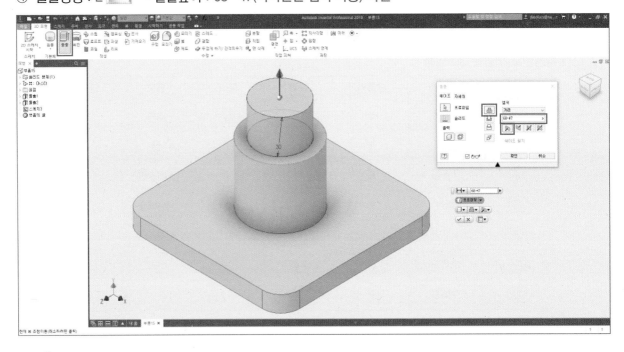

(4) 돌출 응용 Ⅲ

스케치를 생략하고 바로 3D 원통 작성 및 동시에 차집합을 한다.

① 단축키 : HH(원통 단축키)

② 원통 위 평면 선택(클릭)

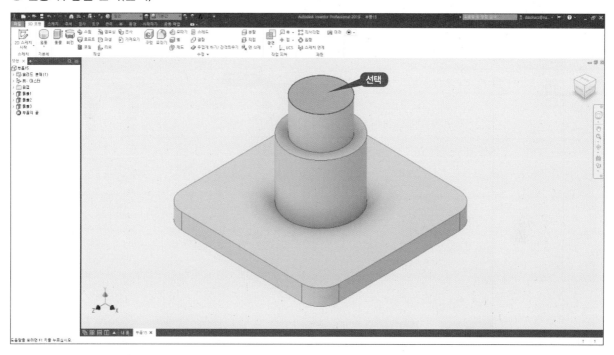

기능

스케치와 돌출명령만 습득해도 3D 모델링 작업이 수월해진다.

---

③ 원통 지름 : 17 Enter (중심점에서)

④ 차집합 높이 입력 : 전체

⑤ 차집합 선택

⑥ 방향2 선택 → 확인

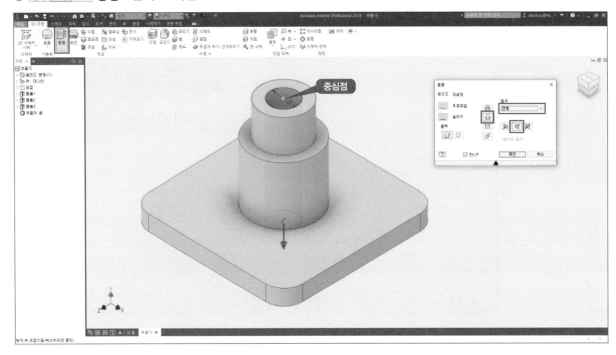

⑦ 완료 → 저장

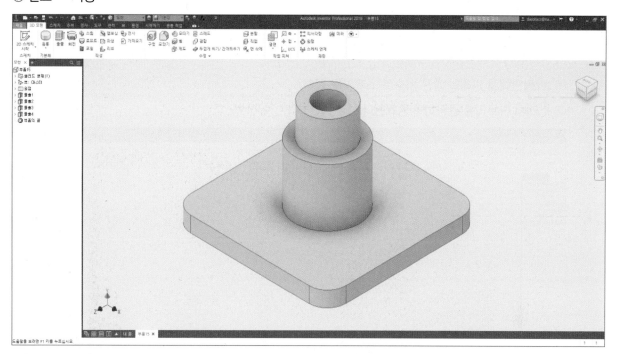

1. 3D 모델링은 스케치 작업평면을 잡는 것이 중요하다.

2. 돌출명령의 대부분은 합집합 또는 차집합이다.

04 🍵 회전(R)

2D 스케치한 프로파일을 축선을 기준으로 회전시킨다.

① XY평면에서 아래와 같은 치수로 스케치를 한다.

② 스케치 마무리를 클릭하여 종료한다.

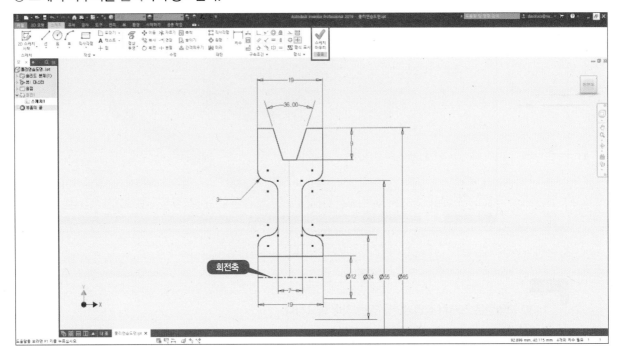

③ 풀다운 메뉴 : 3D 모형 → 작성 → 회전(R)

- 프로파일 선택 : 자동
- 회전축 선택 : 자동 → 확인

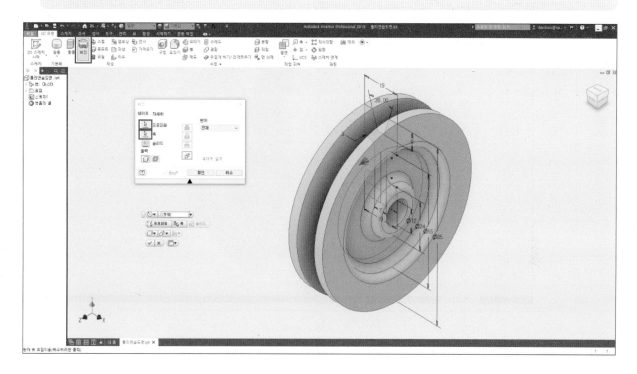

④ 완료 → 저장(파일명 : V풀리)

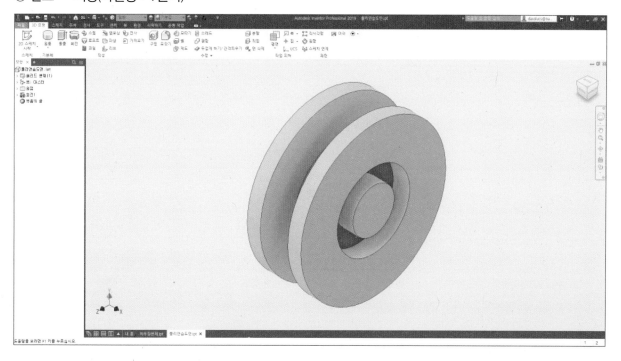

⑤ 단축키 : VV(반단면)

⑥ 디자인 트리 : XY평면 선택 → Enter

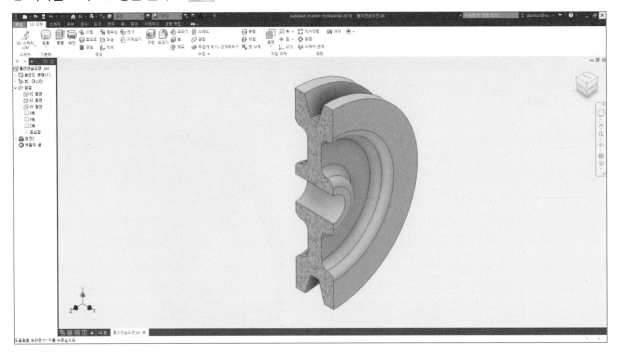

기능

1. 반단면 해제 단축키 : EE(뷰 → 모양 → 끝단면)

2. 회전 명령은 주로 복잡한 형태의 회전체 모델링 작업에 용이하다.

05 🖼 작업평면

원점을 기준으로 한 기본평면(YZ, XZ, XY) 이외에 선택한 점, 선, 면을 기준으로 작업평면을 생성한다.

• 풀다운 메뉴 : 3D 모형 → 작업피쳐 → 평면

> • 디자인 트리 : YZ, XZ, XY 중 해당 기준평면 선택
>
> • 3D 모형 → 작업피쳐 : 사용하려는 작업평면 선택

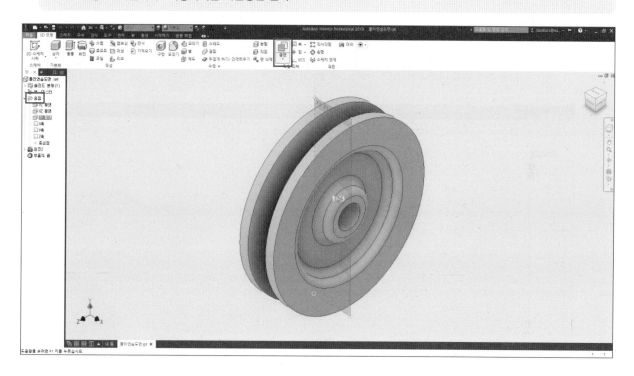

┌─ **기능**

 1. 자격 검정용 단품 모델링에서는 4가지 작업평면 설정법만 익히면 충분하다.

 2. 3D 모델링에서 작업평면을 잡는 법은 습득해야 할 중요한 기능이다.

 3. 생성된 작업평면에서 새로운 작업(스케치 외)을 하게 된다.

06 📖 평면에서 간격띄우기

선택한 기준평면에서 지정한 거리만큼 떨어진 위치에 작업평면을 생성한다.(편심왕복장치-3)

(1) 실습용 기본 모델 생성

기본체 원통을 다음과 같은 치수로 비대칭 돌출시켜 작성한다.

- 단축키 : HH(원통)
- 디자인 트리 : YZ평면 선택(클릭)
- 지름 및 거리 입력 : 56(지름), 40(거리1), 58(거리2)

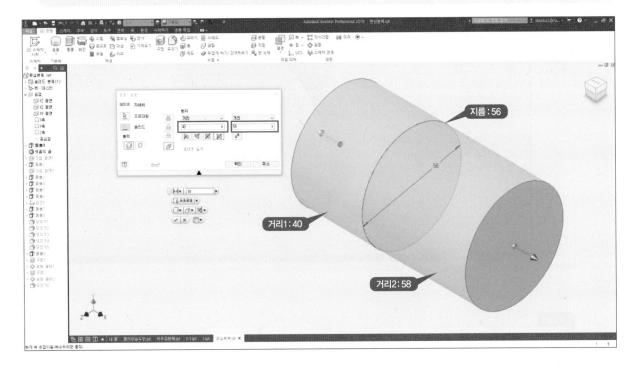

🔲 기능

범위에서 비대칭은 각각 다른 치수로 돌출시킨다.

(2) 평면에서 간격띄우기

① 풀다운 메뉴 : 3D 모형 → 작업피쳐 → 평면에서 간격띄우기 선택(클릭)

② 디자인 트리 : 원점 → XZ평면 선택(클릭)

③ 간격띄우기 값 : 47 `Enter`

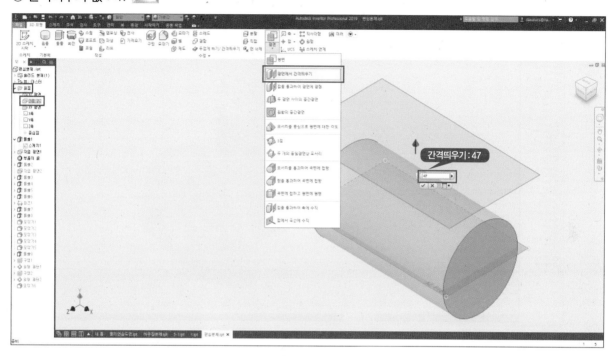

④ 작업평면 생성 완료

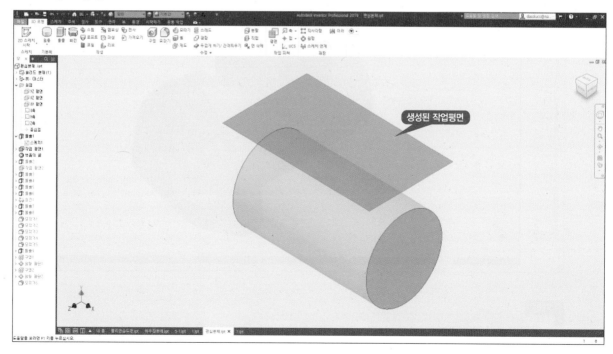

(3) 응용 모델링 따라하기

실습과제 편심왕복장치-3 본체 모델링 따라하기(QR)

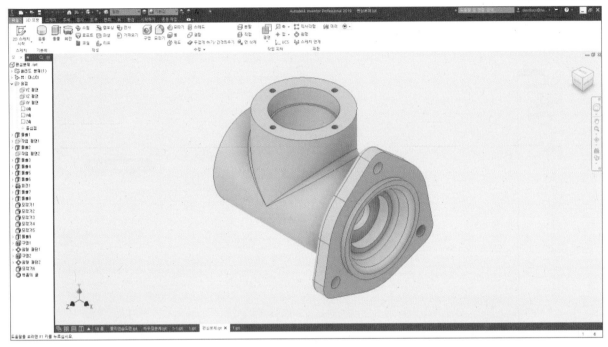

기능

새로 생성된 작업평면에서 스케치 또는 기본체를 이용하면 응용 모델링을 작성할 수 있다.

07 🔲 두 평면 사이의 중간평면 [기능 설명]

선택한 두 기준평면 중간에 작업평면을 생성한다.

① 풀다운 메뉴 : 3D 모형 → 작업피쳐 → 두 평면 사이의 중간평면 선택(클릭)

② 첫 번째 및 두 번째 평면 : P1 평면 선택(클릭), P2 평면 선택(클릭)

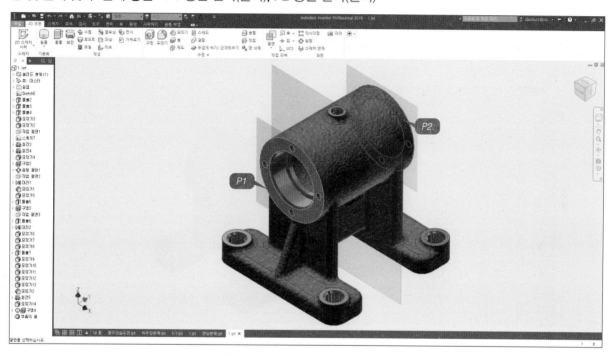

③ 작업평면 생성 완료

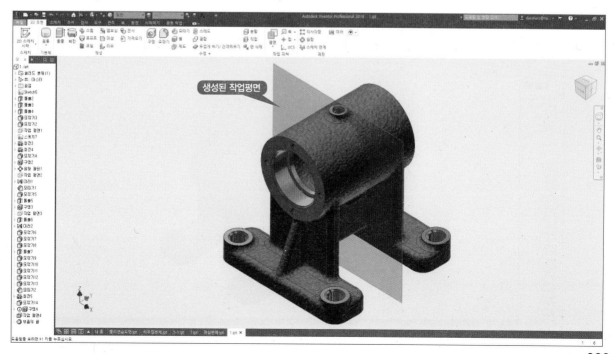

08 곡면에 접하고 평면에 평행 기능 설명

선택한 기준평면에서 지정한 곡면에 접하는 작업평면을 생성한다.

① 디자인 트리 : 원점 → XY평면 선택(클릭)

② 풀다운 메뉴 : 3D 모형 → 작업피쳐 → 곡면에 접하고 평면에 평행 선택(클릭)

③ 작업 곡면 : 원통 선택(클릭)

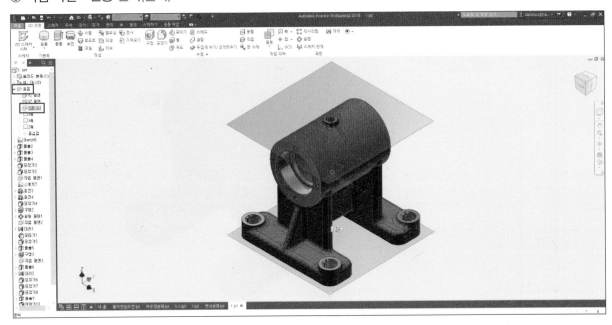

④ 작업평면 생성 완료

(1) 응용 모델링 작성 예

실습과제 V-벨트풀리 멈춤나사 홈

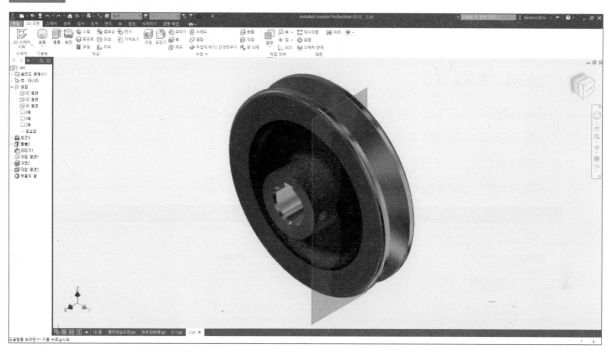

기능

1. 원통 면에 홈을 파거나 기둥을 세울 때 많이 사용되는 작업평면 이다.

2. 주요 기능키

명령	기능키
부드러운 줌(IN/OUT)	F3 + 마우스 좌클릭 상/하
자유롭게 형상 회전	F4 + 마우스 좌클릭
이전 뷰(화면) 전환	F5
등각 홈 뷰	F6
그래픽 슬라이스(절단면)	F7
구속조건 ON	F8
구속조건 OFF	F9
3D 화면에서 스케치(ON/OFF)	F10

09 점에서 곡선에 수직

선택한 기준 평면에서 지정한 곡면에 접하는 작업평면을 생성한다.(동력전달장치-9)

(1) 실습용 기본모델 생성

기본체 원통을 다음과 같은 치수로 대칭 돌출시켜 작성한 다음 스케치한다.

① 지름 및 거리 : 내경 40, 외경 50, 길이 68

② 스케치 작업평면 : YZ평면 클릭

③ 기능키 : F7 (그래픽 슬라이스 ON/OFF)

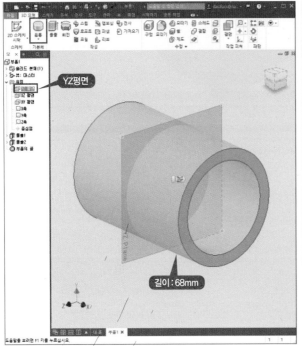
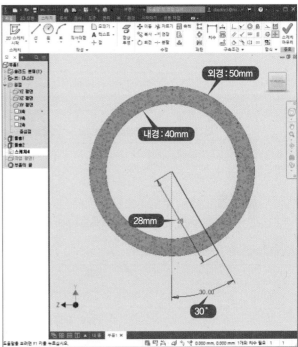

> **기능**
>
> 그래픽 슬라이스(F7) : 현재 작업평면을 절단해서 보여준다.

(2) 점에서 곡선에 수직

① 풀다운 메뉴 : 3D 모형 → 작업피쳐 → 점에서 곡선에 수직 선택(클릭)

② 작업 곡선 및 점 : 선(P1) 선택(클릭), 점(P2) 선택(클릭)

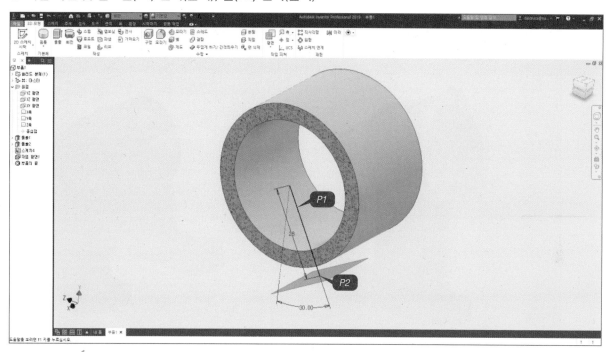

(3) 응용 모델링 따라하기

실습과제 동력전달장치-9 본체 모델링 따라하기(QR)

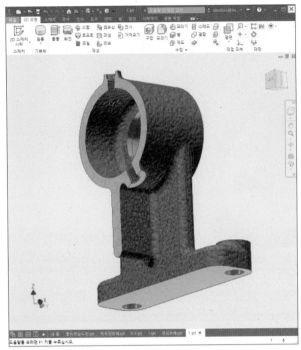
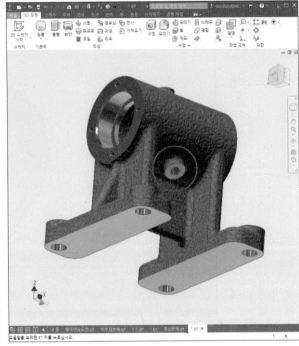

기능

스케치와 돌출명령을 이용해서 응용과제 해당 부분을 작성할 수 있다.

10 🗃 형상 투영 기능 설명

모서리, 점, 작업피쳐, 루프 및 곡선을 기존 객체에서 현재 스케치 작업평면에 투영한다.(편심왕복장치-3)

① 스케치 작업평면 : YZ평면

② 기능키 : F7 (그래픽 슬라이스 ON/OFF)

③ 풀다운 메뉴 : 스케치 → 작성 → 형상 투영 선택(클릭)

④ 투영 객체 선택 : 모서리, 작업피쳐, 루프 및 곡선 선택(클릭)

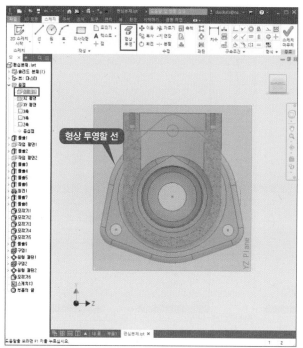
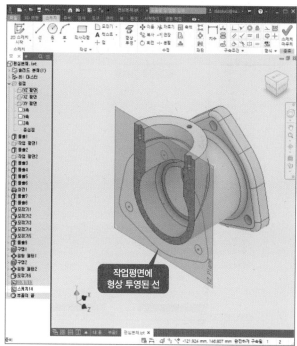

기능

절단면 선은 투영되지 않는다.

11 절단면 투영 기능 설명

생성된 스케치 작업평면에 교차하는 형상을 자동으로 투영한다.

① 스케치 작업평면 : YZ평면

② 풀다운 메뉴 : 스케치 → 작성 → 절단면 투영 선택(클릭)

③ 기능키 : F7 (그래픽 슬라이스 ON/OFF)

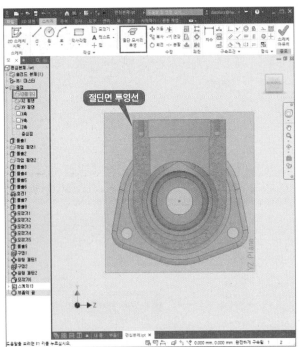
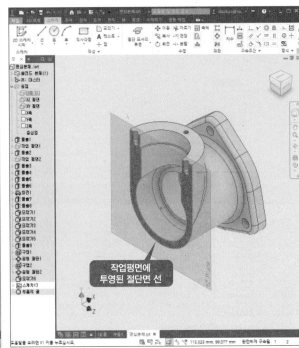

기능

1. 절단면 선만 투영된다.

2. 작성된 객체 또는 작업평면 등을 숨기는 명령이다.

3. 디자인 트리 : 해당 작업 내역(해당 스케치) → 마우스 우클릭 → 가시성 체크 해제

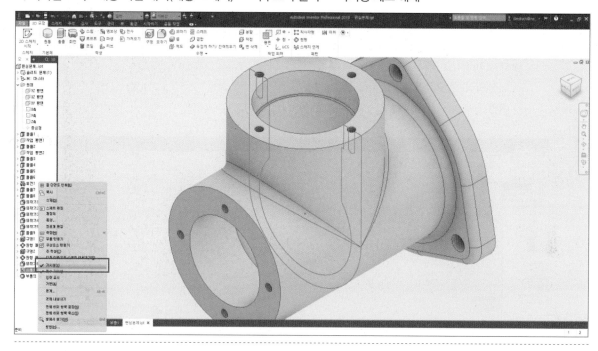

12 3D 미러 기능 설명

선택한 객체를 대칭(미러) 중심(평면)을 기준으로 대칭시킨다.(동력전달장치-8)

• 풀다운 메뉴 : 3D 모형 → 패턴 → 미러

> • 대칭(미러)시킬 피쳐 선택 : 디자인 트리 돌출(P1) 또는 피쳐(P2) 선택
> • 대칭(미러) 중심(평면) 선택 : 미러 평면(P3) 클릭, XY평면(P4) 클릭
> • 확인

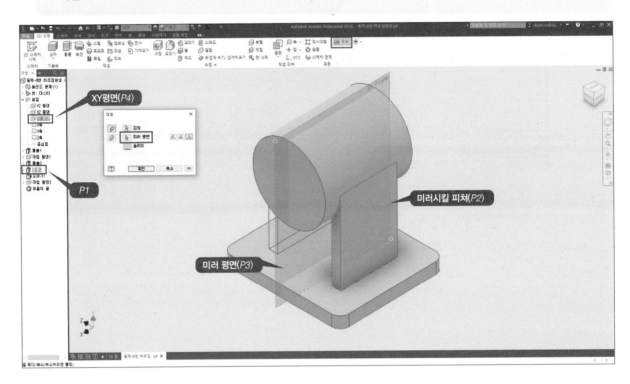

기능

1. 피쳐가 선택되지 않았으면 🖈 피쳐 클릭 후 다시 선택한다.
2. 2D 미러 대칭중심은 선이고 3D 미러 대칭중심은 평면이다.

13 ◎ 구멍(H) 기능 설명

스케치 점 또는 동심 축에 여러 가지 구멍을 작성한다.

(1) 동심 위치에 구멍 작성

동심 위치에 구멍을 작성한다.

① 단축키 : H

② 풀다운 메뉴 : 3D 모형 → 수정 → 구멍

> • 구멍 위치 : 동심원(P1) 선택(동심 모양이 보이면 한 번 더 선택)
>
> • 사양 선택 입력
>
> • 확인

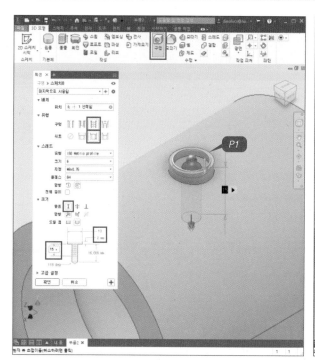

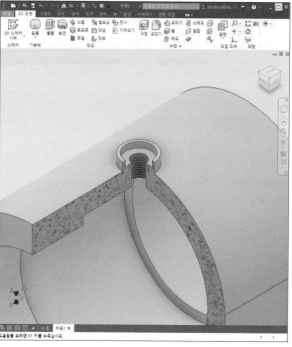

기능

그리스 니플 탭 구멍 적용 사양

유형	표준	호칭	카운터보어 치수
탭 구멍	ISO 규격	M6x0.75, 깊이 15	지름 10, 깊이 2

(2) 점에서 한 구멍 작성

구멍 작성 전 먼저 대칭중심 위치의 점을 스케치 평면에 작성한다.

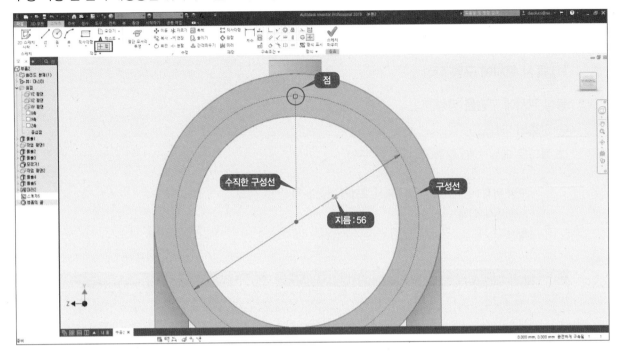

기능

구성선은 3D 모델링에 영향을 주지 않는다.

① 단축키 : H

② 풀다운 메뉴 : 3D 모형 → 수정 → 구멍

> • 점 위치에 자동으로 구멍이 생성된다.

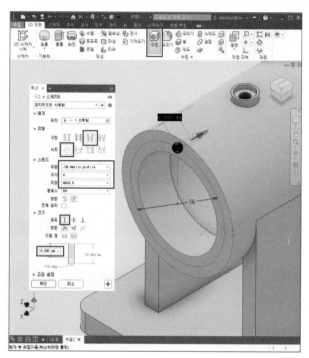 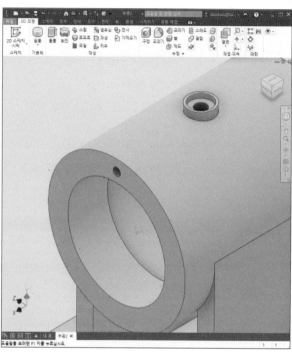

기능

1. 탭(암나사) 구멍 적용 사양

유형	표준	호칭
탭 구멍	ISO 규격	M4, 깊이 8(완전나사부 깊이)

2. 탭(암나사) 깊이는 규격에 없으므로 과제도면 치수를 측정하지 말고 스팩에 나온 대로 결정한다.

14 3D 직사각형 패턴 [기능 설명]

선택한 피쳐를 방향1과 방향2로 배열한다.

- 풀다운 메뉴 : 3D 모형 → 패턴 → 직사각형

- 배열할 피쳐 선택 : 디자인 트리 돌출 및 구멍(P1) 또는 피쳐(P2) 선택
- 방향1 : P3 클릭, P4 클릭
- 클릭(방향 체크)
- 객체 수량, 간격 입력 : 2(수량), 92(간격)
- 방향2 : P5 클릭, P6 클릭
- 클릭(방향 체크)
- 객체 수량, 간격 입력 : 2(수량), 80(간격)
- 확인

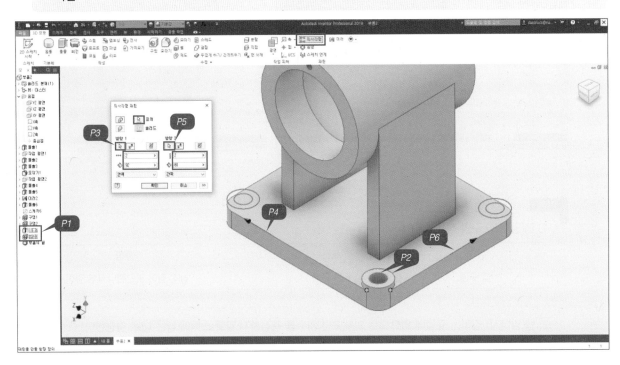

기능

기본 모델링과 구멍 크기 등은 과제도면을 측정해서 완성한다.

② 3D 직사각형 패턴 완료

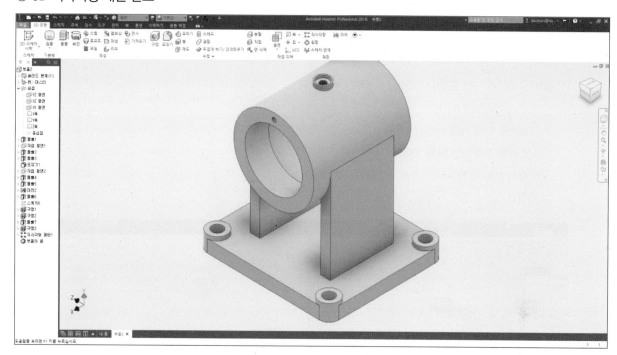

15 ⊕ 3D 원형 패턴 기능 설명

선택한 피쳐를 중심축선을 기준으로 호 또는 원형 패턴에 배열한다.

① 풀다운 메뉴 : 3D 모형 → 패턴 → 원형

- 배열할 피쳐 선택 : 디자인 트리 구멍(P1) 또는 피쳐(P2) 선택
- 회전축 선택 : P3 클릭, X축(P4) 선택
- 피쳐 수량 및 배열 각도 입력 : 4(수량), 360(각도)
- 확인

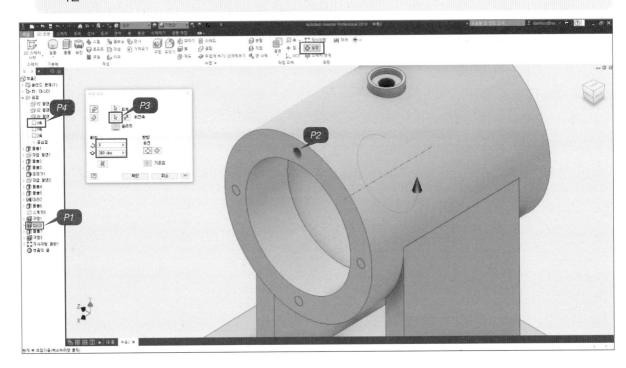

② 3D 원형 패턴 완료

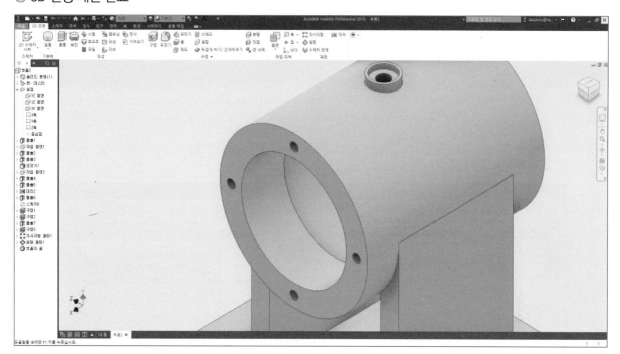

기능

2D 원형 패턴의 기준은 점, 3D 원형 패턴의 기준은 중심축선이다.

16 🔘 3D 모깎기 [기능 설명]

작성된 피쳐에 입력한 반지름값(R)만큼 모깎기(필렛)한다.

① 풀다운 메뉴 : 3D 모형 → 수정 → 모깎기

> • 모깎기 값 입력 : 3

② 모서리 : P1 선택(클릭)

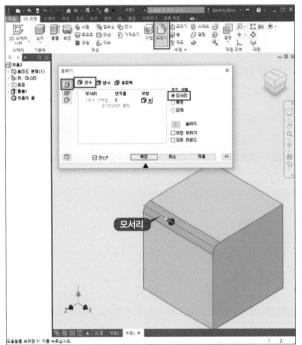
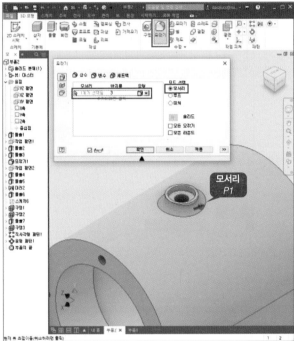

③ 루프 : P2 선택(클릭)

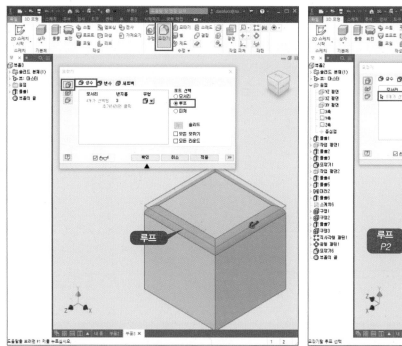

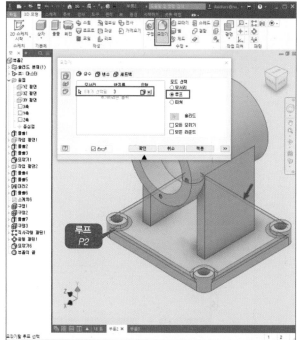

④ 피쳐 : P3 선택(클릭)

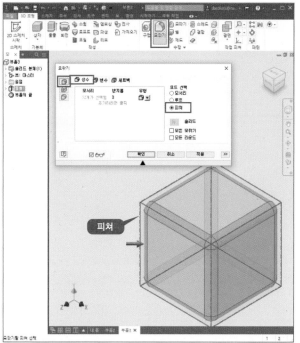

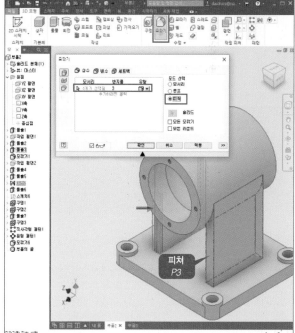

⑤ 모서리, 루프, 피쳐 선택을 응용한 모깎기(필렛) 완성

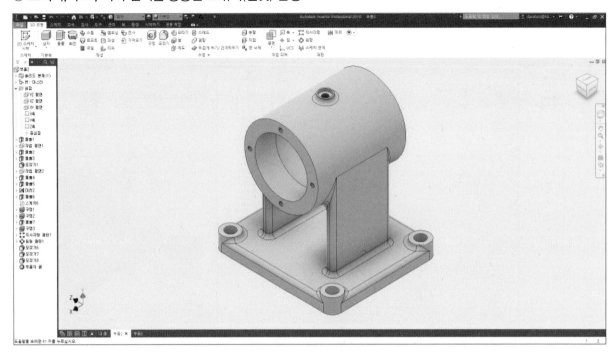

기능

자격 검정 시 R2~R3으로 기본 필렛을 한다.

17 ◎ 3D 모따기 기능 설명

작성된 피쳐에 입력한 크기만큼 모따기한다.

(1) 45˚ 모따기

① 풀다운 메뉴 : 3D 모형 → 수정 → 모따기

> • 거리 선택 : P1 클릭
> • 거리(모따기 값) 입력 : 1

② 모서리 : 모따기할 구멍 모서리 선택(클릭)

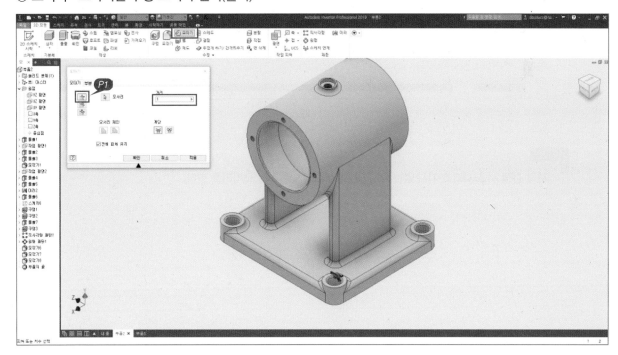

③ 구멍에 45° 모따기 완성

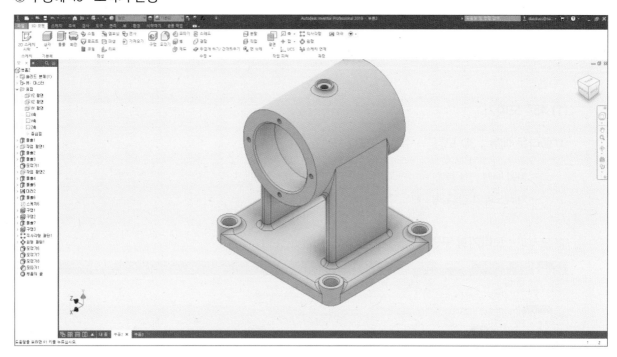

> **기능**
>
> 자격 검정 시 도시되고 지시 없는 모따기는 C0.5~C1로 기본 모따기를 한다.

(2) 30° 모따기

축에서 오일실 삽입부에 15～30°로 모따기한다.(동력전달장치-1)

① 풀다운 메뉴 : 3D 모형 → 수정 → 모따기

- 거리 및 각도 선택 : P1 클릭
- 거리(모따기 값) 및 각도 입력 : 2(거리), 30(각도)

② 면 선택 : P2 클릭(선택)

③ 모서리 선택 : P3 클릭(선택)

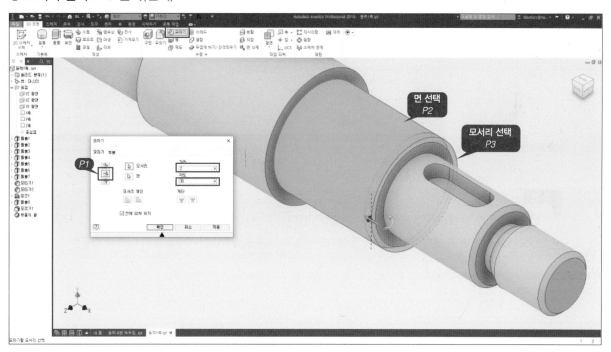

④ 축에 30° 모따기 완성

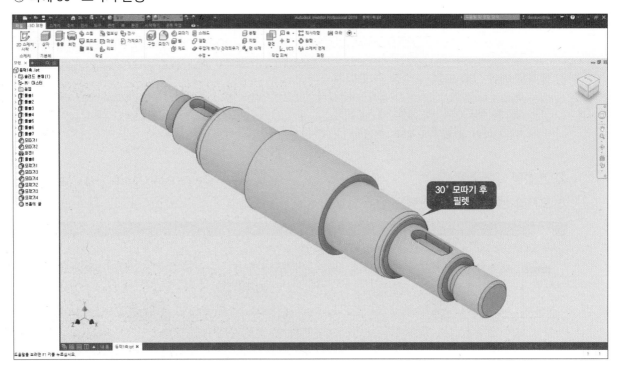

30° 모따기 후
필렛

1. 오일실 삽입부 축에 모따기 15~30°로 모따기한다.

2. 오일실 삽입부 축 모따기한 후 위쪽 필렛 R3~R5, 아래쪽 필렛 R0.2~R0.5 범위 내에서 적용한다.

18 ▧ 스레드 [기능 설명]

구멍 또는 축에 스레드(나사산)를 작성한다.(동력전달장치-1)

① 풀다운 메뉴 : 3D 모형 → 수정 → 스레드

② 위치 : 스레드 적용 면 선택

③ 사양 : ISO표준, M14x1 선택

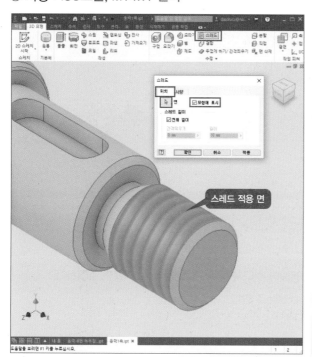
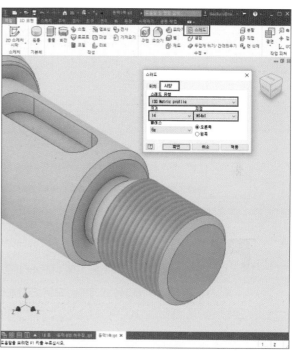

④ 축에 스레드 적용 완성

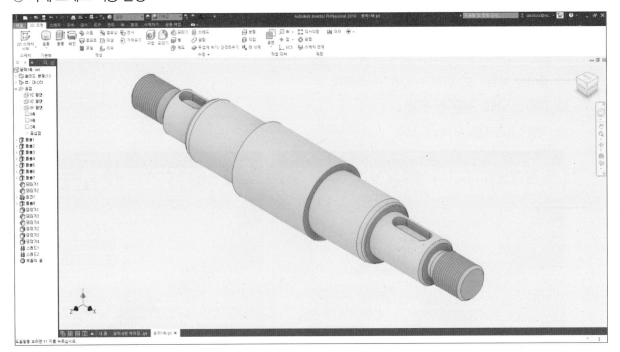

<table>
<tr><td>기능</td></tr>
</table>

기능

1. 자격 검정에서 나사 피치를 1(예 : M14x1)로 결정해야 수나사 틈새 규격치수(1.6) 적용이 수월하다.

2. 자격 검정에서 체결용 스레드는 모두 ISO Metric profile로 한다.

19 🖾 리브 기능 설명

열린 프로파일 또는 닫힌 프로파일을 사용하여 리브를 작성한다.(동력전달장치-2)

(1) 리브 스케치 작성

작성된 모델링의 중간 작업평면에 리브 스케치 선을 작성한다.

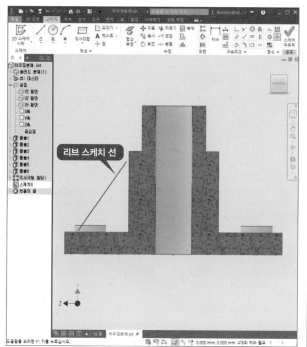
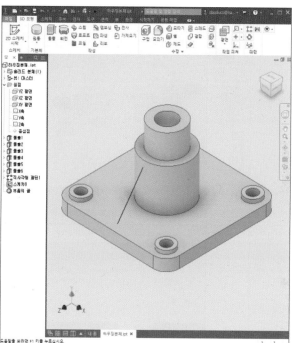

기능

1. 스케치 선이 연결되어 있지 않아도 자동으로 연결되어 리브가 생성된다.

2. 제도에서 리브의 각도는 크게 중요하지 않다.

(2) 리브 작성

• 풀다운 메뉴 : 3D 모형 → 작성 → 리브

> • 스케치 평면에 평행 : P1 클릭
> • 리브 두께 입력 : 8
> • 리브 두께 방향 : P2 클릭
> • 리브 프로파일 생성 방향 : P3 클릭

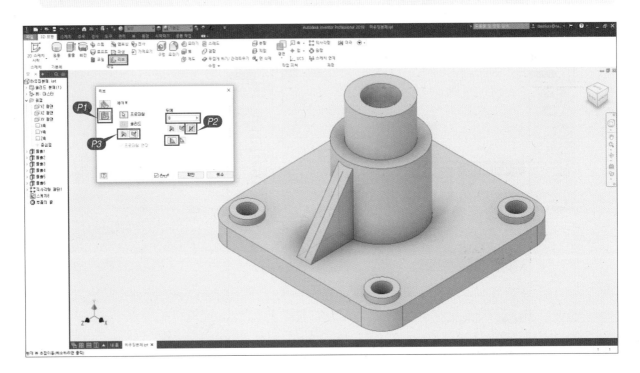

(3) 리브 응용 모델링 완성

실습과제 동력전달장치-2 본체

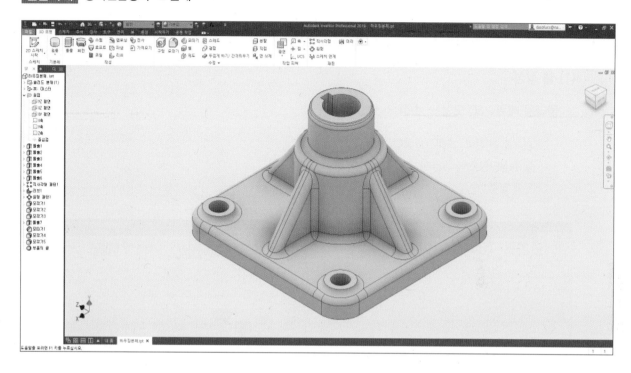

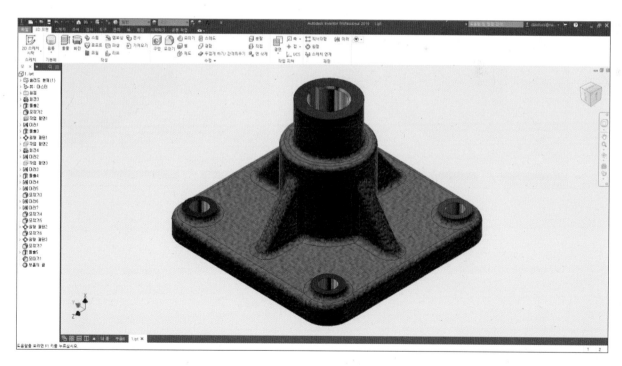

20 🔲 쉘 기능 설명

부품 내부를 제거하여 지정한 두께로 피쳐를 작성한다.(기어박스-2)

(1) 쉘 작성

① 풀다운 메뉴 : 3D 모형 → 수정 → 쉘

- 제거할 면 선택 : 바닥(P1) 클릭(선택)
- 쉘 생성방향 선택 : 내부(P2) 클릭(선택)
- 두께 입력 : 6

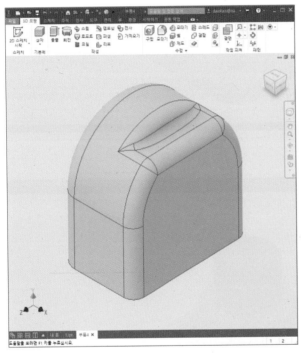
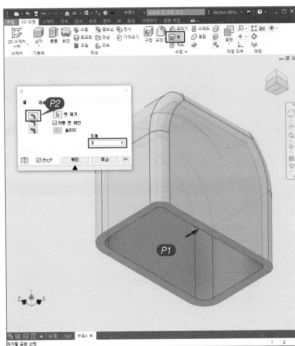

② 두께가 6mm인 피처 완성

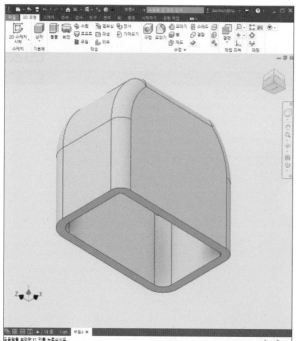 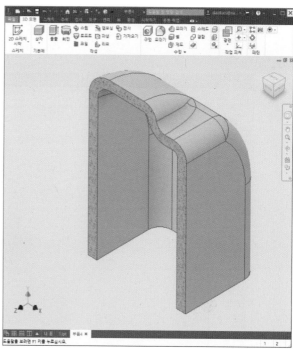

(2) 응용 모델링 따라하기

실습과제 기어박스-2 본체 모델링 따라하기(QR)

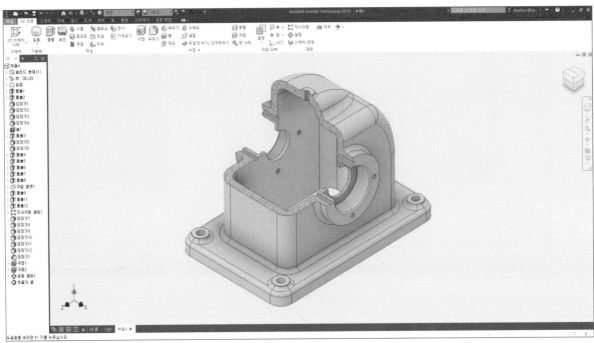

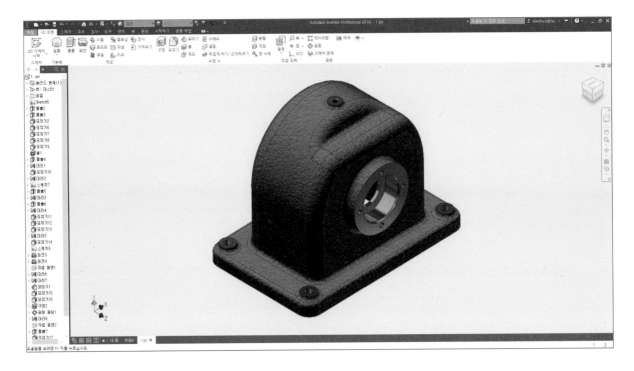

21 🔲 스윕 기능 설명

선택한 경로를 따라 스케치된 프로파일 객체를 스윕하여 피쳐를 작성한다.(기어펌프-2)

(1) 스윕 스케치 작성

작성된 모델링의 작업평면에 스윕 경로선과 프로파일 스케치 객체를 작성한다.

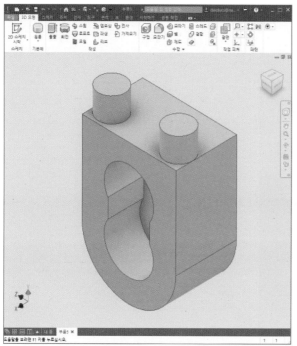
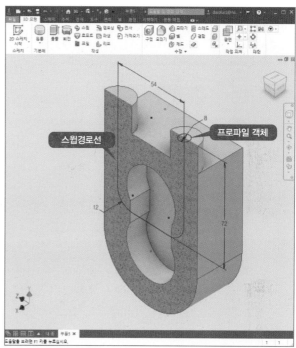

(2) 스윕 작성

- 풀다운 메뉴 : 3D 모형 → 작성 → 스윕

    - 프로파일 스케치 객체 선택 : P1 클릭
    - 경로 : P2 클릭
    - 스윕 경로선 선택 : P3 클릭
    - 차집합 : P4 클릭

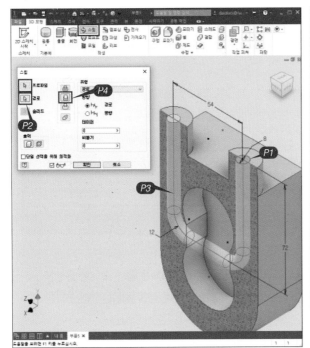
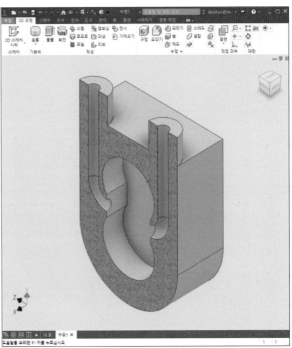

(3) 응용 모델링 따라하기

실습과제 기어펌프-2 본체 모델링 따라하기(QR)

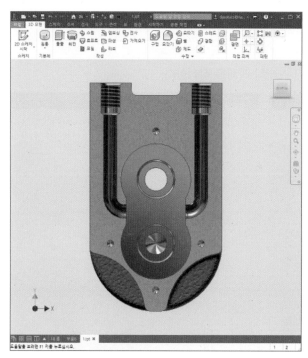

22 로프트 기능 설명

두 개 이상의 스케치 사이에 쉐이프를 작성한다.(동력전달장치-12)

(1) 로프트 스케치 작성

작성된 모델링의 두 작업평면에 로프트할 프로파일 스케치 객체를 작성한다.

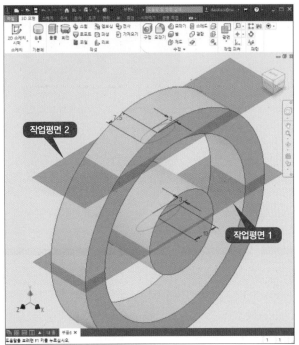
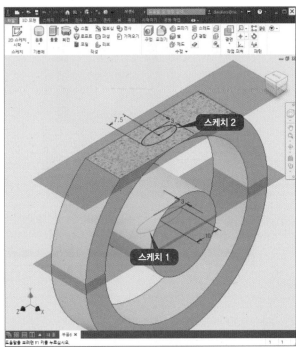

(2) 로프트 작성

① 풀다운 메뉴 : 3D 모형 → 작성 → 로프트

- 프로파일 스케치 객체 : P1 클릭
- 프로파일 스케치 객체 : P2 클릭

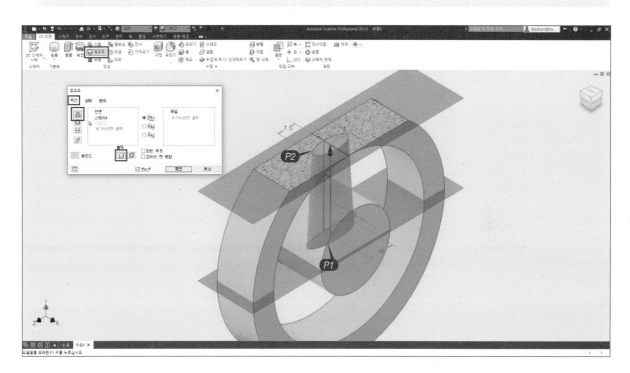

② 로프트를 이용한 암(arm) 완성

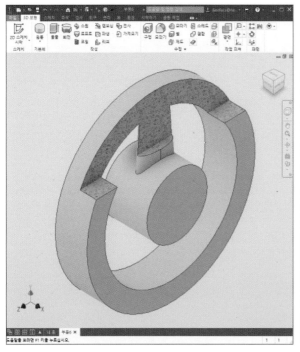
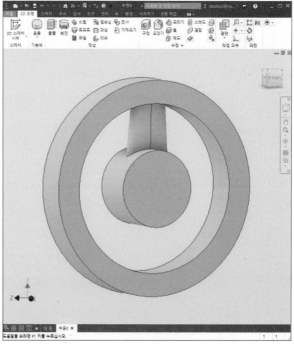

(3) 로프트 응용 모델링 완성

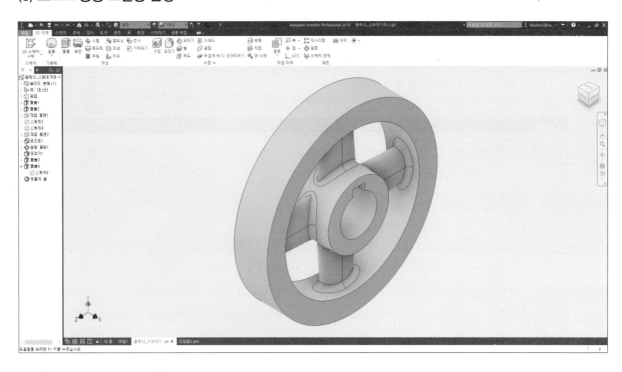

23 기어 치형 작성법

기어 치형은 설계가속기를 사용하여 간단히 작성한다. (동력전달장치-12)

(1) 스퍼기어 기본 모델링

사양에 맞게 작성된 모델링을 저장한다(파일명 : 스퍼기어.ipt).

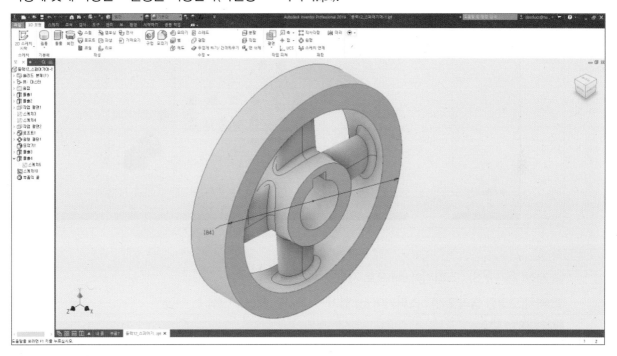

스퍼기어 주요 사양				
모듈(M)	잇수(Z)	피치원지름(PCD)	외경(D)	이 나비(치폭)
2	40	80	84	16

(2) 스퍼기어 설계가속기

① 새로 만들기(Ctrl + N) : Metric → 조립품 → Standard.iam

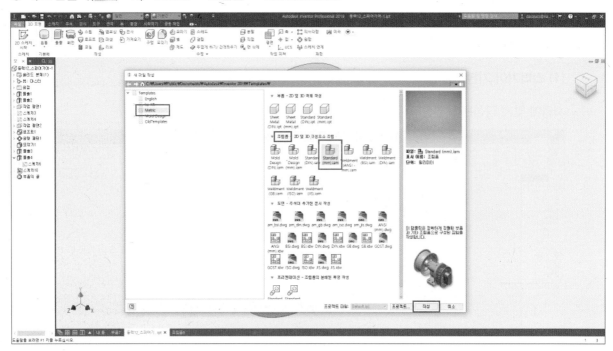

② 저장(Ctrl + S) : 스퍼기어.iam으로 저장

③ 배치(모델링 불러오기) : 스퍼기어.ipt 열기 → 하나만 작성 → Esc

④ 풀다운 메뉴 : 설계 → 전동 → 스퍼기어

- 계산 : 사용 안 함(P1) 체크 해제
- 설계 안내서 : 중심거리 선택
- 모듈(M) : 2 선택
- 기어1 : 피쳐 선택
- 기어2 : 모형 없음 선택
- 톱니 수(Z) : 40 선택
- 나비 : 16 선택
- 원통형 면 : 외경(P2) 선택
- 시작평면 : 림 측면(P3) 선택

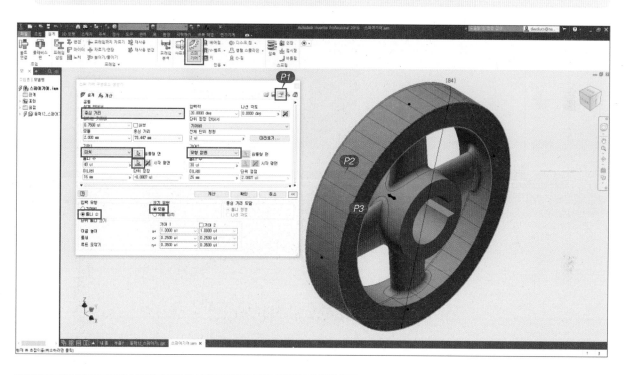

모듈(M)	톱니 수	이 나비(치폭)
2	40	16mm 이상

기능

이 나비는 치폭보다 크거나 같게 한다.

⑤ 확인

- 기어를 더블클릭한다.(모형 공간으로 돌아간다)

(3) 스퍼기어 모델링 최종 완성

실습과제 동력전달장치-12

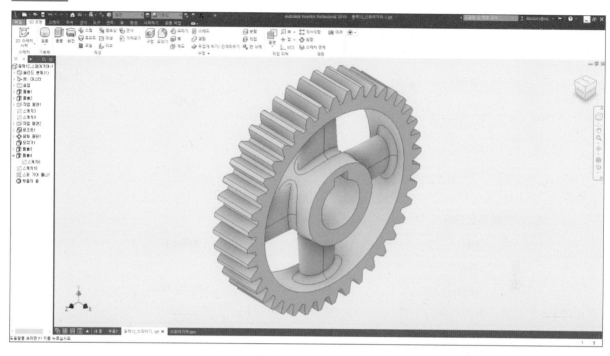

기능

자격 검정에서는 설계가속기를 이용해서 기어 치형을 작성하도록 한다.

기능

1. 2D 스케치 주요 단축키

명령	단축키	범주(C)	기타
스케치	S	배치된 피쳐	
선	L		
*스플라인	SS		새로 지정
원	C	스케치	
*사각	RE		
자르기	X		
*치수	D	치수	

2. 3D 모형 주요 단축키

명령	단축키	범주(C)	기타
*돌출	E		
회전	R	스케치된 피쳐	
*구멍	H		
*원통(기본체)	HH	배치된 피쳐	
*반 단면도	VV		
끝단면(단면 해지)	EE	뷰	새로지정
와이어프레임	WW		
모서리로 음영 처리	HI		

기 계 인 벤 터 - 3 D / 2 D 실 기 활 용 서

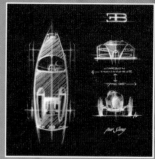

2D/3D 도면 작성 및 환경설정

💬 **BRIEF SUMMARY**

이 장에서는 2D 도면화 환경설정 및 도면화에 필요한 명령활용법에 대해서 설명하였다. 특히, AutoCAD로 넘겨서 2D를 마무리하는 과정, 인벤터에서 2D를 마무리하는 과정 및 환경 설정법 등을 상세하게 설명해 하였다.

01 | AutoCAD용 2D 도면 작성

2D 부품도 도면작성을 하기 위한 영역이다.

① 새로 만들기 → Metric → 도면 → JIS.idw

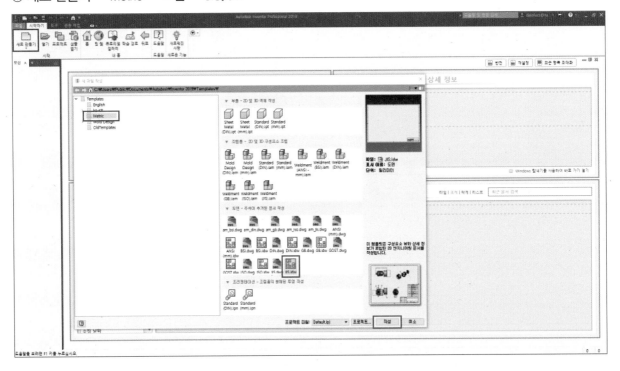

② 디자인 트리 : Default Border, JIS `Delete`

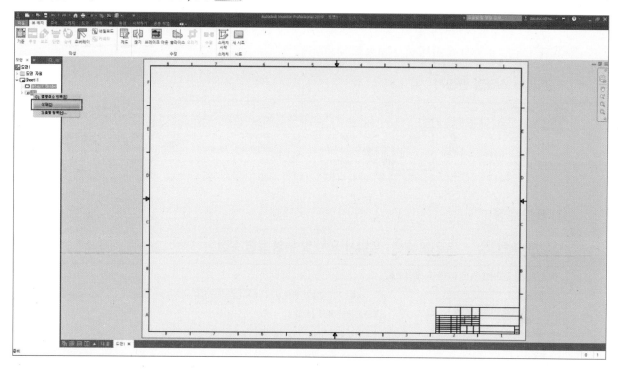

③ shet : 마우스우 클릭 → 아래와 같이 설정(A2) → 확인

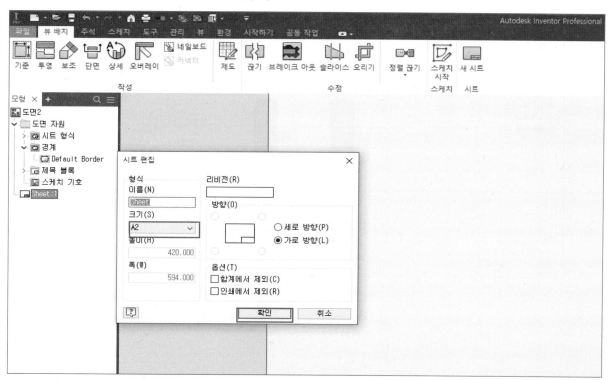

02 도면 스타일 설정

인벤터2D 도면 작성을 위한 기본 환경을 설정한다.

- 관리 → 스타일 편집기

(1) 표준 설정

- 기본 표준(JIS) → 뷰 기본 설정 : 암나사 표시 및 투영 유형 설정

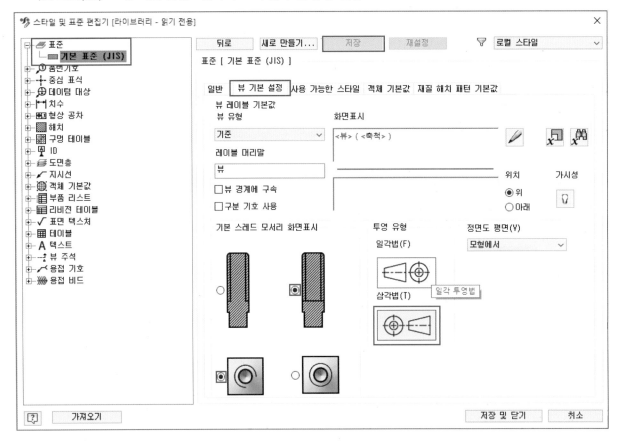

(2) 중심 표식 설정

중심선 간격 크기를 설정한다.

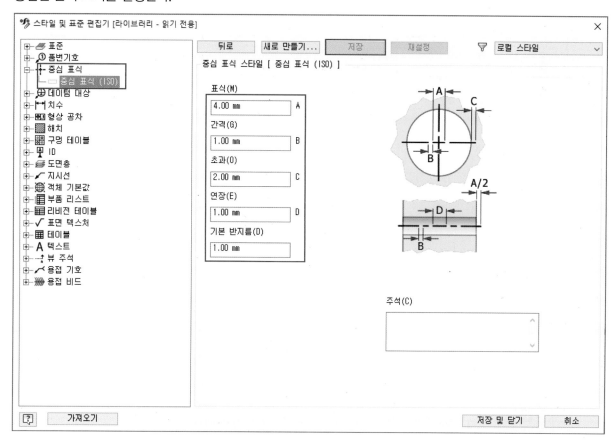

• 주요 설정

표식(M)	간격(G)	초과(O)	연장(E)	기본 반지름(D)
4	1	2	1	1

(3) 도면층 설정

도면층(레이어)를 다음과 같이 새로 만든다.

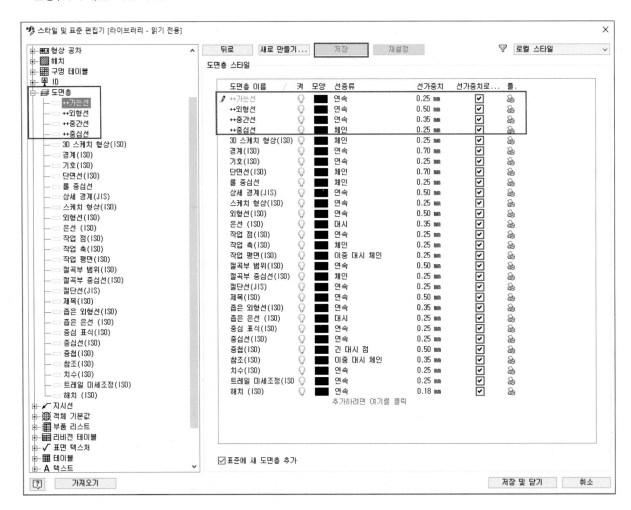

• 주요 설정

도면층 이름	모양	선 종류	선 가중치	'선 가중치'로
++ 가는선	검정색	연속	0.25	체크
++ 외형선	검정색	연속	0.5	체크
++ 중간선	검정색	연속	0.35	체크
++ 중심선	검정색	체인	0.25	체크

(4) 객체 기본값 설정

도면 배치 시 필요한 선을 다음과 같이 설정한다.

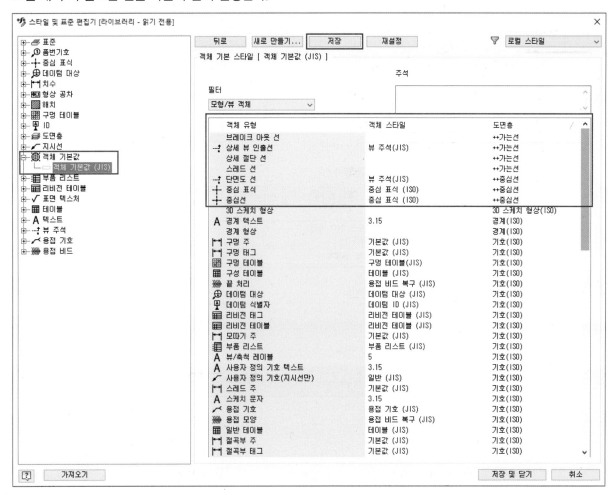

• 주요 설정

객체 유형	객체 스타일	도면층
단면도 선	뷰 주석(JIS)	++ 중심선
상세 뷰 인출선	뷰 주석(JIS)	++ 가는선
상세 절단 선	–	++ 가는선
스레드 선	–	++ 가는선
브레이크 아웃 선	–	++ 가는선
중심 표식	중심 표식(ISO)	++ 중심선
중심선	중심 표식(ISO)	++ 중심선

(5) 텍스트 설정

텍스트를 각각 아래와 같이 새로 설정한다.

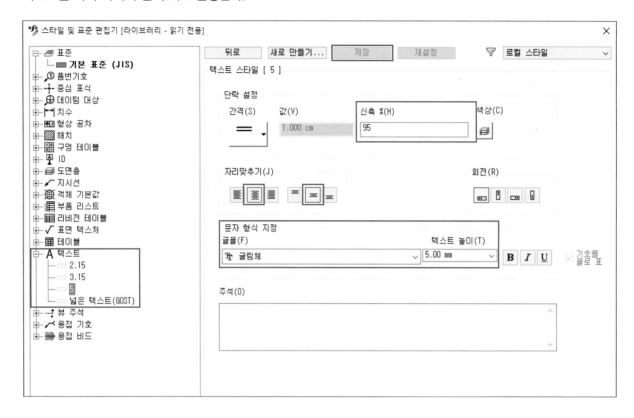

• 주요 설정

텍스트 유형(변경 및 새로지정)	글꼴(F)	텍스트 높이(T)	신축%(H)
레이블 텍스트(JIS) = 5(변경)	굴림체	5mm	95
주 텍스트(JIS) = 3.15(변경)	굴림체	3.15mm	95
2.15	굴림체	2.15mm	95

(6) 뷰 주석(단면) 설정

단면 표시 방법 및 화살표 크기를 설정한다.

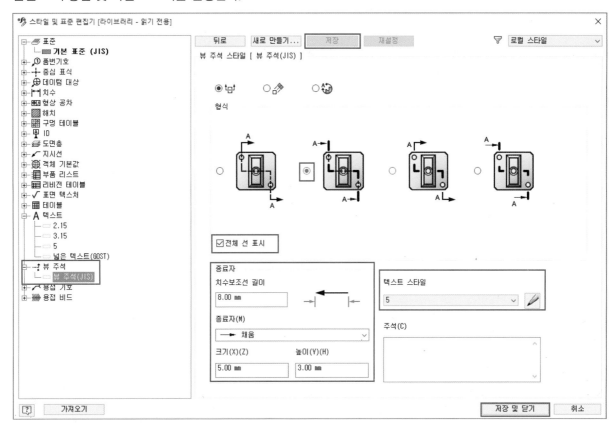

• 주요 설정

치수보조선 길이	종료자(화살표)	크기	높이	텍스트 스타일
8mm	채움	5mm	3mm	5

03 2D 도면 투상배치

작성된 3D 모델링 단품을 하나씩 불러와 화면상에 정면도를 기준으로 모두 기본배치한다.

(1) 3D 모델링 불러오기

① 뷰 배치 → 작성 클릭

② 구성 요소 → P1 클릭(저장된 모델링 파일을 불러오기)

③ 스타일(T) : P2 클릭(숨은선 제거)

④ 축척 : 1:1

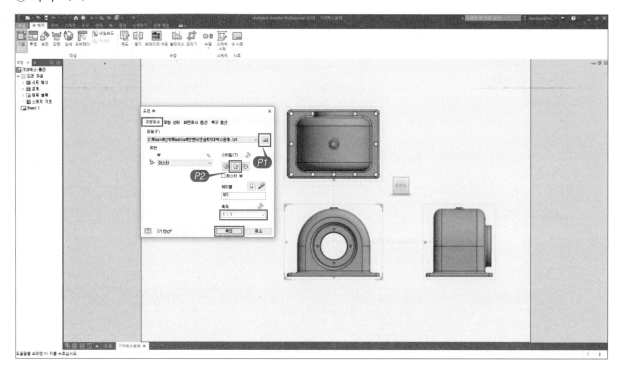

> **기능**
>
> 1. 화면표시 옵션 → "스레드 피쳐" → 체크
>
> 2. 화면표시 옵션 → "접하는 모서리" → 체크 해제

(2) 기본 투상도 배치

형상이 가장 뚜렷한 부분을 정면도로 지정하고 나머지 기본 투상도들을 모두 배치한다.

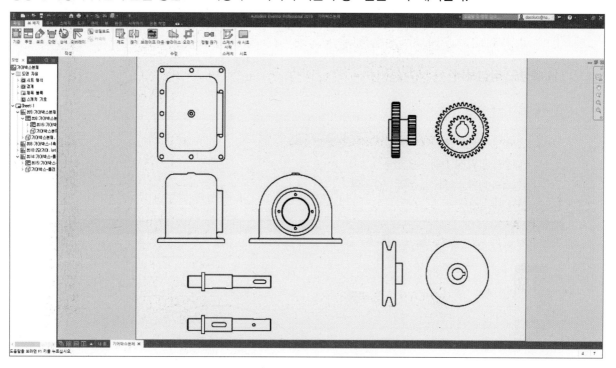

 기능

1. 투상도를 배치할 때 도면영역 밖으로 넘어가도 상관없다.
2. 작성된 투상도는 각각의 뷰를 선택해서 이동시킬 수 있다.

04 📋 오리기

투상도에서 불필요한 부분을 제거한다.

(1) 대칭도 작성하기

① 뷰 배치 → 수정 → 오리기

- 잘라낼 투상도 뷰 선택 : P1(점선이 뷰 경계선) 선택
- 대칭중심 위 점 선택 : P2 선택
- 임의의 화면상 아래 점 선택 : P3 선택

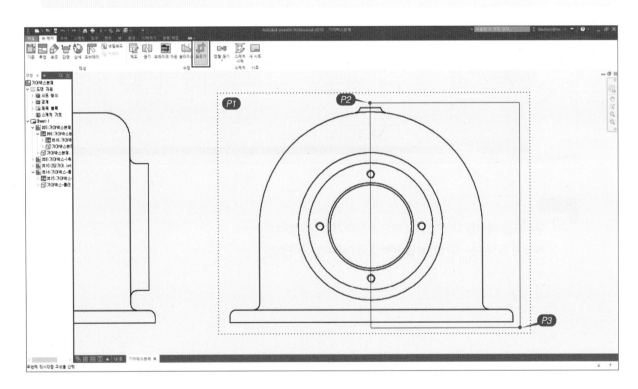

기능

1. 대칭중심 선택법 : 선택한 투상도 중심(선, 원)에 마우스를 놓으면 녹색 점이 생성된다.
   이때, 마우스를 위쪽으로 움직여 P2 점을 찍는다.
2. 명령을 클릭한 후 항상 작업할 뷰를 먼저 선택한다.
3. 오리기 선을 숨기는 법 : 디자인 트리 → 오리기 → 오리기 절단 선 화면표시 → 체크 해제
4. 기타 선을 숨기는 법 : 선 클릭(선택) → 마우스 우클릭 → 가시성(V) 체크 해제

② 결과 : 다른 투상도들도 오리기 명령을 이용해서 불필요한 부분을 제거한다.

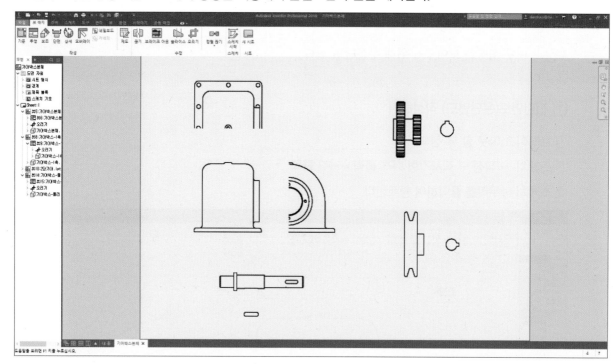

05 브레이크 아웃

투상도 내부 형상을 보여주기 위해 부분단면 한다.

(1) 전단면도(온단면도) 작성하기

① 브레이크 아웃 할 뷰 선택

② 스케치 → 작성 → 직사각형 : P1 클릭 → P2 클릭

③ 스케치 마무리를 클릭하여 종료한다.

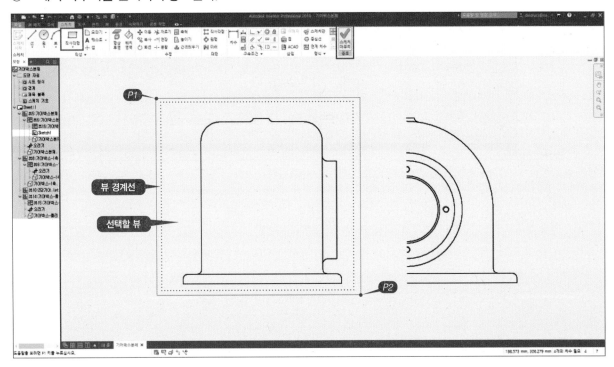

기능

1. 명령을 클릭한 후 항상 작업할 뷰(투상도 영역)를 먼저 선택한다.

④ 뷰 배치 → 수정 → 브레이크 아웃 선택

⑤ 뷰 선택

⑥ 브레이크 아웃 깊이 시작점 선택 : P3(대칭 중심점) 클릭 → 확인

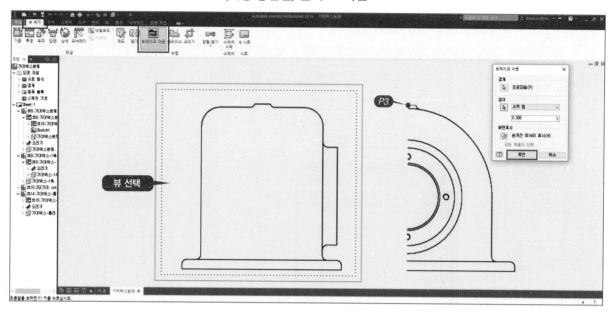

⑦ 결과

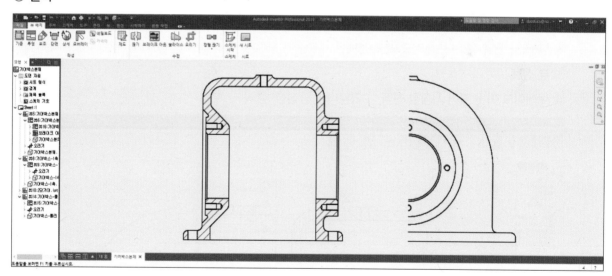

(2) 부분단면도 작성하기

① 브레이크 아웃 할 뷰 선택

② 스케치 → 작성 → 스플라인 : P1(부분단면 할 부분) 만들기

③ 스케치 마무리를 클릭하여 종료한다.

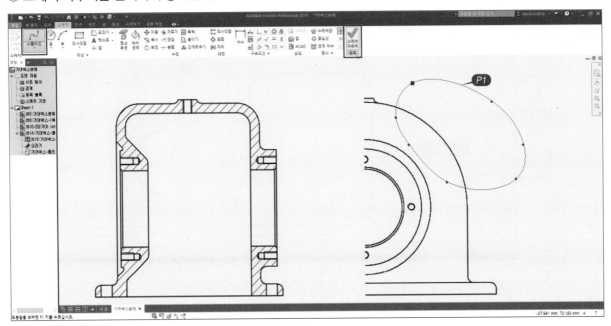

④ 뷰 배치 → 수정 → 브레이크 아웃 선택

⑤ 뷰 선택

⑥ 브레이크 아웃 깊이 시작점 선택 : P2(암나사 중심점) 클릭 → 확인

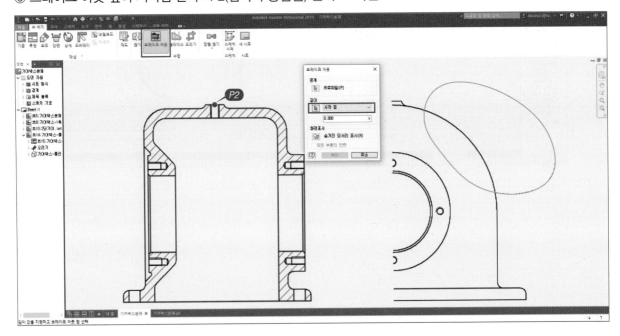

⑦ 결과

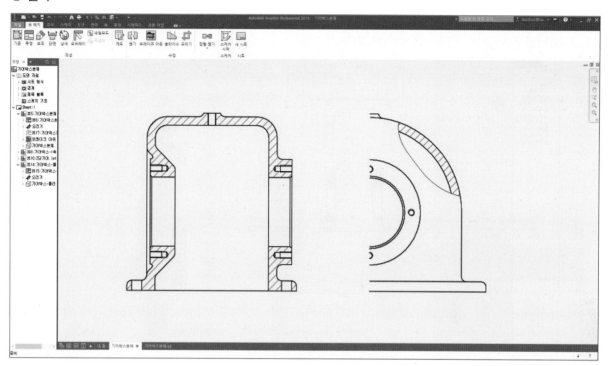

기능

브레이크 아웃 깊이 시작점 : 절단할 투상면을 뜻한다.

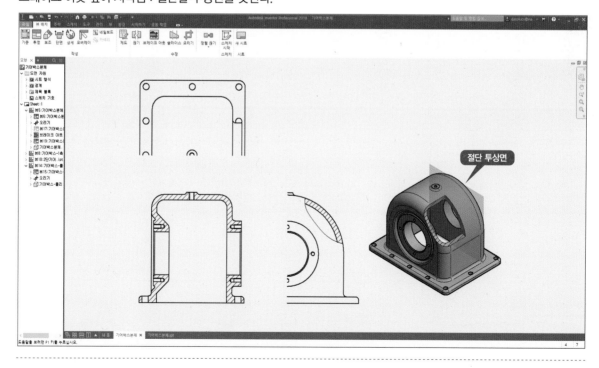

⑧ 다른 투상도 브레이크 아웃 명령을 이용해서 전단면도 또는 부분단면 한다.

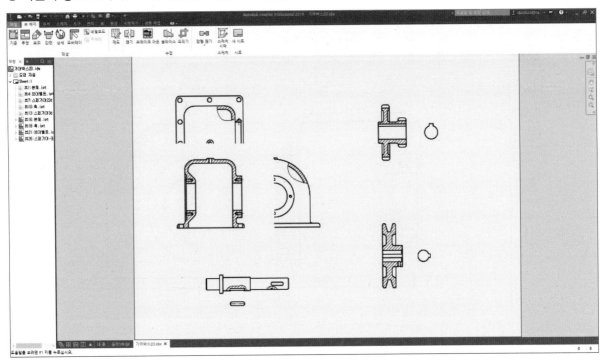

06 🐟 상세

상세도를 작성한다.

(1) 상세도 작성하기

① 뷰 배치 → 작성 → 상세

> • 상세도 작성할 투상도 뷰 선택
>
> • 상세 뷰 옵션 선택 : ①~③ 선택
>
> • V벨트 홈 중심 및 경계 : P1~P2

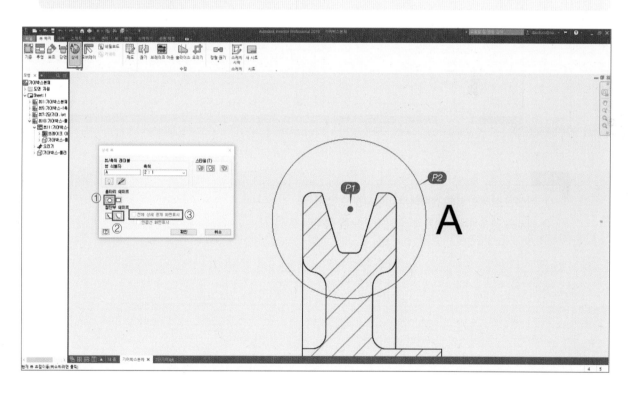

② 결과 : 적당한 위치에 상세도를 배치한다.

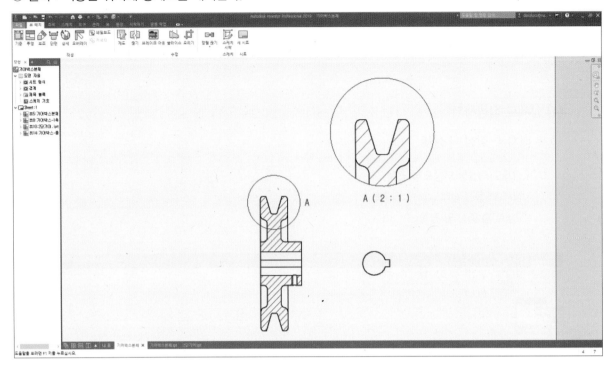

기능

1. 작성된 상세도 뷰를 선택해서 이동시킬 수 있다.

2. 상세도 경계선을 클릭한 후 중앙 포인트를 움직일 수 있다.

(2) 중심선 정리

투상도에 중심선을 작성한다.

① 주석 → 기호 : 중심선

② 뷰 선택 → 마우스 우클릭 : 자동화된 중심선

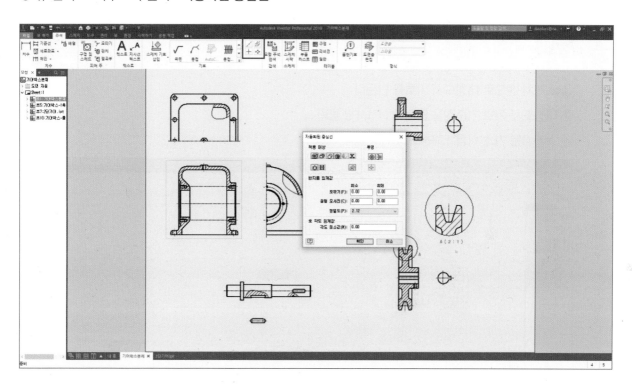

(3) 대칭도시 기호 만들기

① 주석 → 기호 → 스케치 기호삽입 → 새 기호 정의

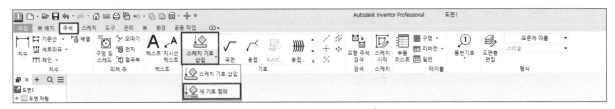

② 스케치 선으로 대칭도시 기호를 만든다.

③ 대칭도시 기호 기준점을 만든다 : P1, P2 클릭

④ 스케치된 기호 이름 : 대칭도시 기호 입력 저장

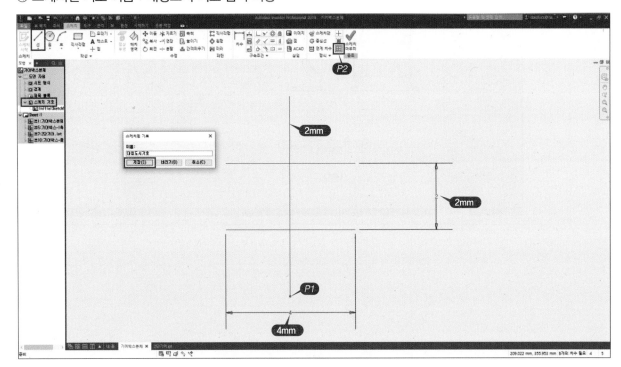

(4) 대칭도시 기호 삽입

① 디자인 트리 → 스케치 기호 → 대칭도시 기호(P1) 더블클릭

② 대칭도시 기호 삽입 : P2 점 클릭

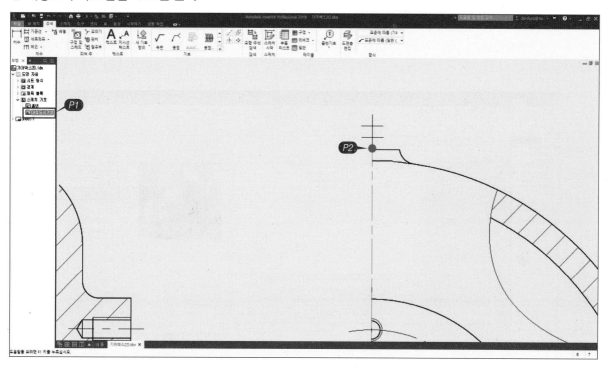

기능

1. AutoCAD 블록과 같은 동일한 기능이다.

2. 디자인 트리 스케치 기호 아래 대칭도시 기호가 생성된 것을 알 수 있다.

3. 필요할 때마다 더블클릭해서 사용하면 된다.

07 AutoCAD 파일로 넘김

파일 → 내보내기 → DWG로 내보내기 클릭(선택)

파일이름(N)	파일 형식	구성	파일 버전	데이터 축척
① 파일명 부여	② AutoCAD DWG 파일	④ 구성이 저장되지 않음	⑤ AutoCAD 2010 도면	기준뷰 축척−모형공간

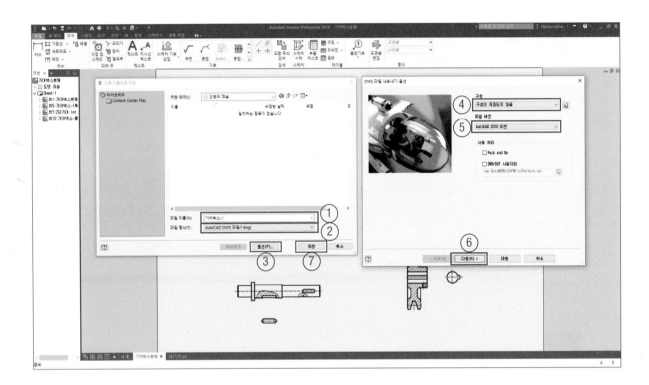

08 AutoCAD에서 열어 정리

① 파일 → 열기 → 작업파일 열기

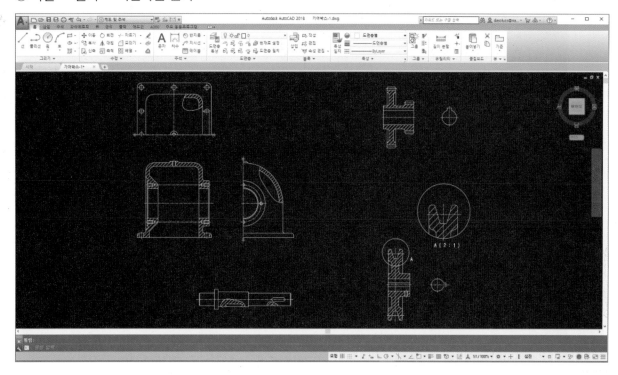

② 레이어 정리

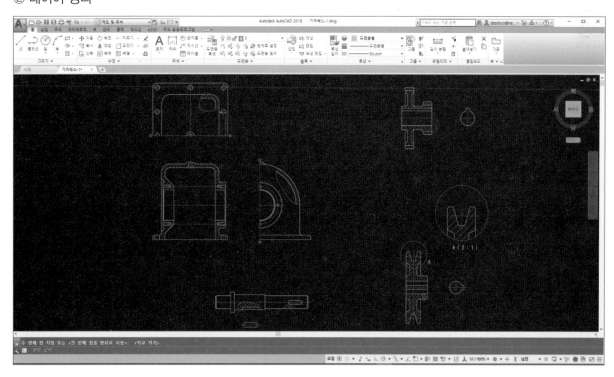

③ 최종 2D 부품도

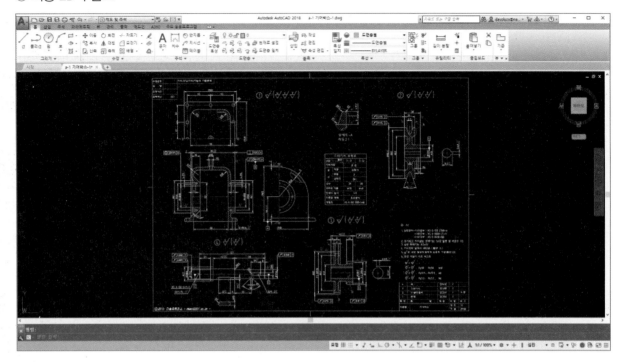

기능

1. 치수기입, 표면거칠기, 끼워맞춤, 기하공차, KS규격 해석 및 적용, 주석문, 표제란/부품란을 작성한다.

2. 인벤터에서 2D 투상도를 AutoCAD로 넘겨와 마무리하는 수업은 "기계제도-2D실기" 수업에서 다루고 있다.

④ 제출용으로 출력된 최종 2D 도면

작업영역은 A2 사이즈, 출력은 A3 용지에 해서 제출한다.

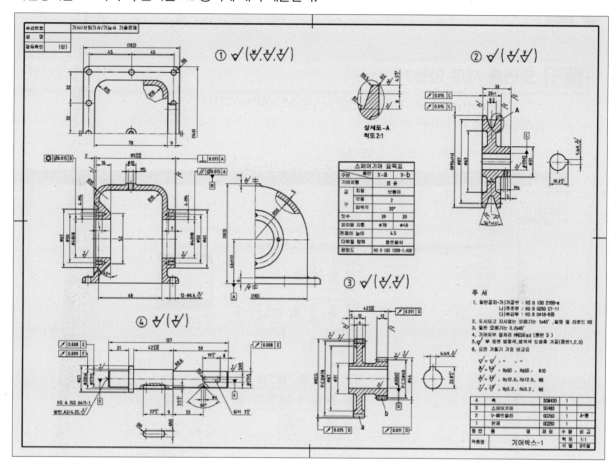

기능

1. 자격증 취득만 목적이라면 인벤터에서 3D/2D 모두 작성하는 것을 추천한다.

2. 산업현장에서는 인벤터보다 AutoCAD가 훨씬 많이 쓰이므로 기본적으로 AutoCAD를 다룰 줄 알아야 한다.

02 | 3D 등각 도면 작성

01 도면틀 새로 만들기

3D 등각도를 작성하기 위한 영역이다.

① 새로 만들기 → Metric → 도면→ JIS.idw

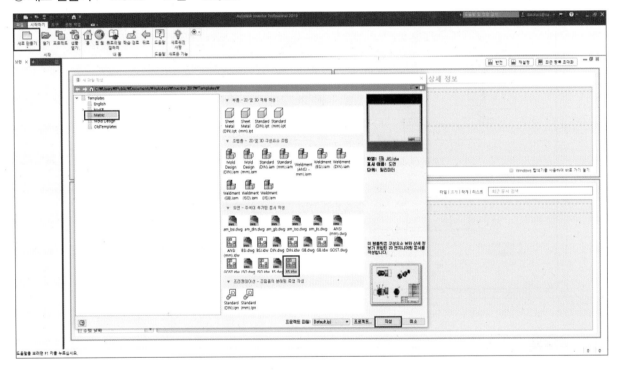

② 디자인 트리 : Default Border, JIS 선택 →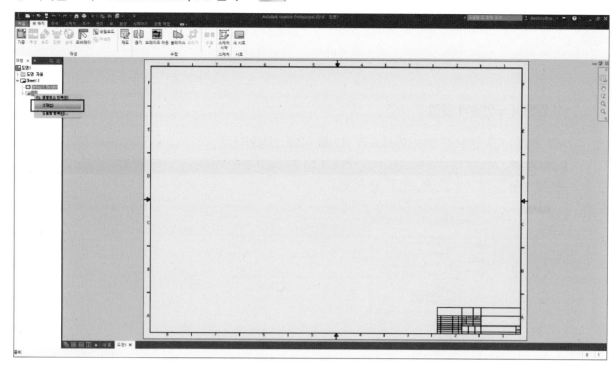

02 AutoCAD 도면틀 활용하기

3D 도면틀은 AutoCAD 2D 작업 후 도면틀만 따로 저장해서 가져온다.

(1) 인벤터 도면영역 설정

시트 편집 : 디자인 트리 Sheet에서 도면 크기를 A2로 설정한다.

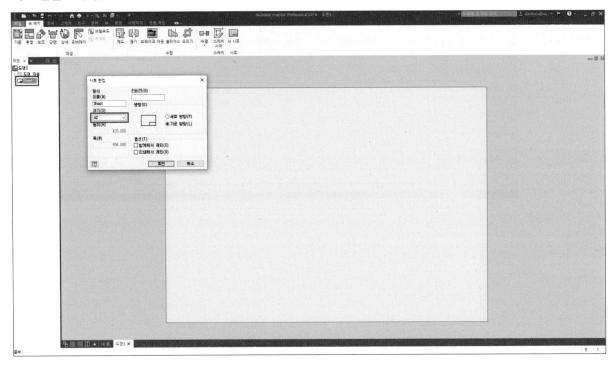

(2) AutoCAD 도면틀 불러오기

① 경계 : 새 경계 정의(D) 클릭

② 스케치 → 삽입 : ACAD 클릭(파일형식 : AutoCAD DWG)

③ 대상 가져오기 옵션 : 끝점 구속, 형상 구속조건 적용 체크

④ 마침 → 스케치 마무리(종료)

⑤ 경계 이름 : 3D 도면틀이라고 입력한다.

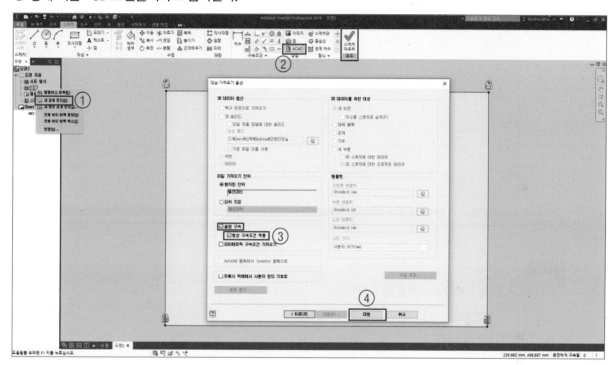

⑥ 경계 : 삽입

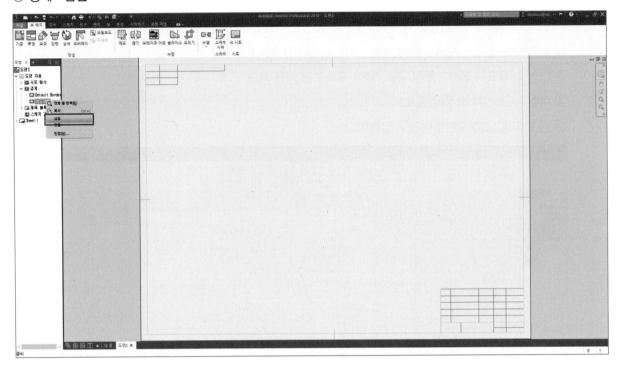

기능

AutoCAD에서 도면틀을 가져올 때 주의사항

도면영역	선색상	폰트	단위
인벤터 설정과 동일할 것	레이어로 지정	굴림체	밀리미터

(3) 도면 선 색상 바꾸기 및 선 굵기 지정

선 색상은 모두 검정색으로 바꾸고, 선 굵기를 지정한다.

① 관리 → 스타일 편집기 → 도면층

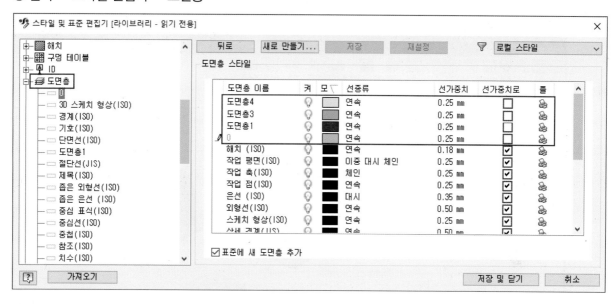

② 색상 변경 및 선 굵기 지정 → 저장 및 닫기

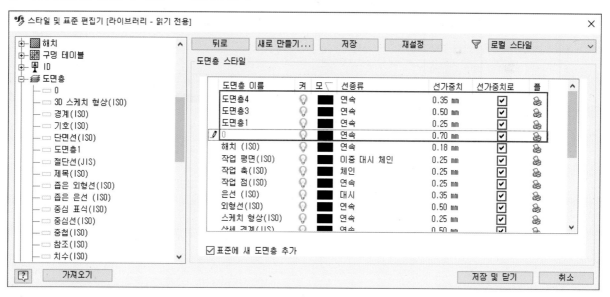

도면층 4(중간선)	도면층 3(외형선)	도면층 1(가는선)	0(아주 굵은선)
0.35mm	0.5mm	0.25mm	0.7mm

03 3D 등각도 배치

작성된 3D모델링 단품을 하나씩 불러와 아래와 같이 체크하고 화면상에 모두 등각 배치한다.

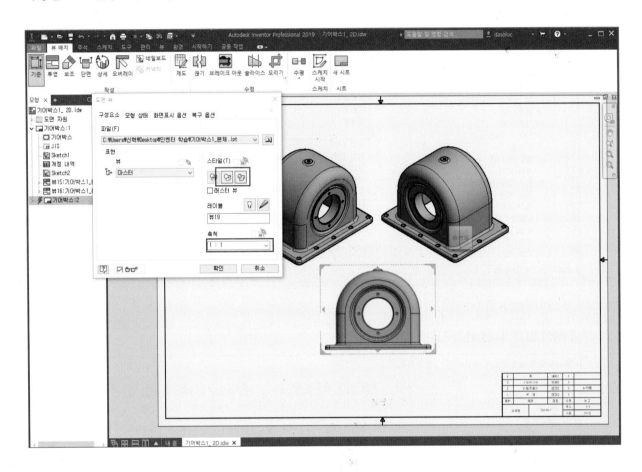

기능

화면표시 옵션 에서 "스레드 피쳐" 체크, "접하는 모서리" 체크, "원근법에 따라" 체크

(1) 3D 등각도 배치

부품번호를 표기 후 등각배치를 마무리 한다.

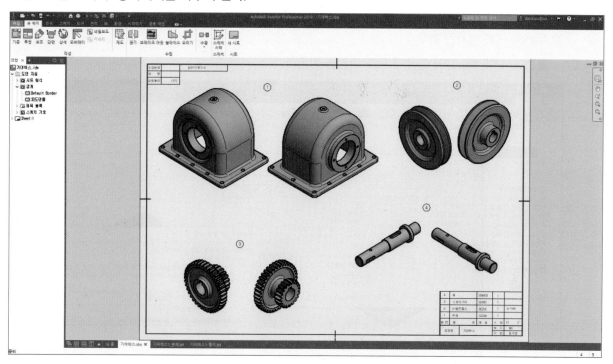

1. 작성된 3D 단품 모델링들을 차례로 열어서 기계제도 표준에 맞게 좌/우 등각배치를 작성한다.

2. 모델링은 음영처리 상태로 배치한다.

3. 척도는 NS 또는 1:1(기계기사), 1:1(전산응용기계제도기능사/기계설계산업기사)로 한다.

(2) 3D등각도 PDF 파일 만들기

3D등각도면을 PDF파일로 만든다.

① Adobe PDE 설치된 경우

출력에서 아래와 같이 설정 후 PDF 파일을 만든다.

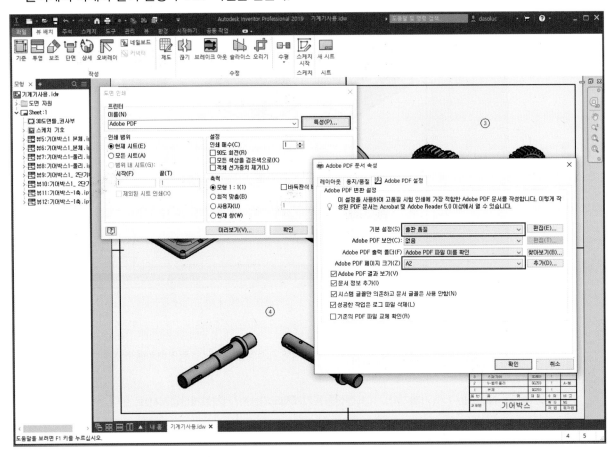

② PDF 파일로 그냥 내보내기 방법

파일 → 내보내기 → PDF → 옵션에서 아래와 같이 설정 후 PDF 파일을 만든다.

기능

1. 출판용 백터 해상도 : 4,800DPI 설정

2. 기능사/산업기사/기계기사 실기시험용 벡터 해상도: 400~600DPI 설정

(3) 제출용으로 출력된 최종 3D 등각도면

PDF 출력 시 자동으로 A3에 맞춰 출력된다.

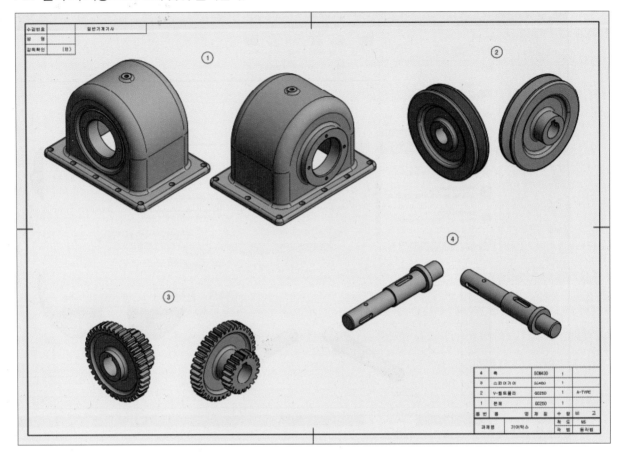

기능

1. 도면 사이즈는 A2를 권장한다.

2. A2 사이즈로 작업해도 출력 시 A3 용지에 맞게 자동 출력되므로 도면틀을 2D용 A2, 3D용 A3로 만들 필요가 없다.

MEMO

03 | 인벤터 2D/3D 도면 작성 환경설정

01 도면틀 새로 만들기

인벤터에서 2D 부품도 및 3D 부품도 배치 및 도면작성 을 하기 위한 영역이다.

① 새로 만들기 → Metric → 도면→ JIS.idw

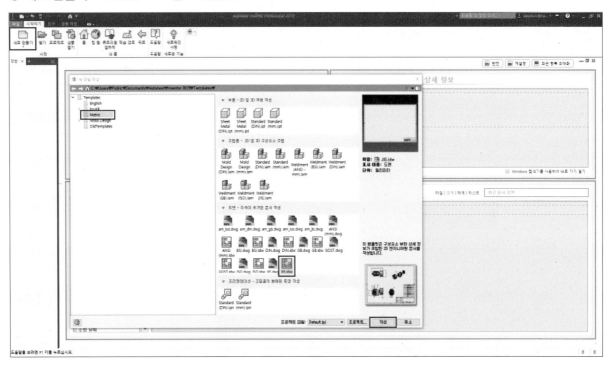

② 디자인 트리 : Default Border, JIS 선택 → Delete

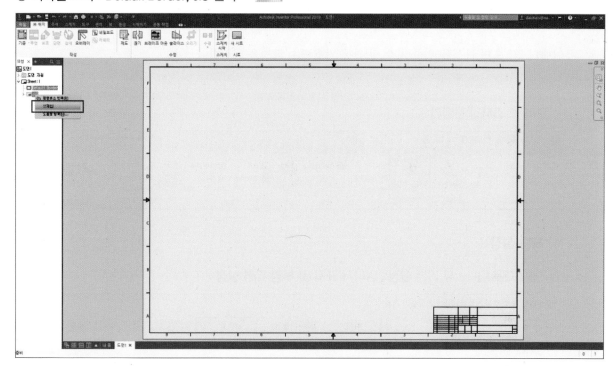

02 도면 스타일 설정

인벤터 2D 도면 작성을 위한 치수 및 각종 기호변수 환경을 설정한다.

- 관리 → 스타일 편집기

(1) 표준 설정

- 기본 표준(JIS) → 뷰 기본 설정 : 암나사 표시 및 투영 유형 설정

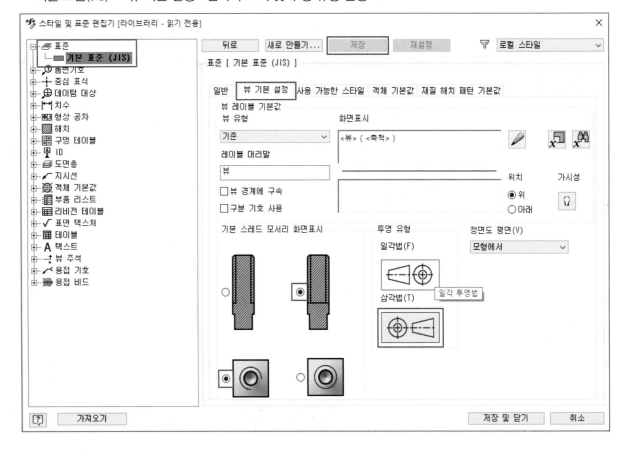

(2) 중심 표식 설정

중심선 간격 크기를 설정한다.

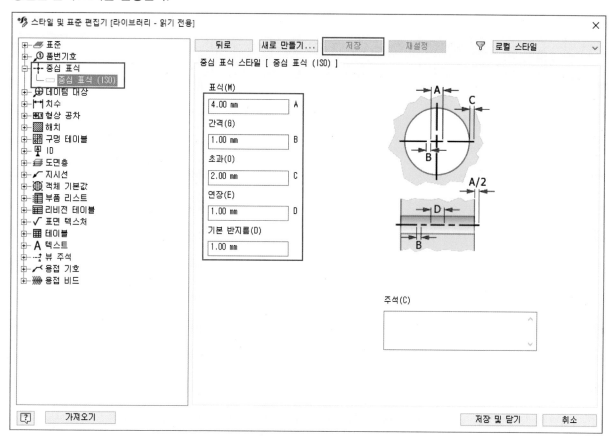

• 주요 설정

표식(M)	간격(G)	초과(O)	연장(E)	기본 반지름(D)
4	1	2	1	1

(3) 도면층 설정

도면층(레이어)을 시험용으로 다음과 같이 새로 만든다.

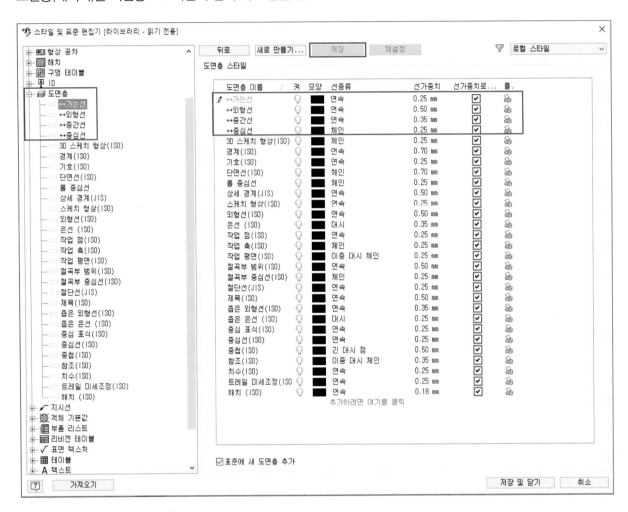

• 주요 설정

도면층 이름	모양	선 종류	선 가중치	'선 가중치'로
++ 가는선	검정색	연속	0.25	체크
++ 외형선	검정색	연속	0.5	체크
++ 중간선	검정색	연속	0.35	체크
++ 중심선	검정색	체인	0.25	체크

(4) 객체 기본값 설정

도면 배치 시 필요한 선을 다음과 같이 설정한다.

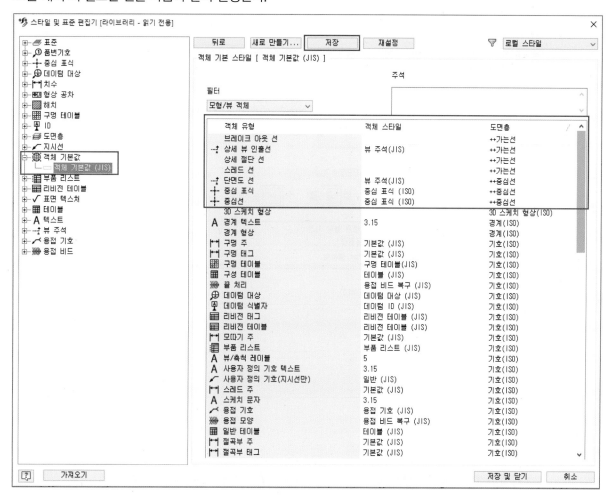

• 주요 설정

객체 유형	객체 스타일	도면층
단면도 선	뷰 주석(JIS)	++ 중심선
상세 뷰 인출선	뷰 주석(JIS)	++ 가는선
상세 절단 선	–	++ 가는선
스레드 선	–	++ 가는선
브레이크 아웃 선	–	++ 가는선
중심 표식	중심 표식(ISO)	++ 중심선
중심선	중심 표식(ISO)	++ 중심선

(5) 텍스트 설정

텍스트를 각각 아래와 같이 새로 설정한다.

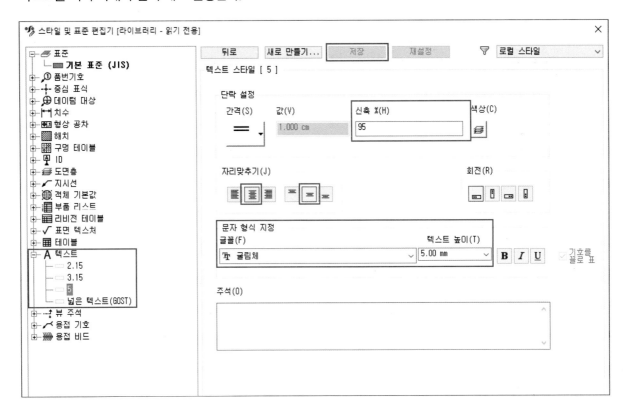

• 주요 설정

텍스트 유형(변경 및 새로지정)	글꼴(F)	텍스트 높이(T)	신축%(H)
레이블 텍스트(JIS) = 5(변경)	굴림체	5mm	95
주 텍스트(JIS) =　　 3.15(변경)	굴림체	3.15mm	95
2.15	굴림체	2.15mm	95

(6) 뷰 주석(단면) 설정

단면 표시 방법 및 화살표 크기를 설정한다.

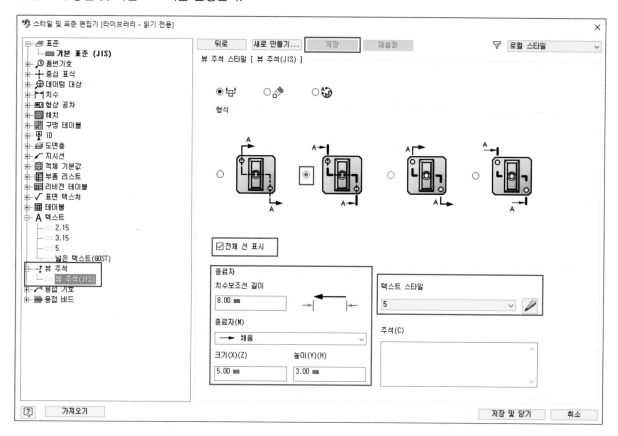

• 주요 설정

치수보조선 길이	종료자(화살표)	크기	높이	텍스트 스타일
8mm	채움	5mm	3mm	5

(7) 치수간격 및 화살표 설정

치수 기본값(JIS)을 아래와 같이 설정한다.(화면표시)

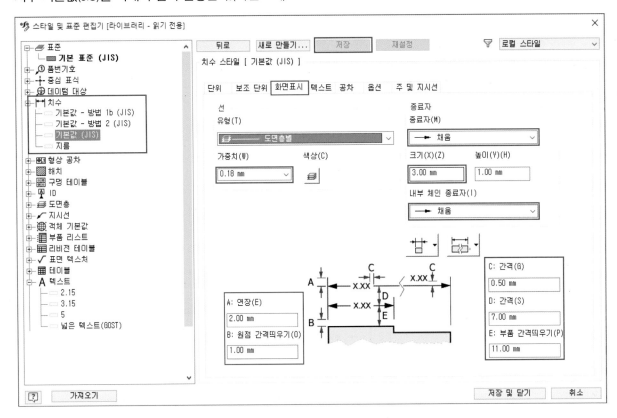

(8) 치수문자 크기 설정

치수 기본값(JIS)을 아래와 같이 설정(체크)한다.(텍스트)

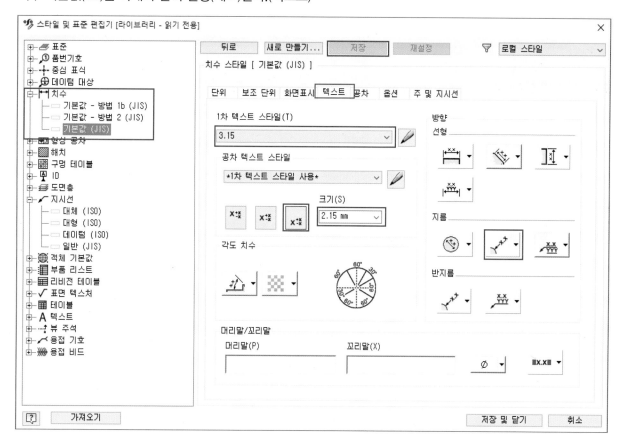

(9) 치수공차 위치 설정

치수 기본값(JIS)을 아래와 같이 확인(설정)한다.(공차)

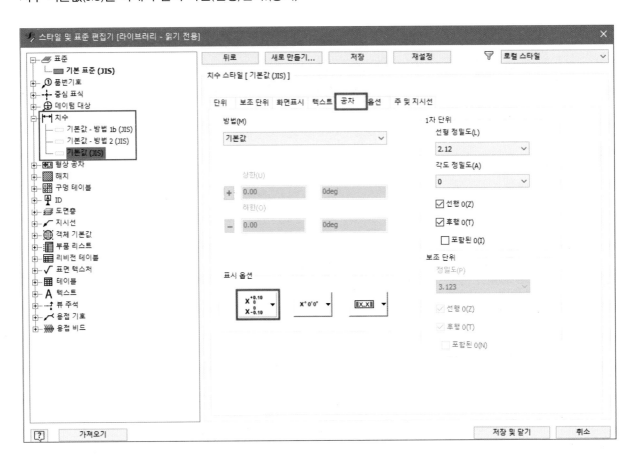

(10) 지름 및 반지름 치수형식 설정

치수 기본값(JIS)을 아래와 같이 설정한다.(옵션)

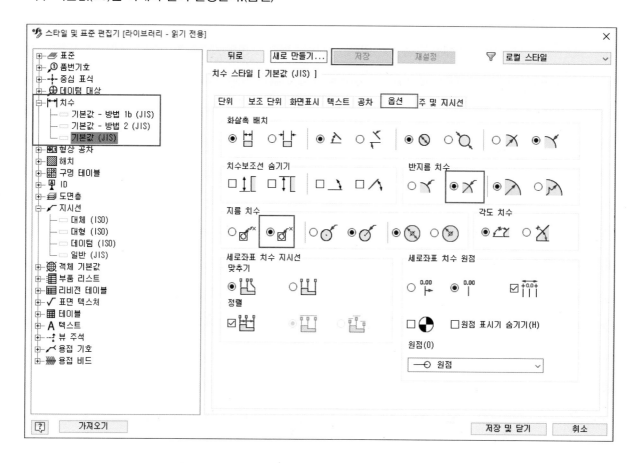

(11) 치수 지름 기호 설정

치수 "지름 기호"를 아래와 같이 새로 만든다.(텍스트)

- 기본값(JIS)에서 → 새로 만들기 → 이름 : 지름 → 확인 → 머리말/꼬리말 입력 → 저장

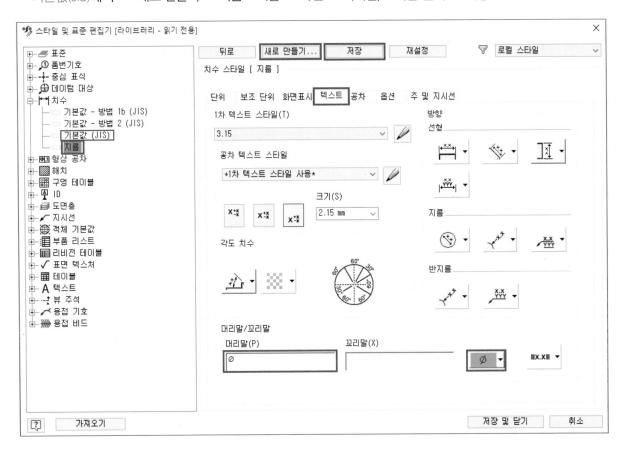

(12) 치수 머리말/꼬리말 기호 설정

도면 작성 시 자주 사용하는 치수 "끼워맞춤 기호" 등을 아래와 같이 새로 만든다.(텍스트)

- 지름에서 → 새로 만들기 → 이름: g6 → 확인 → 머리말/꼬리말 입력 → 저장

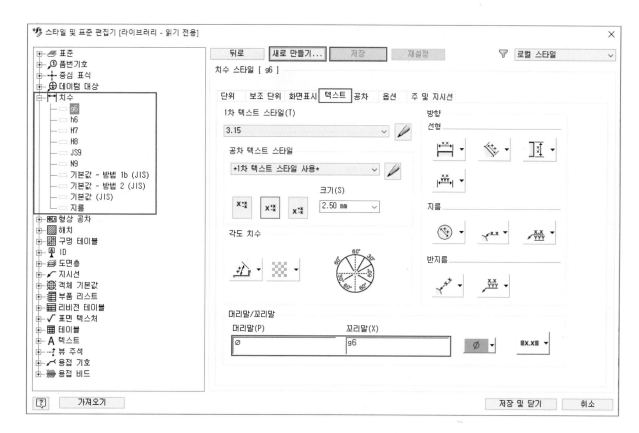

- 주요 설정

새로 만들기	머리말(P)	꼬리말(X)
지름	Ø	
g6	Ø	g6
h6	Ø	h6
H7	Ø	H7
H8	Ø	H8
JS9		JS9
N9		N9

(13) 주 및 지시선 치수옵션 설정

자리파기 치수옵션을 아래와 같이 설정한다.(주 및 지시선)

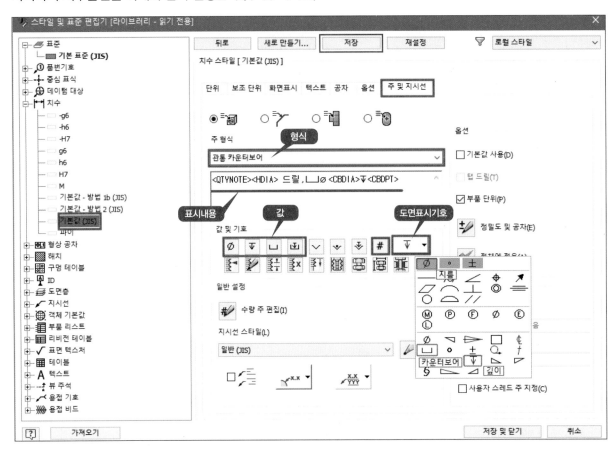

• 주요 설정

값	표시	도면표시(예)
Ø 드릴구멍 지름 값	〈HDIA〉	
⊻ 드릴구멍 깊이 값	〈HDPT〉	6.6드릴⊔Ø11 ⊻6.5
⊔ 카운터보어 지름 값	〈CBDIA〉	
⊍ 카운터보어 깊이 값	〈CBDPT〉	
# 수량	〈QTYNOTE〉	

기능

형식 : 관통 카운터보어, 막힘 카운터보어 동일하게 적용 / 구멍 치수기입 : 주석 → 🞊 구멍 및 스레드 클릭

(14) 형상공차(기하공차) 설정

형상공차를 아래와 같이 설정한다.(일반)

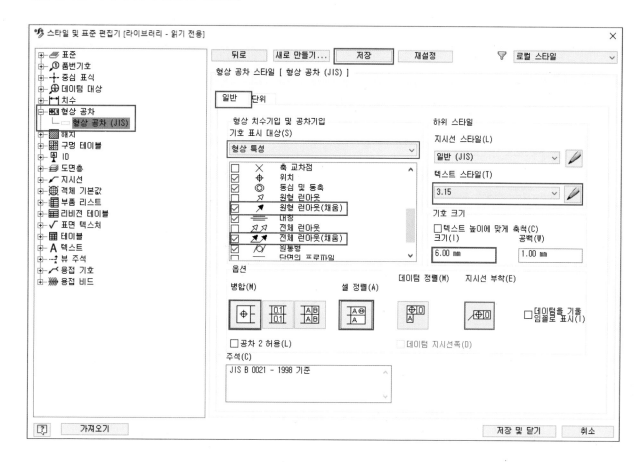

(15) 데이텀 설정

데이텀을 아래와 같이 설정한다.

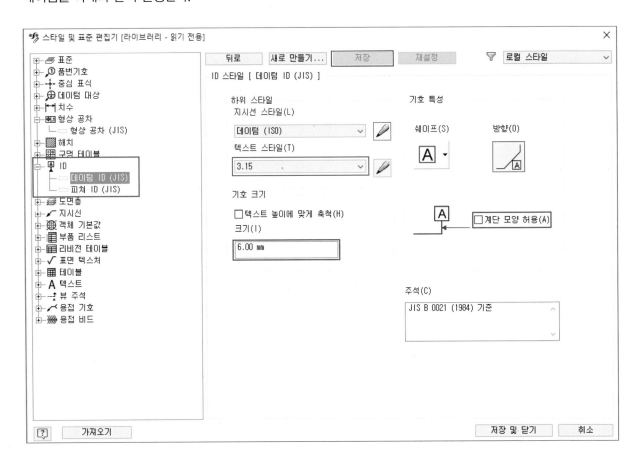

(16) 지시선 설정

지시선 화살표와 선 가중치를 아래와 같이 설정한다.

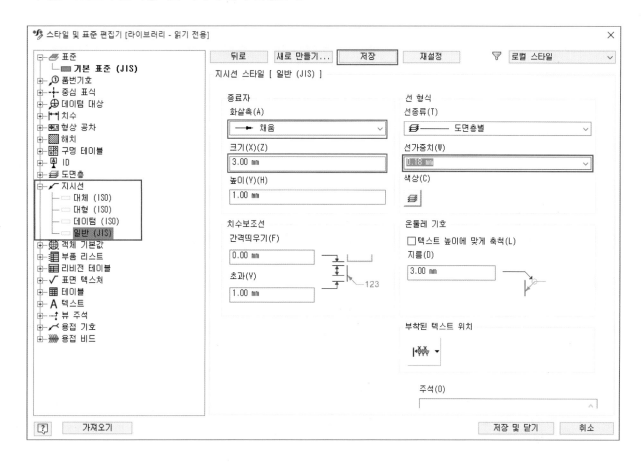

(17) 표면 거칠기 기호 설정

표면 텍스처(표면 거칠기)를 아래와 같이 설정한다.

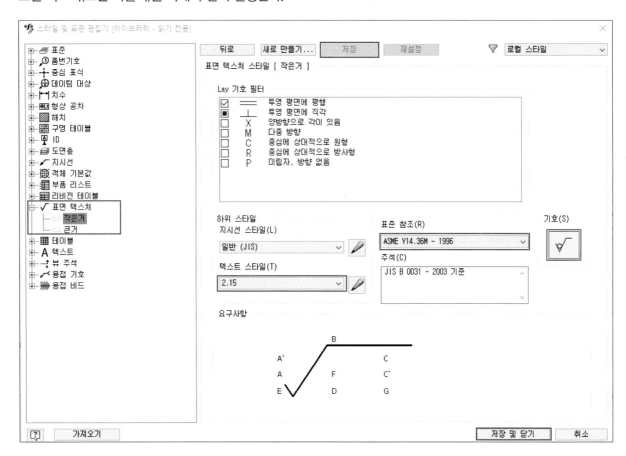

• 주요 설정

표면 텍스처	텍스트 스타일(T)	표준 참조(R)
표면 텍스처(JIS) : 작은거(스타일 이름 바꾸기)	2.15	ASME Y14.36M−1996
큰거(새 스타일)	5	ASME Y14.36M−1996

03 도면틀, 수검란, 표제란 작성

도면틀, 수검란, 표제란을 순서대로 작성한다.

(1) 도면틀 작성

① 도면 자원 → 경계 : 마우스 우클릭 → 새 영역 경계정의(Z) 클릭 → 아래와 같이 설정 → 확인

→ ✓ (스케치 마무리) → 이름 "A2도면틀" 저장

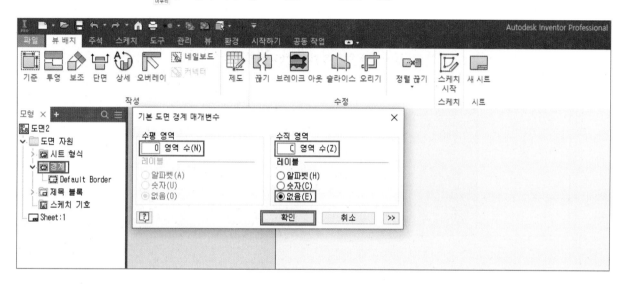

② A2도면틀 : 마우스 우클릭 → 삽입 → 확인

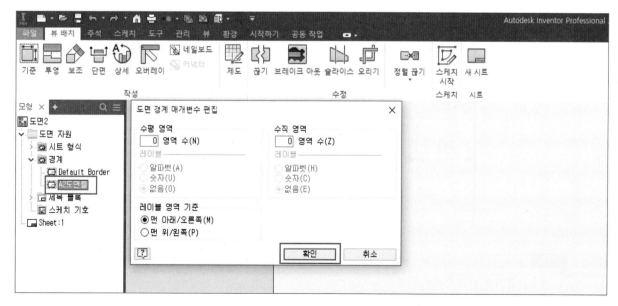

(2) 수검란 작성

A2도면틀 : 마우스 우클릭 → 편집 → 아래와 같이 수검란 스케치 및 작성 → ✓(스케치 마무리)(선 : ┼┼가는선)

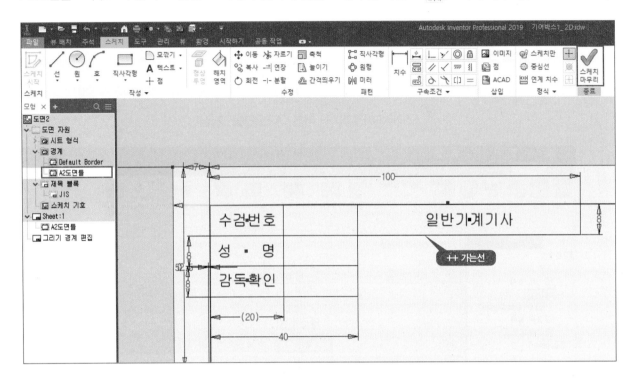

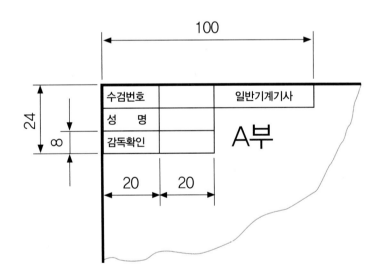

┌────────────┐
│ 🎬 **기능** │
└────────────┘

수검란 문자크기 : 3.15mm

(3) 표제란 작성

제목블록 → JIS : 마우스 우클릭 → 편집 → 내용 삭제 후 아래와 같이 스케치 → 스케치 마무리(선 : ┼┼가는선)

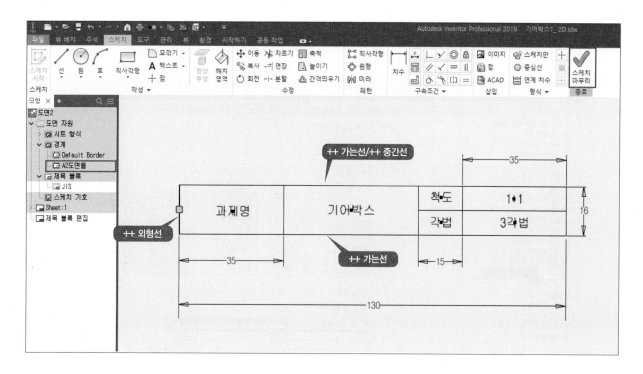

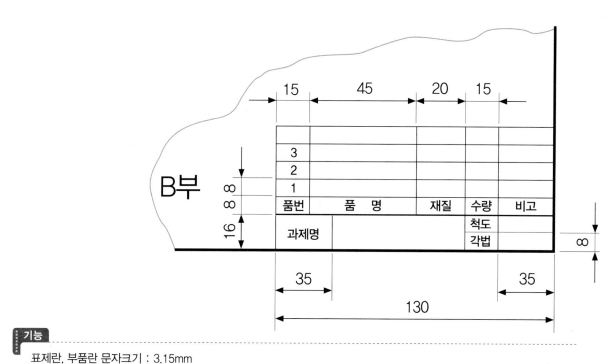

표제란, 부품란 문자크기 : 3.15mm

04 부품란 작성 방법-1

(1) 부품란 작성 스타일 설정(리비전 테이블)

관리 → 스타일 편집기 : 리비전 테이블을 아래와 같이 설정한다.

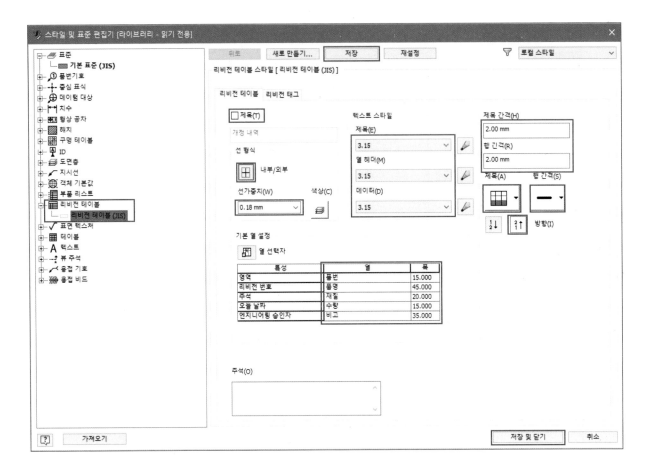

• 주요 설정

선 형식	선 가중치(W)	텍스트 스타일 제목(E)	제목 간격(H)
내부 : 0.18/0.25mm, 외부 : 0.5mm	0.25mm	3.15	2mm

• 기본 열 설정

품번	품명	재질	수량	비고
15mm	45mm	20mm	15mm	35mm

(2) 부품란 작성

① 주석 : 테이블 → 리비전 클릭 → 표제란 위에 붙인다.

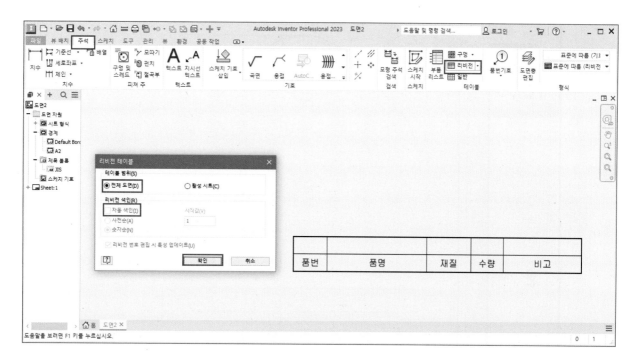

② 작성된 부품란 더블 클릭 → 행 삽입 클릭 → 품명, 재질, 수량, 비고란을 작성한다.

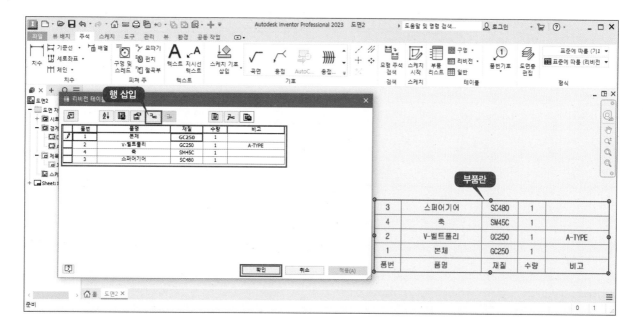

(3) 도면틀(A2), 수검란, 표제란, 부품란 작성 완료

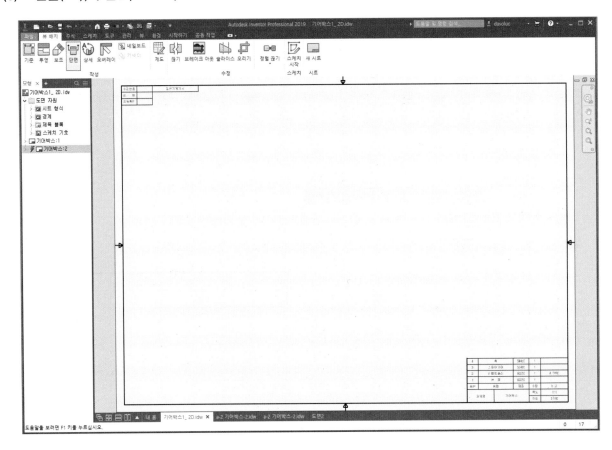

05 부품란 작성 방법-2

(1) 부품란 작성 스타일 설정(테이블)

관리 → 스타일 편집기 : 테이블을 아래와 같이 설정한다.

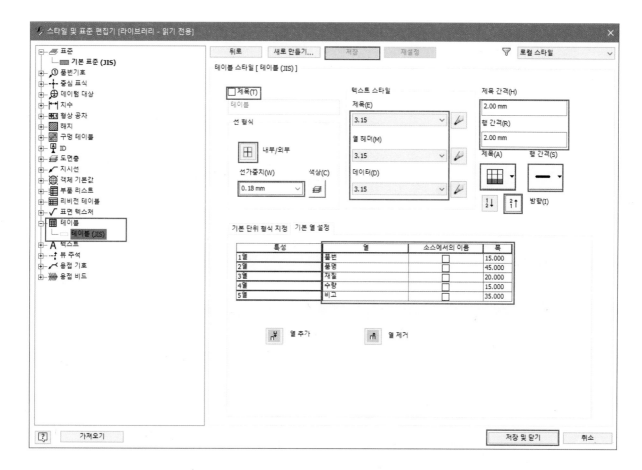

• 주요 설정

선 형식	선 가중치(W)	텍스트 스타일 제목(E)	제목 간격(H)
내부 : 0.18/0.25mm, 외부 : 0.5mm	0.25mm	3.15	2mm

• 기본 열 설정

소스에서의 이름	품번	품명	재질	수량	비고
체크 해제	15mm	45mm	20mm	15mm	35mm

(2) 부품란 작성

① 주석 : 테이블 → 일반 클릭 → 데이터 행 칸수 입력(부품란 칸수) → 표제란 위에 붙인다.

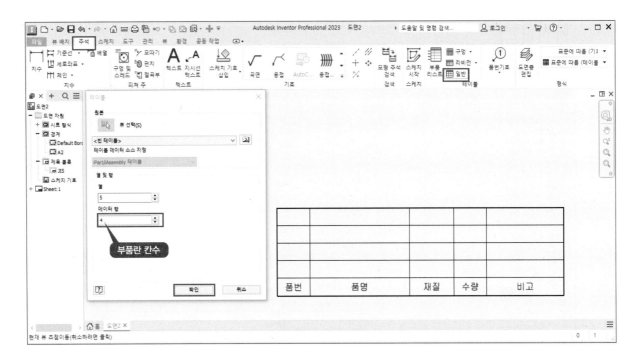

② 작성된 부품란 더블 클릭 → 품명, 재질, 수량, 비고란을 작성한다.

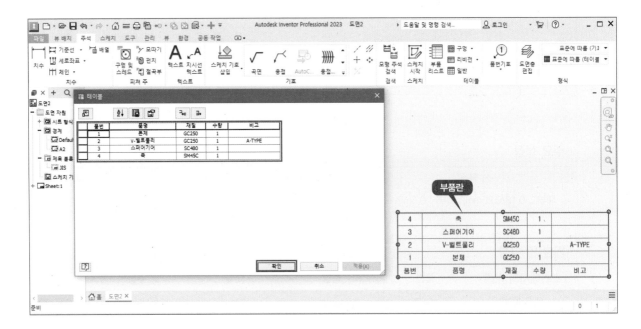

(3) 도면틀(A2), 수검란, 표제란, 부품란 작성 완료

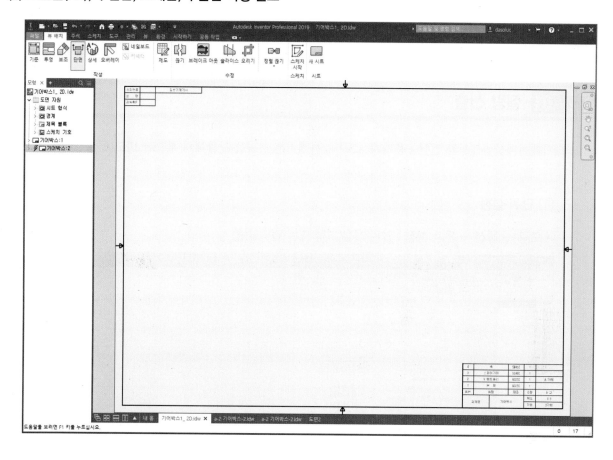

04 | 질량 산출 및 3D 등각도 배치

01 질량 산출

기계설계산업기사와 전산응용기계제도기능사에서는 질량을 산출해서 부품란 비고에 표기한다.

(1) 단위 설정

• 도구 → 옵션 → 문서 설정 : 단위 설정(그램 또는 킬로그램)

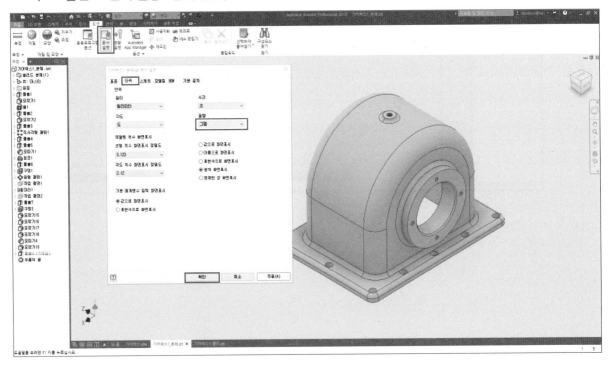

> **기능**
>
> 단위 지정은 시험볼 때 요구사항에 있다.

(2) 재질 설정

① 도구 → 재질 및 모양 : 재질

② 일반(재질) → 마우스 우클릭 → 이름 바꾸기 : 1_시험용 재질

③ 1_시험용 재질 → 마우스 우클릭 : 편집(물리적 → 기계 : 밀도 입력)

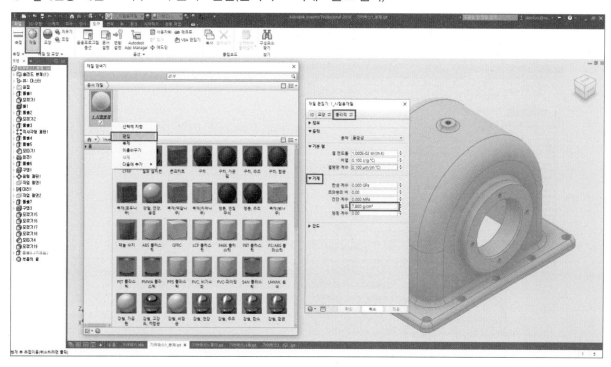

기능

1. 밀도(비중) 값은 시험볼 때 요구사항에 있고, 보통 7그램, 7.8그램, 7.85그램 등으로 요구한다.

2. 반드시 단위(그램, 킬로그램)를 확인한다.

---

(3) 재질 확인 및 밀도 지정

① 디자인 트리 → 품명(파일명) → 마우스 우클릭 : iproperties

② 물리적 내용 확인 : 재질(1_시험용 재질), 밀도(7.8), 요청된 정확도(매우 높음)

③ 내용 확인이 되었으면 업데이트(U), 적용(A) 클릭

④ 질량 확인 : 1767.424g

⑤ 3D 등각도 부품란 비고에 표기한다.

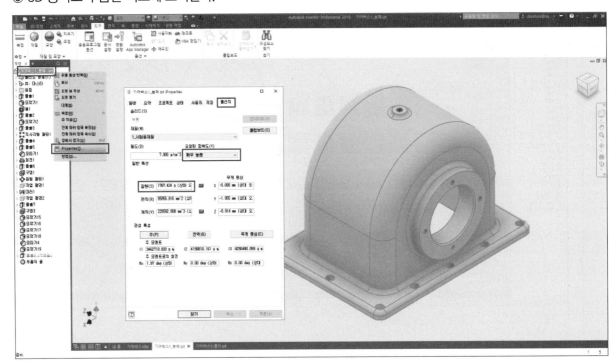

기능

1. 질량 값은 제도자마다 오차가 있다.

2. 다른 단품도 동일한 방법으로 재질 산출을 한 다음 메모장을 열어 복사해 둔다.

02 3D 등각도 배치

(1) 작업된 모델링 배치

뷰 배치에서 작업된 모델링을 불러와 배치한다.

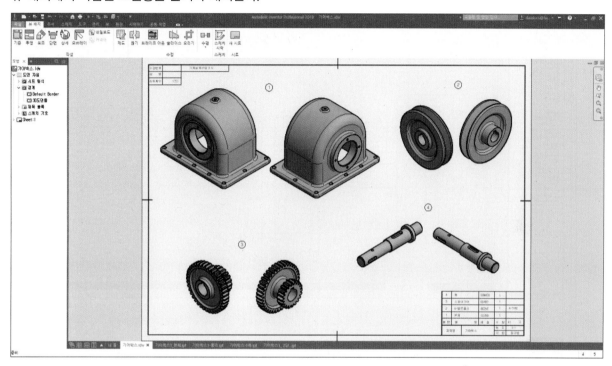

기능

1. 작성된 3D 단품 모델링들을 차례로 열어서 기계제도 표준에 맞게 좌/우 등각배치를 작성한다.

2. 모델링은 음영처리 상태로 배치한다.

3. 척도는 1 : 1(기계설계산업기사, 전산응용기계제도기능사)

(2) 배치된 모델링 단면

요구사항에 표기된 부품을 차례로 열어 1/4 단면을 생성한다.

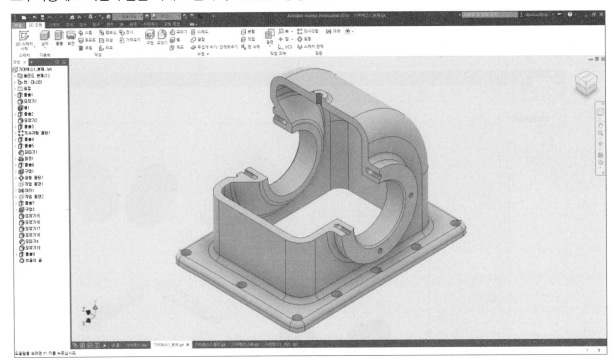

> **기능**
>
> 1. 단면을 생성하기 전 질량 산출을 먼저 한 다음 메모장에 복사해 둔다.
>
> 2. 단면 생성은 모두 하는 게 아니고, 반드시 요구사항에 표기된 부품만 1/4 단면을 생성해야 한다.
>
> 3. 단면은 스케치와 돌출명령을 이용해서 1/4을 절단한다.

(3) 비고란 질량 표기

① 디자인 트리 → 경계 → 3D 도면틀 → 마우스 우클릭 : 편집

② 부품란 → 비고 : 재질 표기

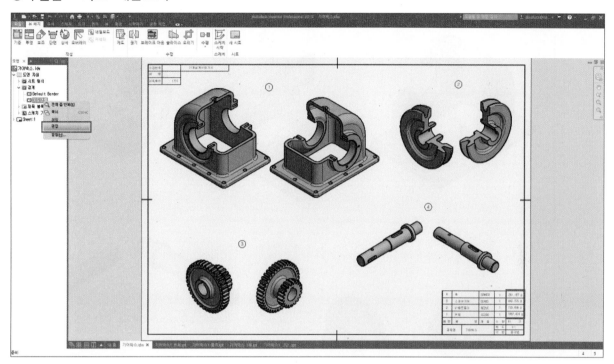

(4) 제출용으로 출력된 최종 3D 등각도면

작업영역은 A2 사이즈, 출력은 A3 용지에 해서 제출한다.

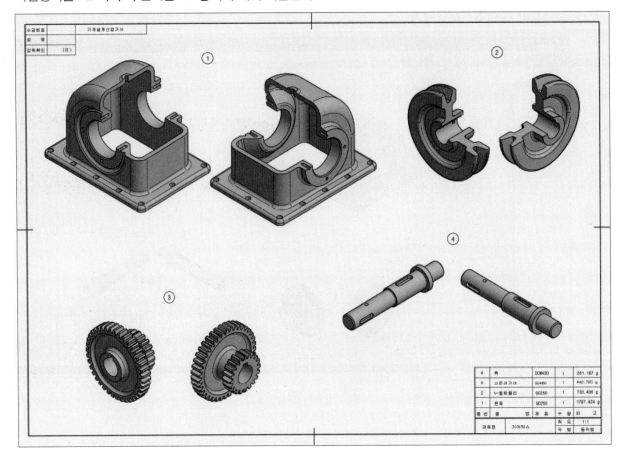

MEMO

기 계 인 벤 터 - 3 D / 2 D 실 기 활 용 서

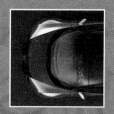

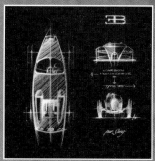

기계요소설계작업
3D/2D 학습도면

BRIEF SUMMARY

이 장은 다솔 『CED 전산응용기계제도 실기·실무』 책을 통해 익힌 기초투상도법, 단면도법, 보조투상도법 등을 인벤터로 3D/2D를 작도해 봄으로써, 생산자동화기능사 실기시험에 대비할 수 있는 도면들로 구성하였다.

실습방법(모델링 기법 및 투상법을 알아야 한다.)

해답도면을 그대로 따라 그리는 것이 아니라 과제 입체도를 보고 작도하는 것임을 명심해야 한다.

만일, 해답도면을 보고 그대로 따라 그리기 학습만 반복한다면 그것은 설계에 전혀 도움이 되지 않는 것으로 그저 남이 그린 도면을 옮겨그리는 오퍼레이터에 불과한 것이다.

실무에서는 신입사원 또는 면접자에게 현장에 있는 물건(공작물)을 프리핸드로 스케치해서 CAD로 도면화시킬 수 있는 능력을 요구한다.

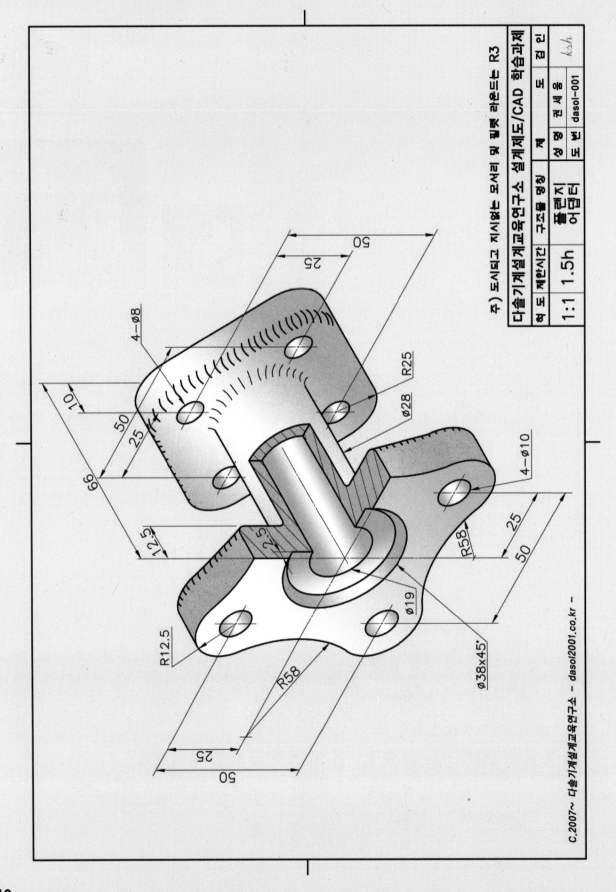

주) 도시되고 지시없는 모서리 및 필렛 라운드는 R3

척 도	제한시간	구조물 명칭	플랜지	제	성 명	권세웅	검 인	ksh
1:1	1.5h		어댑터		도 번	dasol-001		

C.2007~ 다솔기계설계교육연구소 – dasol2001.co.kr –

4—∅8
R25
∅28
50
25
10
50
25
99
12.5
2.5
R58
4—∅10
25
50
R58
R12.5
∅19
∅38x45°
25
50

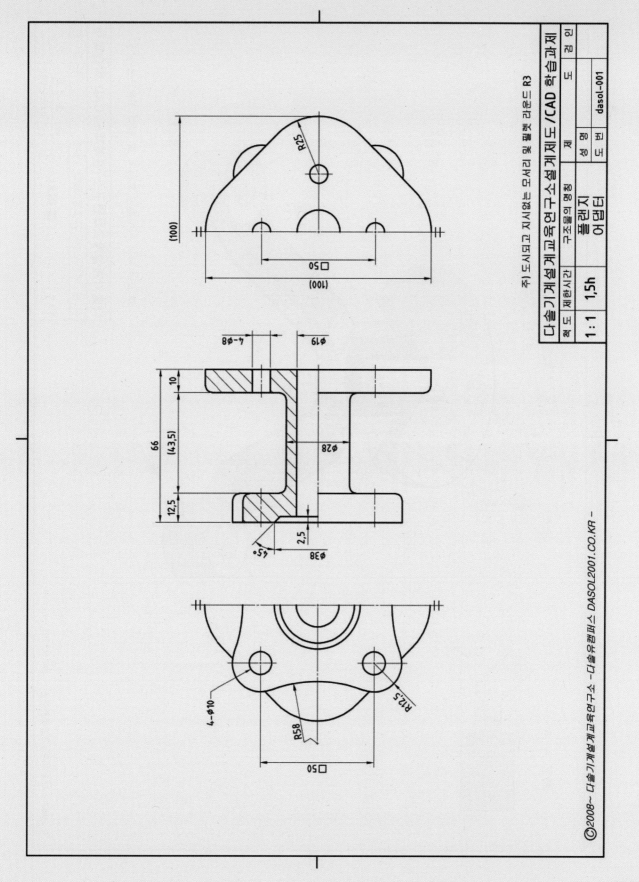

주) 도시되고 지시없는 모서리 및 플랫 라운드 R3

	검 인	
다솔기계설계교육연구소설계제도/CAD 학습과제		
척 도	제한시간	구조물의 명칭	제 도	dasol-001
1 : 1	1,5h	플랜지 어댑터	성 명	도 번

©2008~ 다솔기계설계교육연구소 -다솔유캠퍼스 DASOL2001.CO.KR –

213

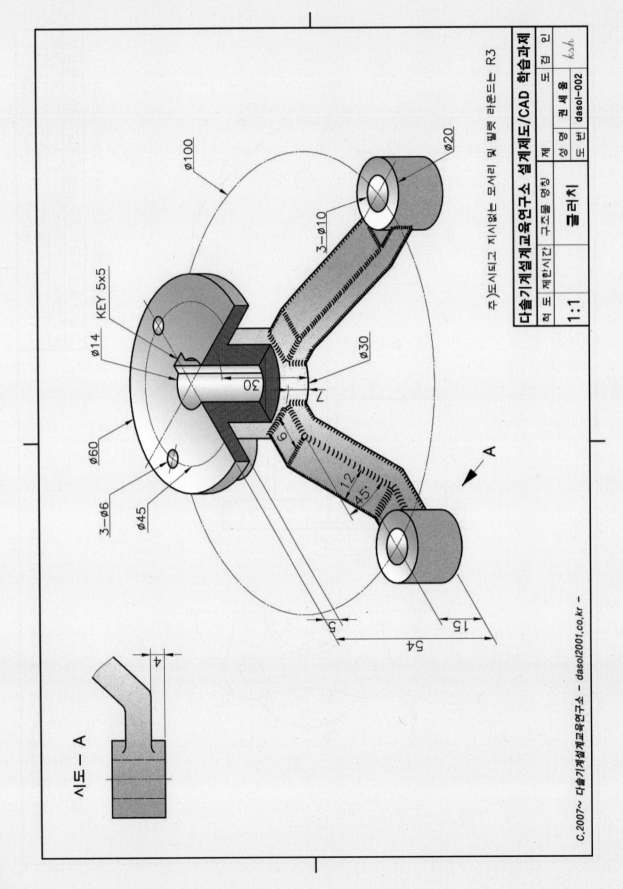

주)도시되고 지시없는 모서리 및 필렛 라운드는 R3

다솔기계설계교육연구소 설계제도/CAD 학습과제		도 검 인		ksh
		성 명	권세욱	
척 도	제한시간	구조물 명칭	제	도 번	dasol-002
1:1		클러치		

시도 — A

C.2007~ 다솔기계설계교육연구소 – dasol2001.co.kr –

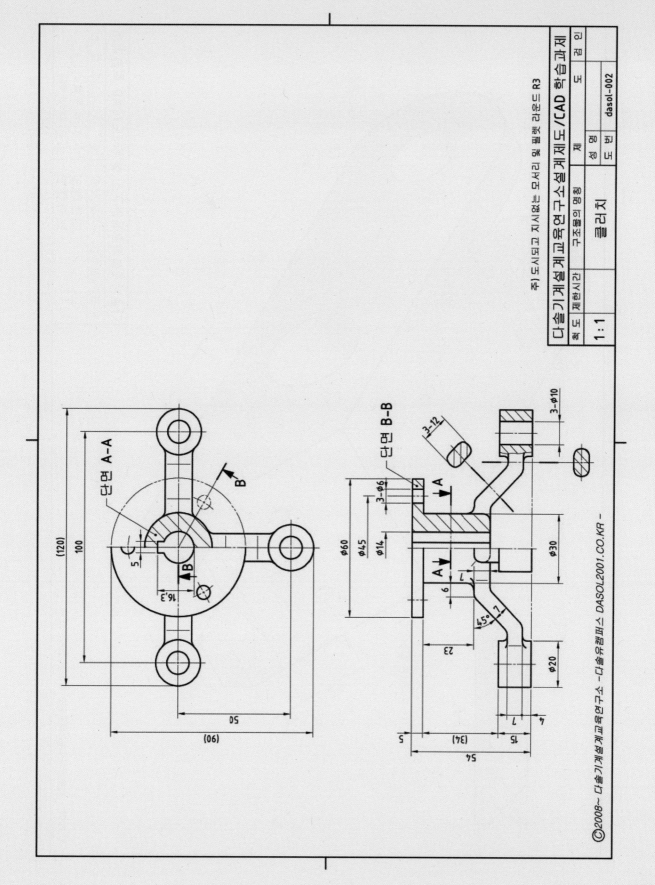

주) 도시되고 지시없는 모서리 및 필렛 라운드 R3

척 도	제한시간	구조물의 명칭	제	도	검 인
1:1		클러치	성 명		
			도 번	dasol-002	

다솔기계설계교육연구소설계제도/CAD 학습과제

단면 A-A

단면 B-B

(120)
100
(90)
50
16,3
5
3-Φ6
Φ60
Φ45
Φ14
3-12
3-Φ10
Φ30
Φ20
45°
6
7
23
(34)
15
5
54
4

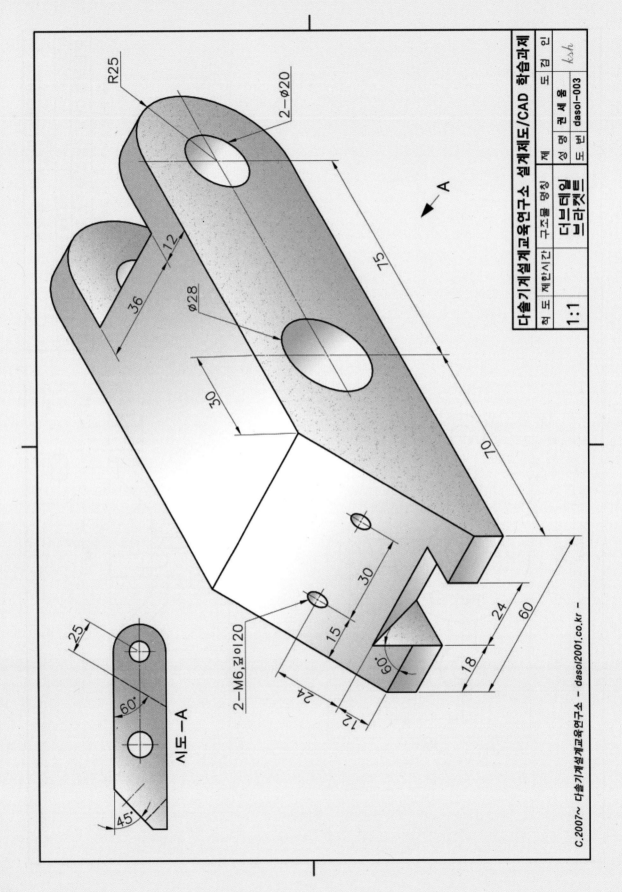

척 도	제한시간	구조물 명칭	제	다솔기계설계교육연구소 설계제도/CAD 학습과제
1:1		다브테일 브라켓트	성 명 권세용	도 검 인 ksh
			도 번 dasol-003	

시도 — A

2—M6, 깊이20

C.2007~ 다솔기계설계교육연구소 – dasol2001.co.kr –

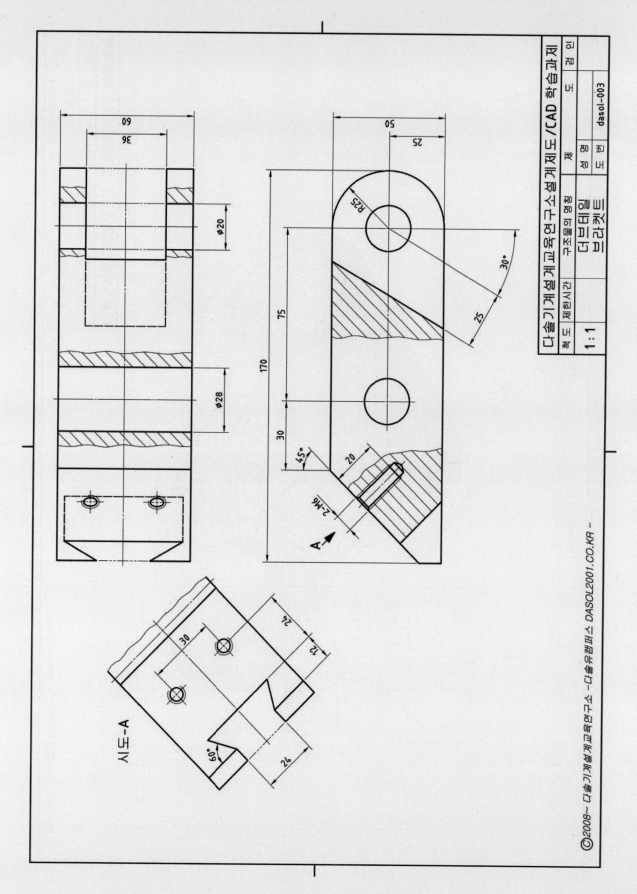

확 도	제한시간	구조물의 명칭		다솔기계설계교육연구소설계제도/CAD 학습과제
1:1		더브테일 브라켓트	재	
			성 명	
			도 번	dasol-003

시도-A

217

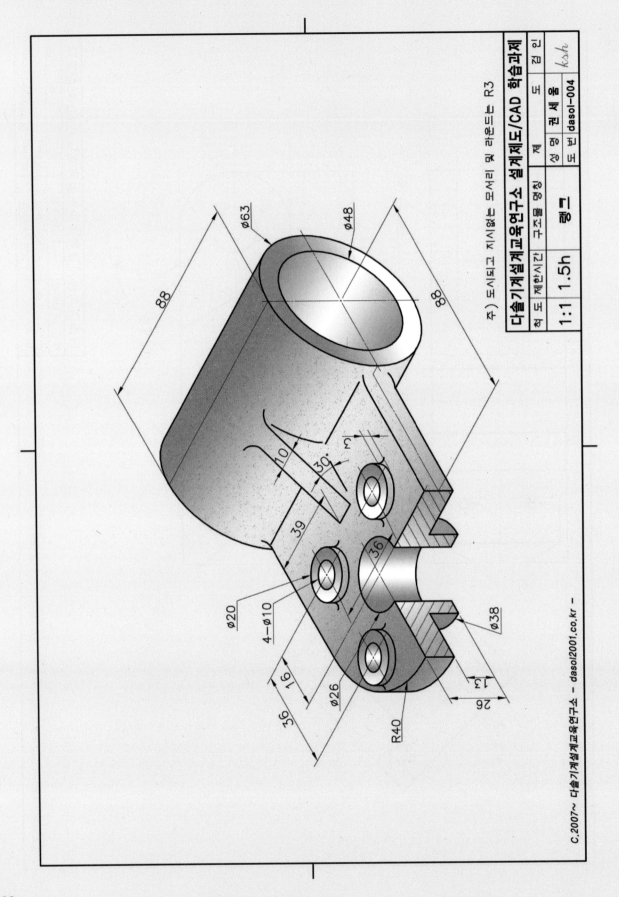

주) 도시되고 지시없는 모서리 및 라운드는 R3

다솔기계설계교육연구소 설계제도/CAD 학습과제		검 인	*ksh*
척 도	제한시간	구조물 명칭	제	성 명	권세율
1:1	1.5h	행 그		도 번	dasol-004

C.2007~ 다솔기계설계교육연구소 – dasol2001.co.kr –

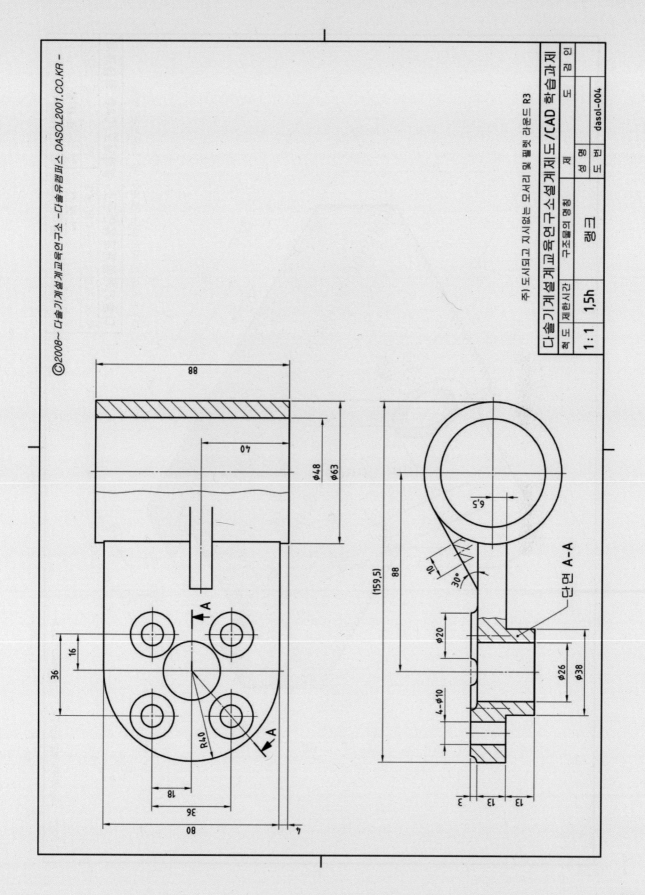

주) 도시되고 지시없는 모서리 및 필렛 라운드 R3

다솔기계설계교육연구소설계제도/CAD 학습과제					
척 도	제한시간		품명		도 번
1:1	1,5h		트 랭		dasol-004

구조물의 명칭 제 명 도 인 검 도

단면 A-A

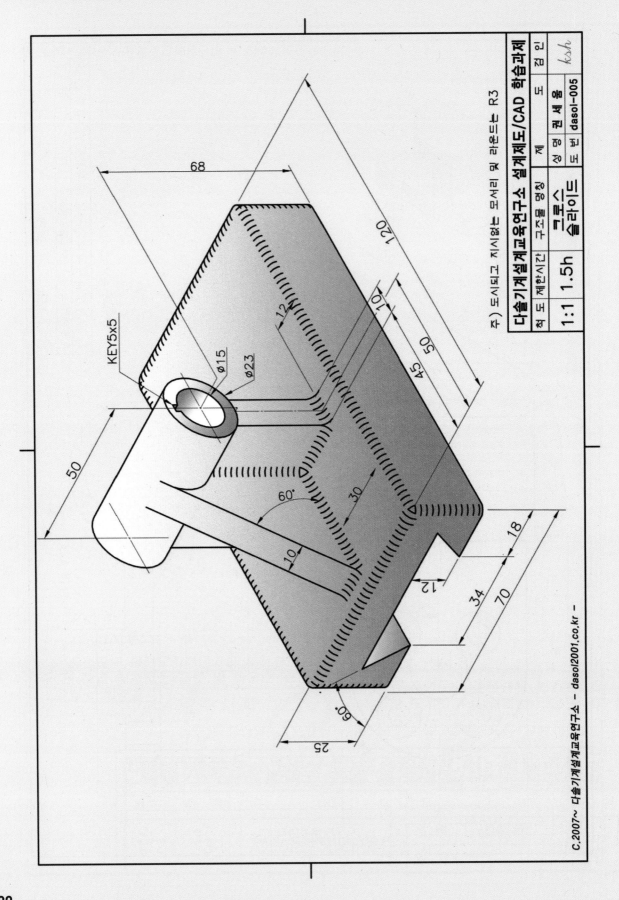

주) 도시되고 지시없는 모서리 및 라운드는 R3

다솔기계설계교육연구소 설계제도/CAD 학습과제			
척 도	제한시간	구조물 명칭	도 검 인
1:1	1.5h	크로스 슬라이드	성 명 권세웅 ksh
			도 번 dasol-005

KEY5x5

Ø15

Ø23

68

120

12

10

50

45

50

60°

30

10

12

18

34

70

25

60°

C.2007~ 다솔기계설계교육연구소 – dasol2001.co.kr –

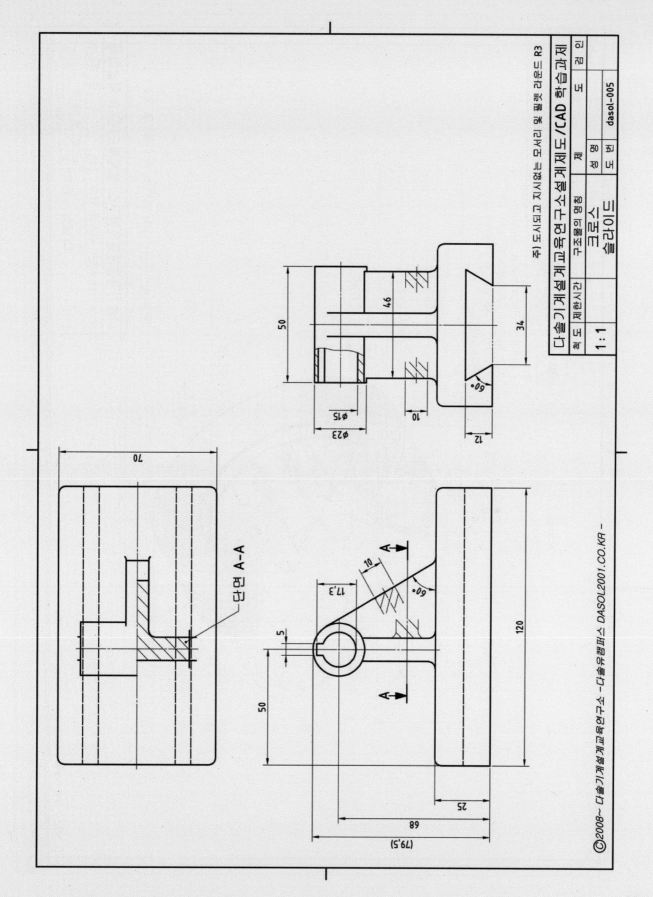

주1 도시되고 지시없는 모서리 및 필렛 라운드 R3

다솔기계설계교육연구소설계제도 / CAD 학습과제

인 검 도	재 도 성 명	dasol-005

구조물의 명칭 | 크로스 슬라이드

척 도	제한시간	
1 : 1		

ⓒ2008~ 다솔기계설계제교육연구소 -다솔유캠퍼스 DASOL2001.CO.KR -

단면 A-A

221

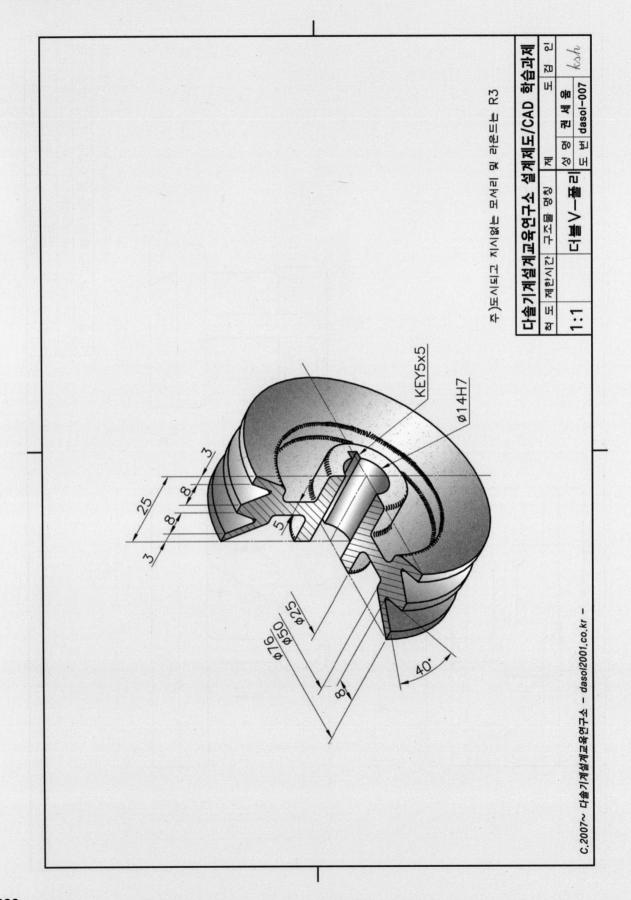

주)도시되고 지시없는 모서리 및 라운드는 R3

다솔기계설계교육연구소 설계제도/CAD 학습과제		도 검 인
척 도	제한시간	구조물 명칭	제	성 명	권 세 웅	ksh
1:1		더블V－풀리		도 번	dasol-007	

KEY5x5

Ø14H7

3

25

8

8

5

Ø25

Ø50

Ø76

8

40°

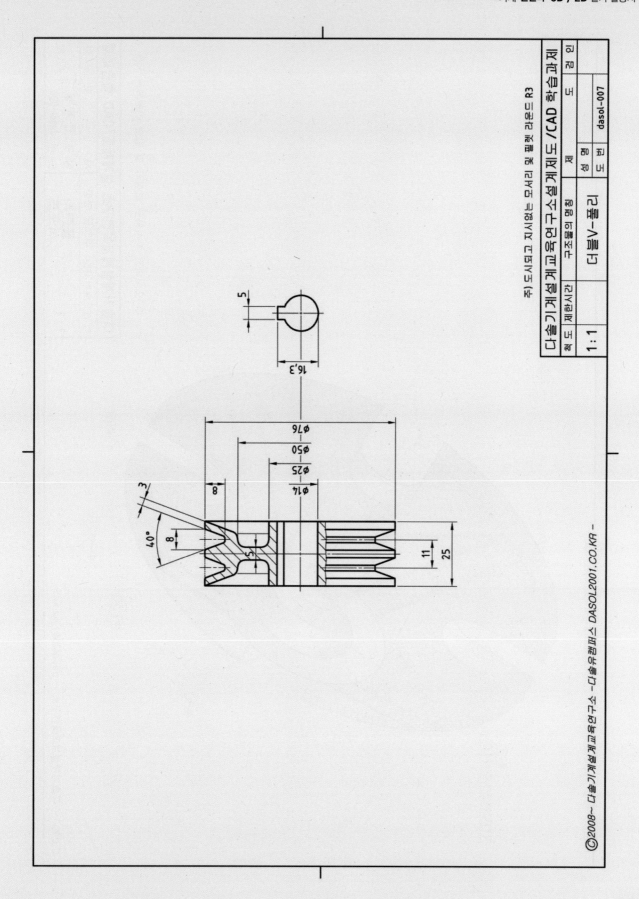

주 도시되고 지시없는 모서리 및 풀렛 라운드 R3

다솔기계설계교육연구소설계제제도 /CAD 학습과제

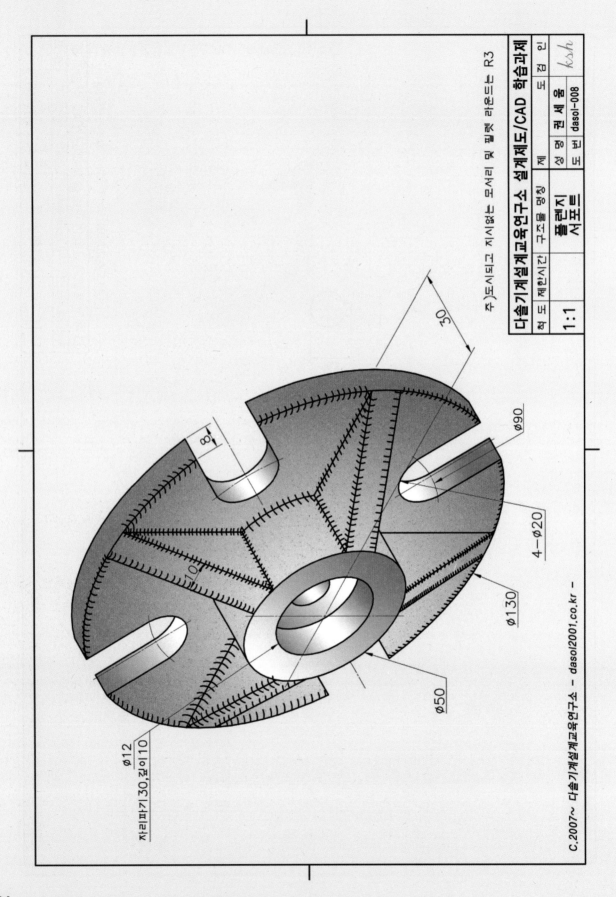

주)도시되고 지시없는 모서리 및 필렛 라운드는 R3

다솔기계설계교육연구소 설계제도/CAD 학습과제			
척 도	제한시간	구조물 명칭	제	성 명	권세움	도 검 인	ksh
1:1		폴렌지 서포트		도 번	dasol-008		

C.2007~ 다솔기계설계교육연구소 – dasol2001.co.kr –

Ø90

4—Ø20

Ø130

Ø50

30

8

Ø10

자리파기 30, 깊이 10

Ø12, 깊이 10

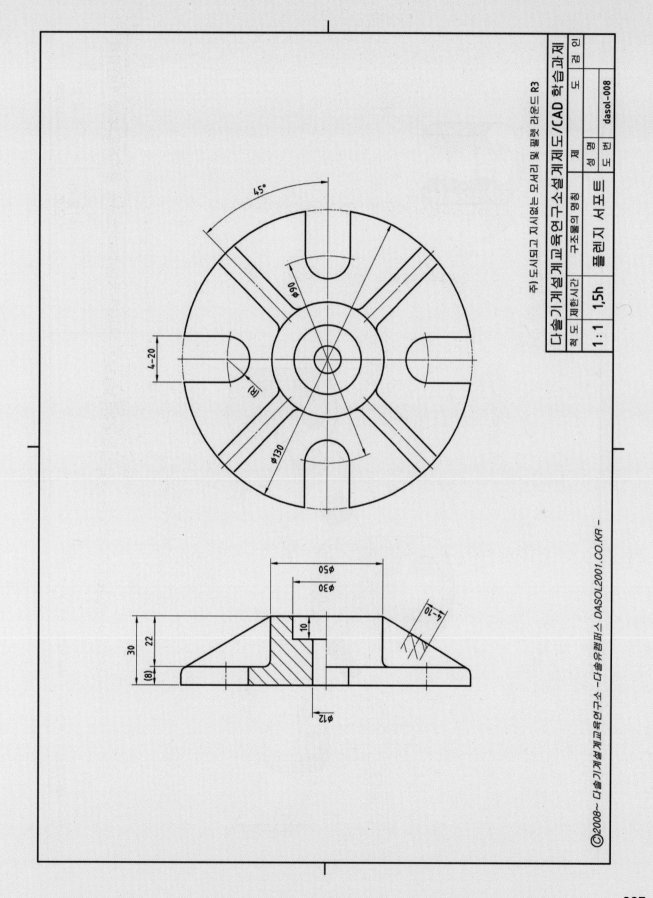

주) 도시되고 지시없는 모서리 및 플렛 라운드 R3

다솔기계설계교육연구소설계제제도/CAD 학습과제				
구조물의 명칭	재			검 인
플렌지 서포트	성 명			도
1:1	1,5h		도 번	dasol-008
척 도	제한시간			

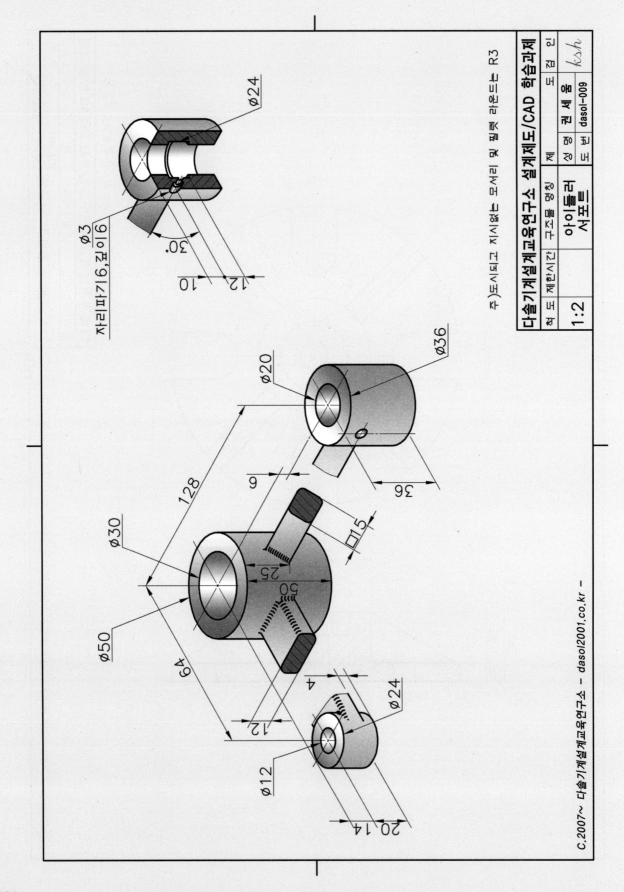

주)도시되고 지시없는 모서리 및 필렛 라운드는 R3

척 도	제한시간	구조물 명칭	다솔기계설계교육연구소 설계제도/CAD 학습과제		도 검 인	ksh
1:2		아이들러 서포트		성 명	권 세 윤	
				도 번	dasol-009	

C.2007~ 다솔기계설계교육연구소 – dasol2001.co.kr –

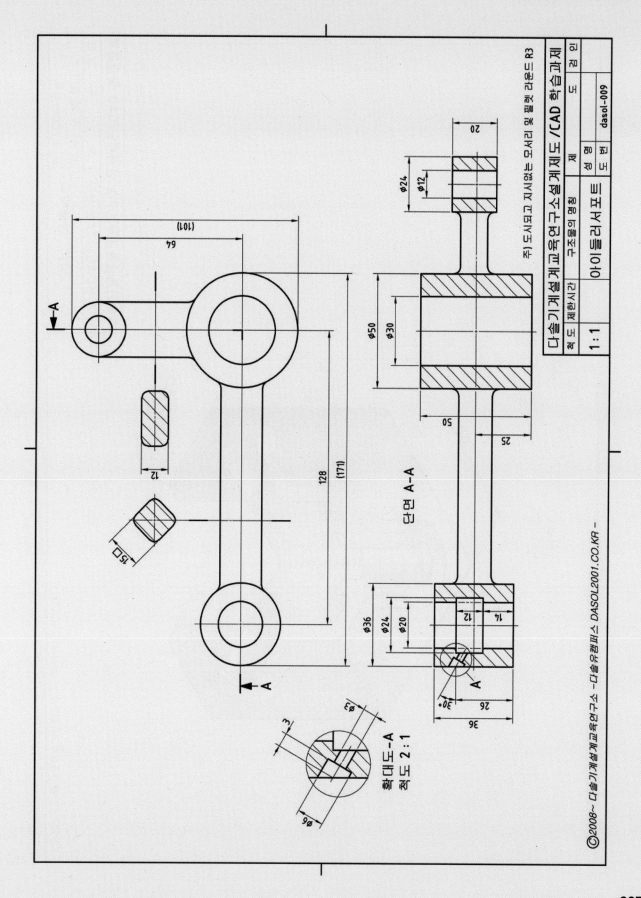

주) 도시되고 지시없는 모서리 및 필릿 라운드 R3

다솔기계설계교육연구소설계제도 /CAD 학습과제		
구조물의 명칭	재	검 인
아이들러서포트	성 명	도
	도 번	dasol-009
척 도	제한시간	
1:1		

단면 A-A

확대도-A
척도 2:1

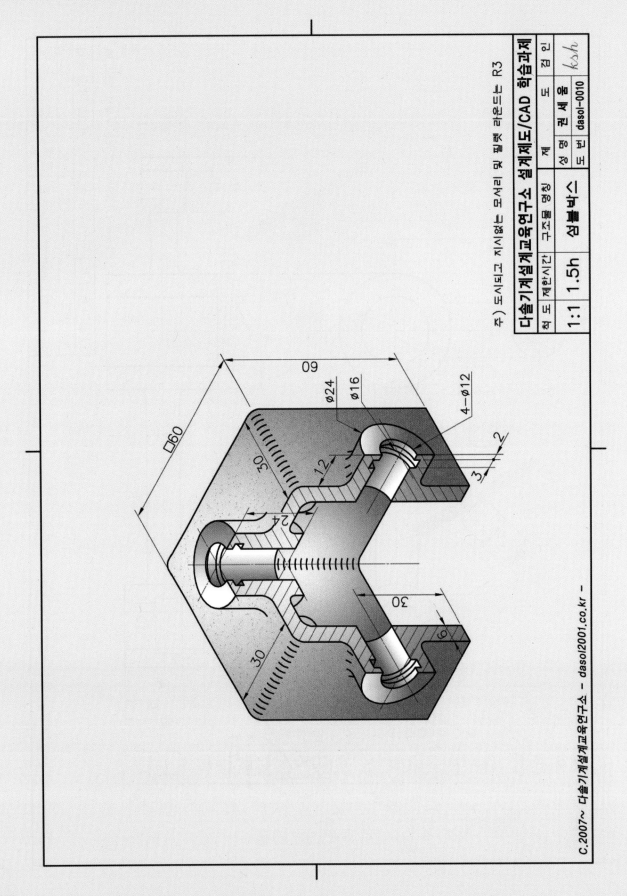

주) 도시되고 지시없는 모서리 및 필렛 라운드는 R3

다솔기계설계교육연구소 설계제도/CAD 학습과제			
척 도	제한시간	구조물 명칭	제
1:1	1.5h	성불박스	성 명 권세옹
			도 번 dasol-0010

C.2007~ 다솔기계설계교육연구소 – dasol2001.co.kr –

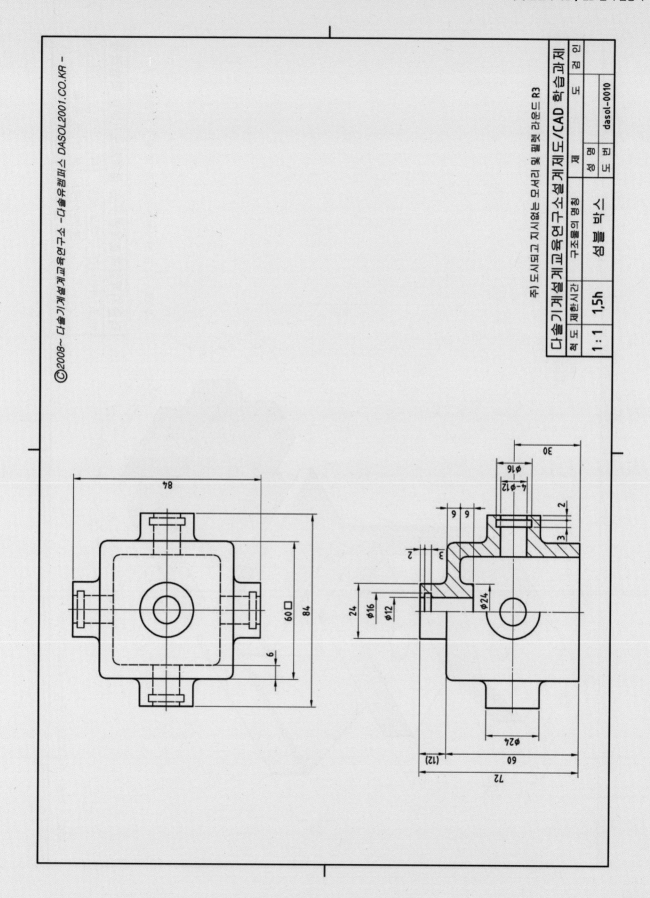

주 도시되고 지시않는 모서리 및 플렛 라운드 R3

다솔기계설계교육연구소설계제도/CAD 학습과제					
검 인	도	dasol-0010			
	명 도	제 도			
구조물의 명칭	성 명	스 톱 밸 브			
척 도	제한시간				
1:1	1,5h				

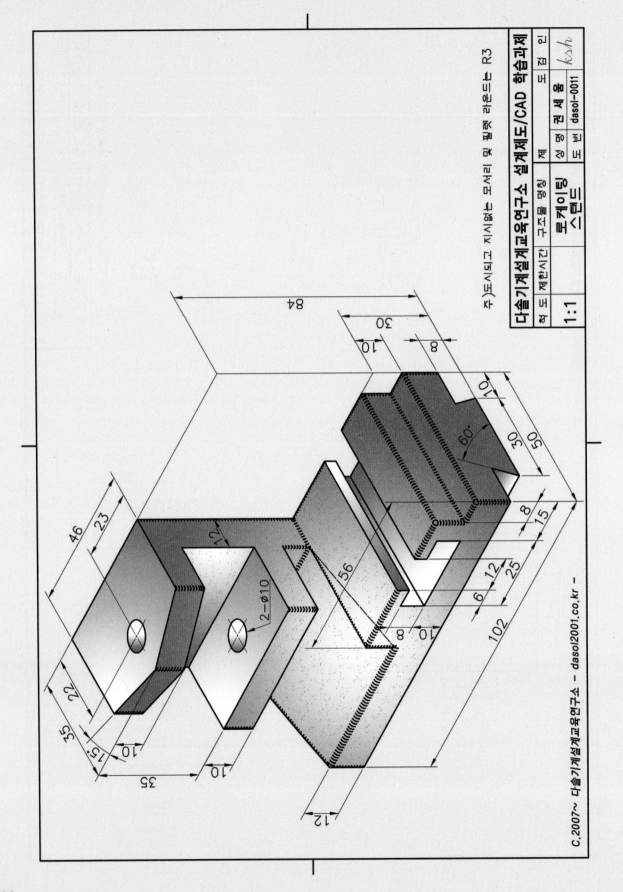

주)도시되고 지시없는 모서리 및 필렛 라운드는 R3

다솔기계설계교육연구소 설계제도/CAD 학습과제				
척 도	제한시간	구조물 명칭	제	도 검 인
		로케이팅	성 명	권 세 용
1:1		스텐드	도 번	dasol-0011

C.2007~ 다솔기계설계교육연구소 – dasol2001.co.kr –

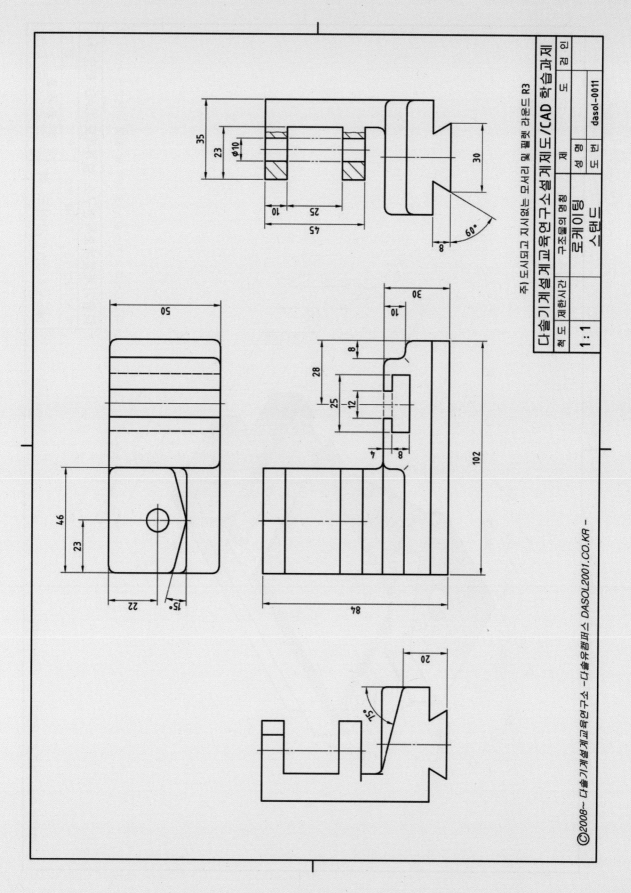

주) 도시되고 지시않는 모서리 및 필릿 라운드 R3

다솔기계설계교육연구소설계제도/CAD 학습과제

척 도	제한시간	구조물의명칭	도	검 인
1:1		로케이팅	제	
		스탠드	성 명	
			도 번	dasol-0011

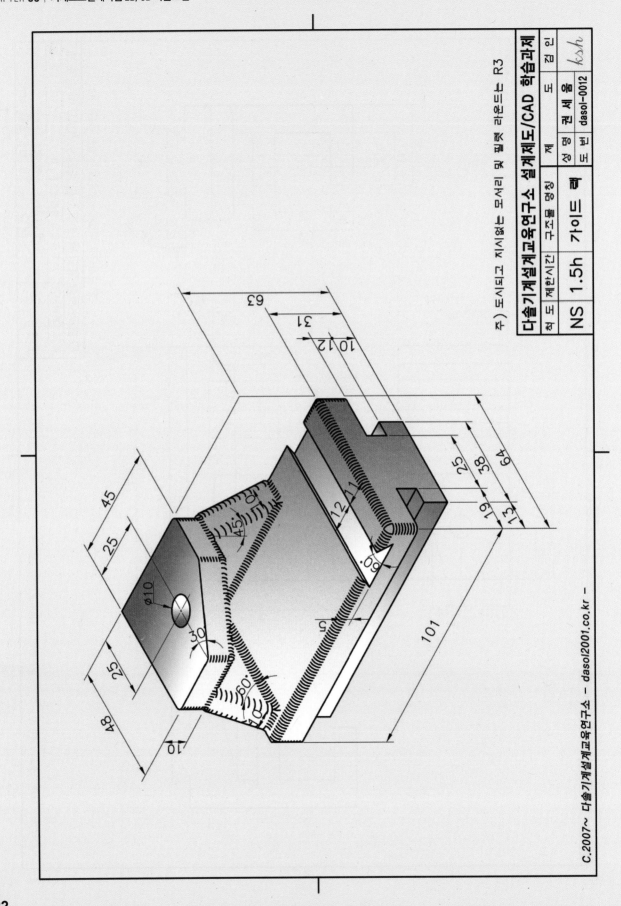

주) 도시되고 지시없는 모서리 및 필렛 라운드는 R3

다솔기계설계교육연구소 설계제도/CAD 학습과제				
척 도	제한시간	구조물 명칭	제	검 인
NS	1.5h	가이드 렉	성 명 권세윤	ksh
			도 번 dasol-0012	

C.2007~ 다솔기계설계교육연구소 – dasol2001.co.kr –

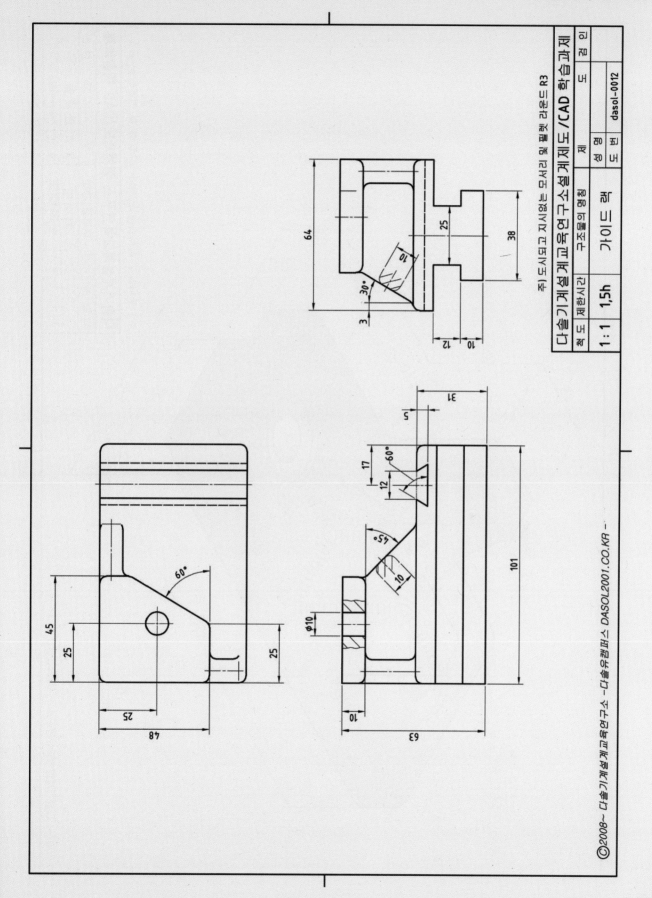

주) 도시되고 지시없는 모서리 및 필렛 라운드 R3

다솔기계설계교육연구소설계제도 / CAD 학습과제				검 인	
				도	
	구조물의 명칭		재	성 명	
				도 번	dasol-0012
척 도	제한시간		가이드 랙		
1 : 1	1,5h				

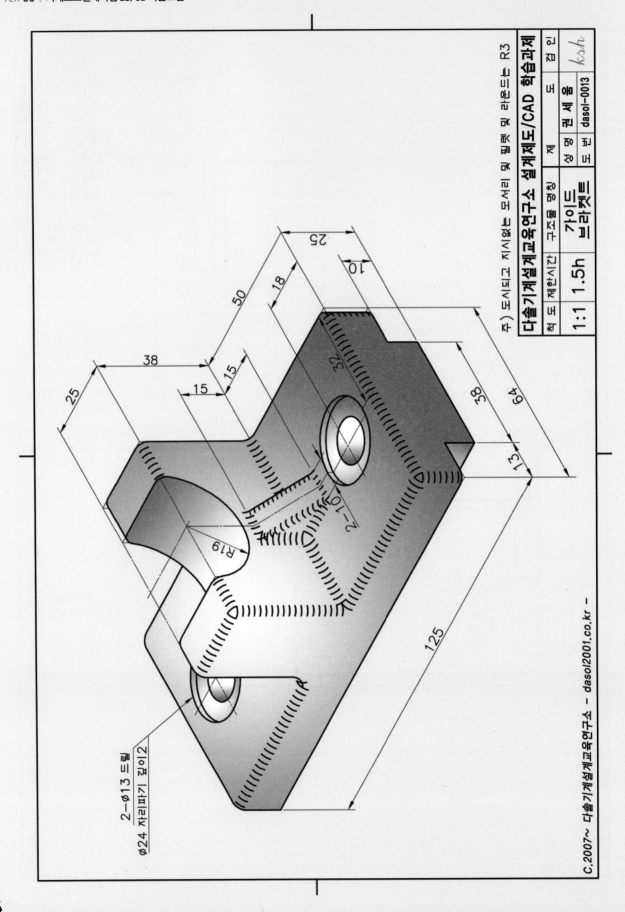

주) 도시되고 지시없는 모서리 및 필렛 및 라운드는 R3

다솔기계설계교육연구소 설계제도/CAD 학습과제			
척 도	제한시간	구조물 명칭	가이드 브라켓트
1:1	1.5h		

제 도 성 명 권세옴 검 인 ksh
도 번 dasol-0013

2-φ13 드릴
φ24 자리파기 깊이2

C.2007~ 다솔기계설계교육연구소 – dasol2001.co.kr –

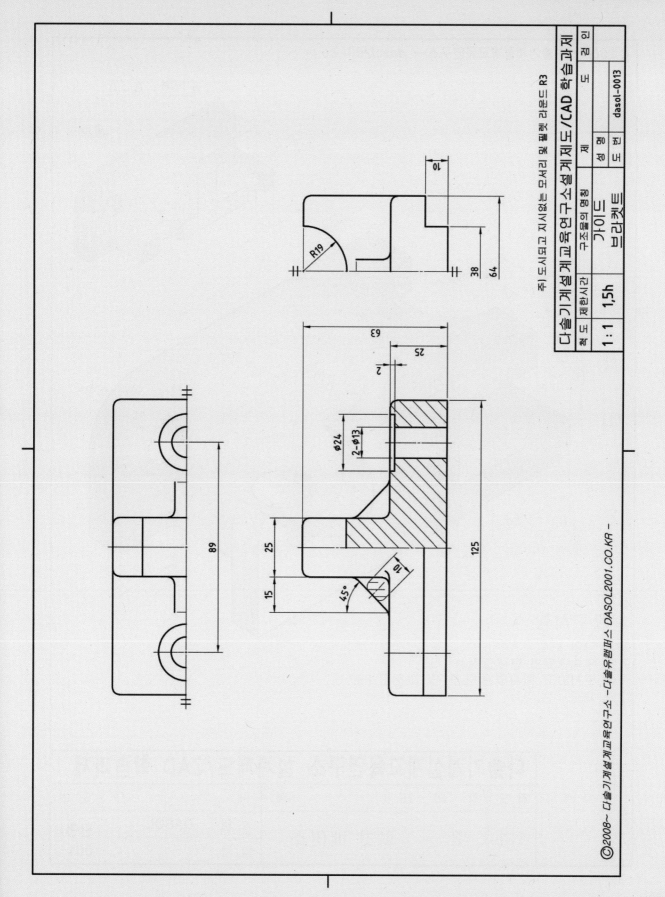

주) 도시되고 지시없는 모서리 및 필렛은 라운드 R3

다솔기계설계교육연구소설계제도/CAD 학습과제			검 인	도 인
구조물의 명칭	제 도		명	dasol-0013
가이드 브라켓트	성 명		도 번	
척 도	제한시간			
1 : 1	1,5h			

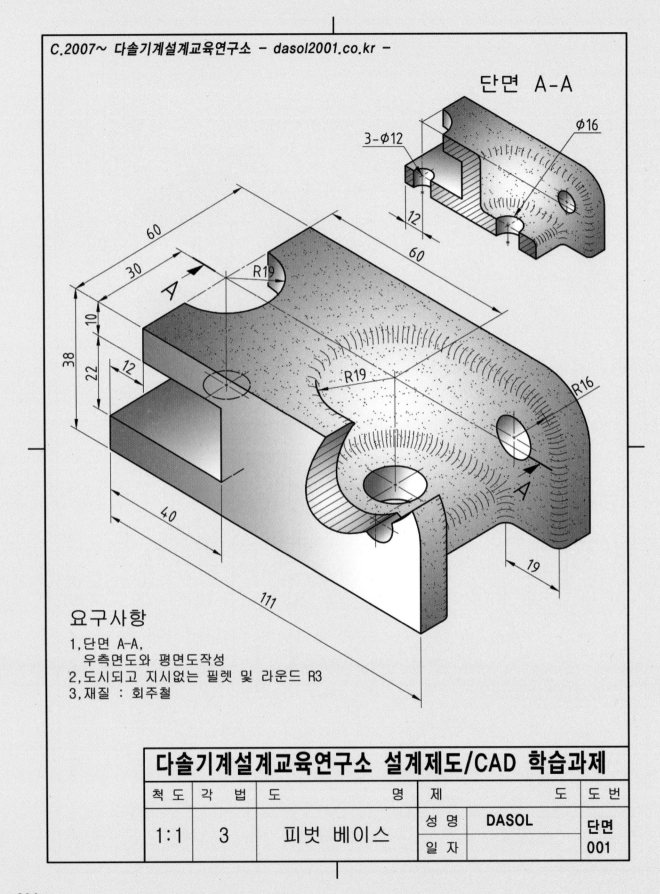

C.2007~ 다솔기계설계교육연구소 - dasol2001.co.kr -

단면 A-A

3-Φ12

Φ16

12

60

60

30

R19

10

38

22

12

R19

R16

40

111

19

A

요구사항

1, 단면 A-A,
   우측면도와 평면도작성
2, 도시되고 지시없는 필렛 및 라운드 R3
3, 재질 : 회주철

다솔기계설계교육연구소 설계제도/CAD 학습과제					
척 도	각 법	도 명	제 도		도 번
1:1	3	피벗 베이스	성 명	DASOL	단면 001
			일 자		

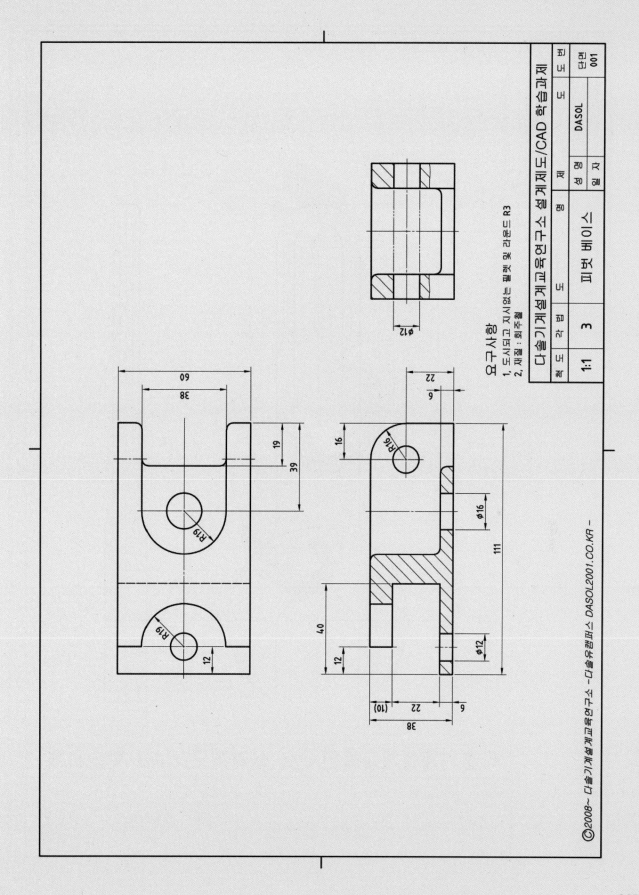

요구사항
1. 도시되고 지시없는 필릿 및 라운드 R3
2. 재질 : 회주철

척 도	각 법	도 명	품 명	재 질	도 번
1:1	3	피벗 베이스		DASOL	다면 001

다솔기계설계교육연구소 설계제도/CAD 학습과제

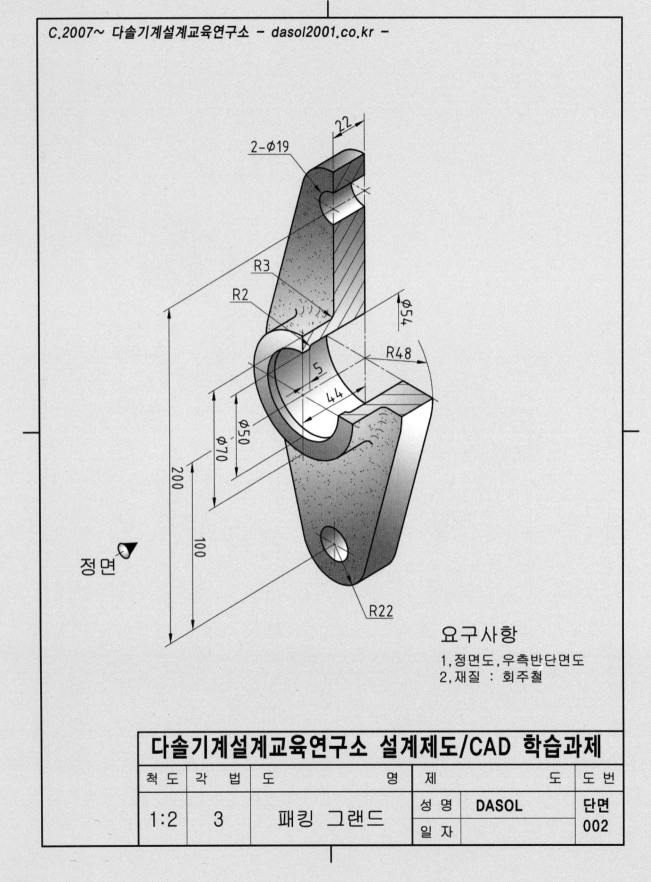

C.2007~ 다솔기계설계교육연구소 − dasol2001.co.kr −

2-⌀19
22
R3
R2
⌀54
R48
5
44
⌀50
⌀70
⌀200
100
R22

정면

요구사항
1, 정면도, 우측반단면도
2, 재질 : 회주철

다솔기계설계교육연구소 설계제도/CAD 학습과제						
척 도	각 법	도	명	제	도	도 번
1:2	3	패킹 그랜드		성 명	DASOL	단면
				일 자		002

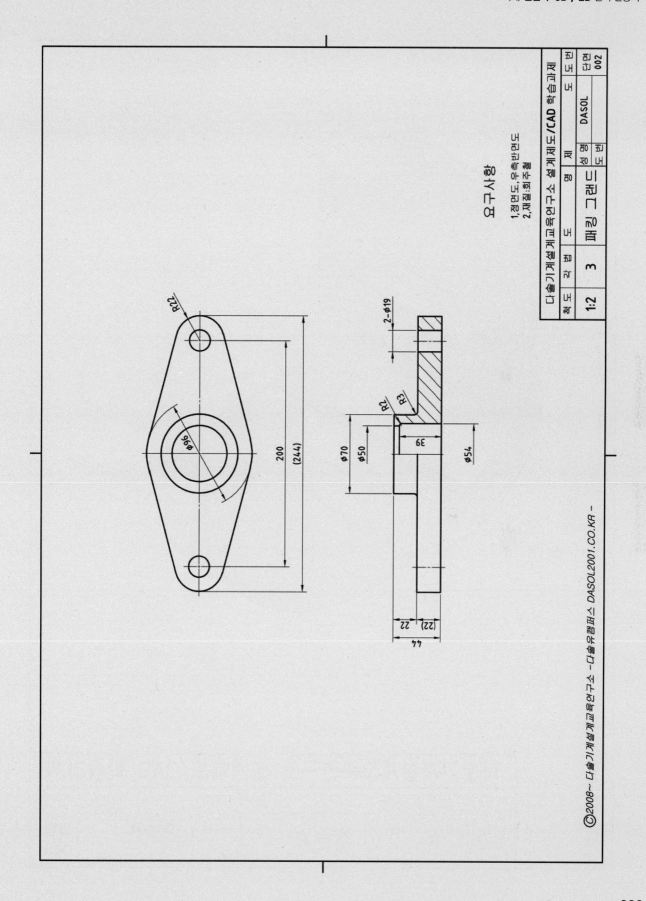

요구사항

1.정면도, 우측반면도
2.재질:회주철

다솔기계설계교육연구소 설계제도/**CAD** 학습과제				도 번	
				단면 002	
		재 질	DASOL		
품 명		성 명			
패킹 그랜드		도 번			
각 도	3				
척 도 1:2					

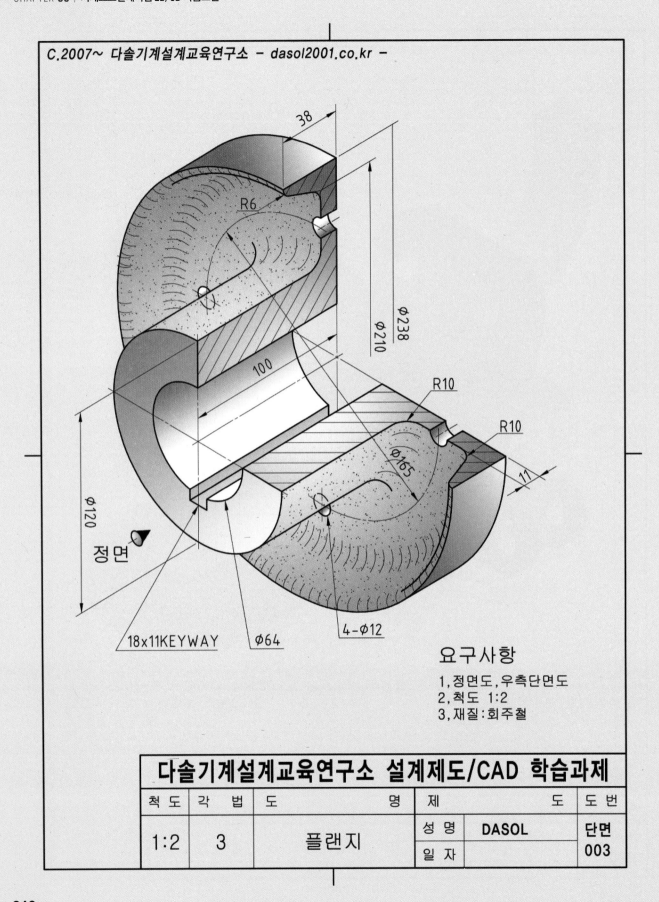

C.2007~ 다솔기계설계교육연구소 - dasol2001.co.kr -

38

R6

Φ238
Φ210

100

R10

R10

Φ165

11

Φ120

정면

Φ64

4-Φ12

18x11KEYWAY

요구사항

1, 정면도, 우측단면도
2, 척도 1:2
3, 재질:회주철

다솔기계설계교육연구소 설계제도/CAD 학습과제						
척 도	각 법	도	명	제	도	도 번
1:2	3	플랜지		성 명	DASOL	단면 003
				일 자		

240

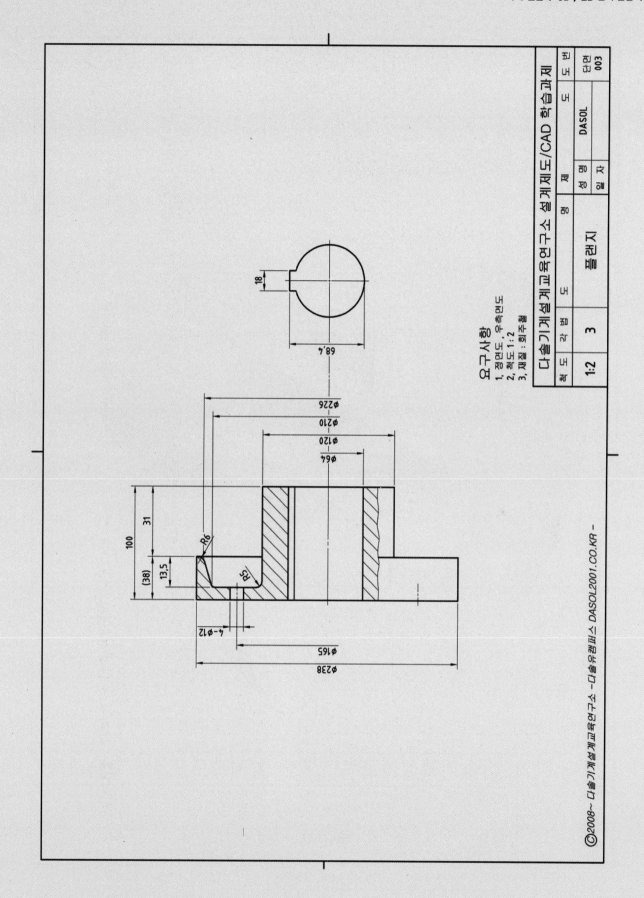

요구사항
1. 정면도, 우측면도
2. 척도 1:2
3. 재질 : 회주철

척 도	각 법	도 명	도 번	판 번
			재 명	단 번
		플랜지	DASOL	003
1:2	3		성 명	
			일 자	

다솔기계설계교육연구소 설계제도/CAD 학습과제

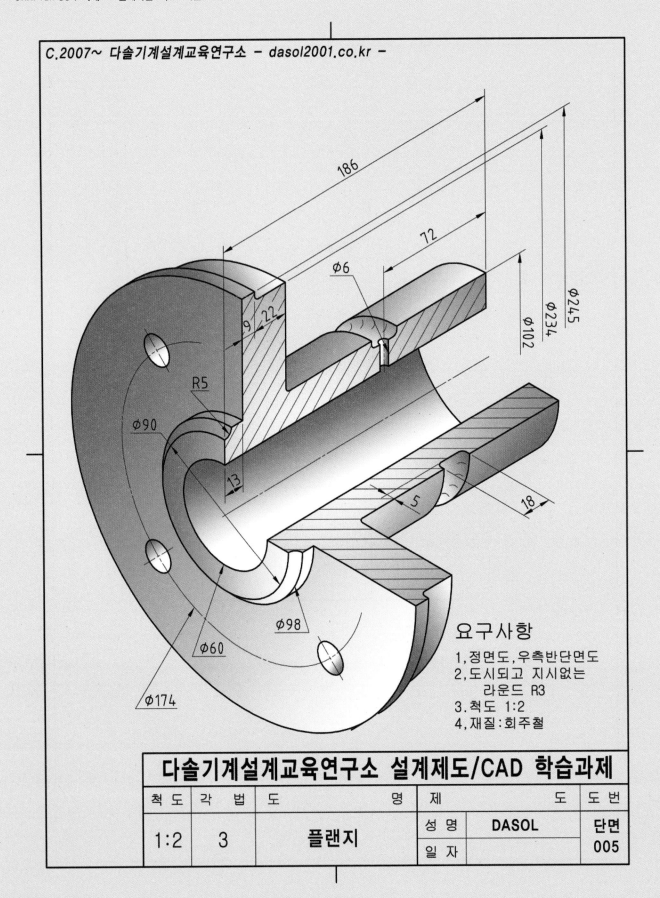

요구사항

1, 정면도, 우측반단면도
2, 도시되고 지시없는
   라운드 R3
3, 척도 1:2
4, 재질 : 회주철

다솔기계설계교육연구소 설계제도/CAD 학습과제						
척 도	각 법	도		명	제	도	도 번
1:2	3	플랜지			성 명	DASOL	단면 005
					일 자		

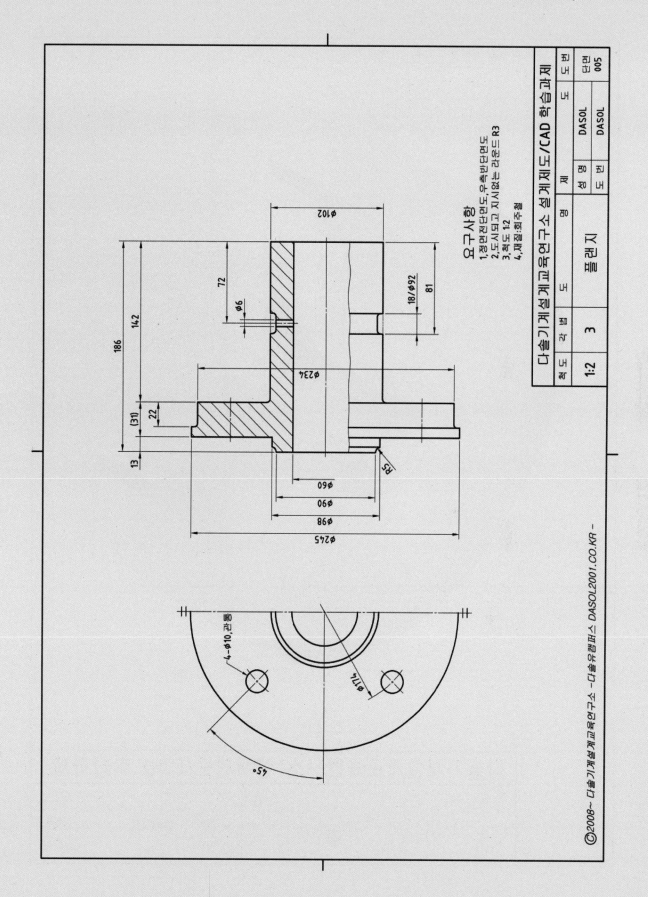

요구사항
1.정면전단면도,우측반단면도
2.도시되고 지시없는 라운드 R3
3.척도 1:2
4.재질:회주철

척 도	각 법	품 명		제	성 명	DASOL	도 면
1:2	3	플랜지			도 번	DASOL	005

다솔기계설계교육연구소 설계제도/CAD 학습과제

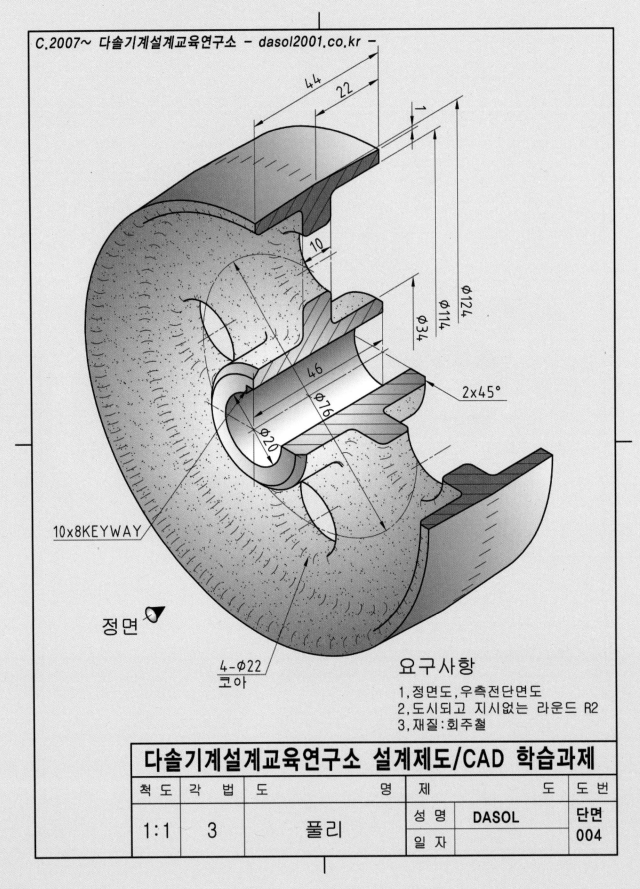

C.2007~ 다솔기계설계교육연구소 - dasol2001.co.kr -

44
22
1
10
Φ124
Φ114
Φ34
46
Φ76
Φ20
2x45°

10x8KEYWAY

정면

4-Φ22
코아

요구사항

1. 정면도, 우측전단면도
2. 도시되고 지시없는 라운드 R2
3. 재질 : 회주철

다솔기계설계교육연구소 설계제도/CAD 학습과제

척 도	각 법	도	명	제	도	도 번
1:1	3		풀리	성 명	DASOL	단면 004
				일 자		

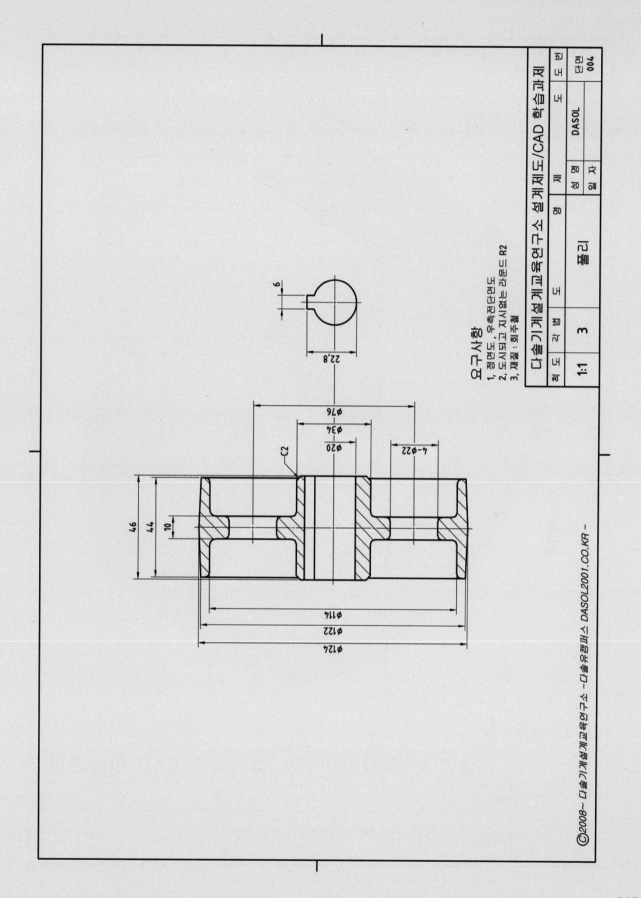

요구사항
1. 정면도, 우측전단면도
2. 도시되고 지시없는 라운드 R2
3. 재질 : 회주철

		다솔기계설계교육연구소 설계제도/CAD 학습과제		

C.2007~ 다솔기계설계교육연구소 - dasol2001.co.kr -

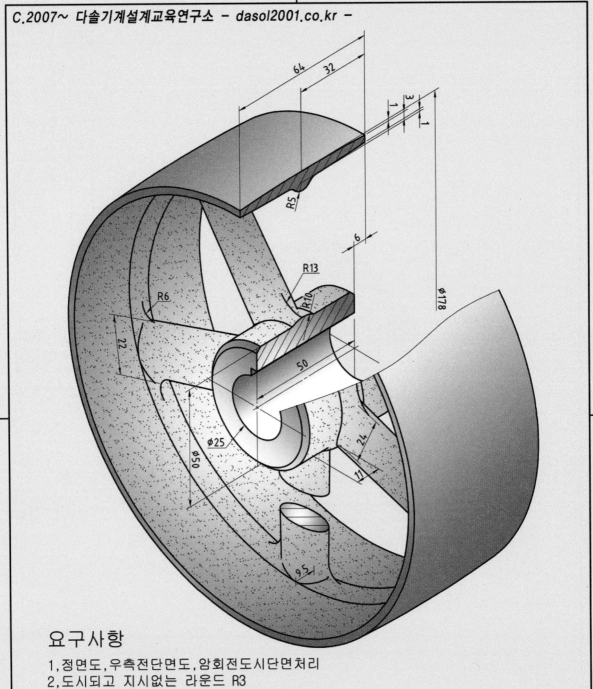

요구사항

1. 정면도, 우측전단면도, 암회전도시단면처리
2. 도시되고 지시없는 라운드 R3
3. 재질 : 회주철

다솔기계설계교육연구소 설계제도/CAD 학습과제

척 도	각 법	도 명	제 도	도 번
NS	3	풀리	성 명 **DASOL**	단면
			일 자	006

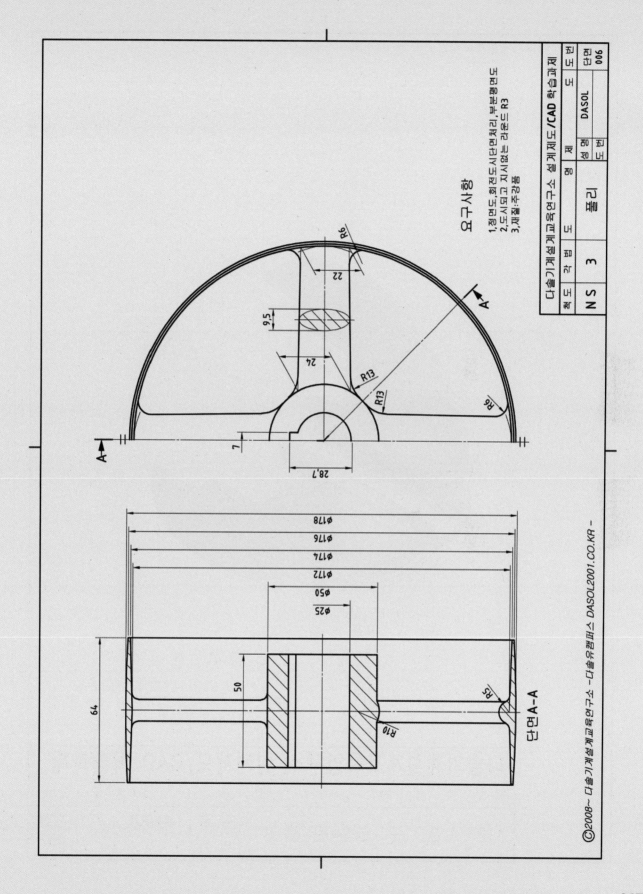

요구사항

1.정면도,회전도시단면처리,부분평면도
2.도시되고 지시없는 라운드 R3
3.재질:주강품

척도	각법	도번	도명	제	품	명	도	DASOL	단면
NS	3		풀리				도		006

다솔기계설계교육연구소 설계제도/CAD 학습과제

단면 A-A

© 2008~ 다솔기계설계교육연구소 -다솔유컴퍼스 DASOL2001.CO.KR –

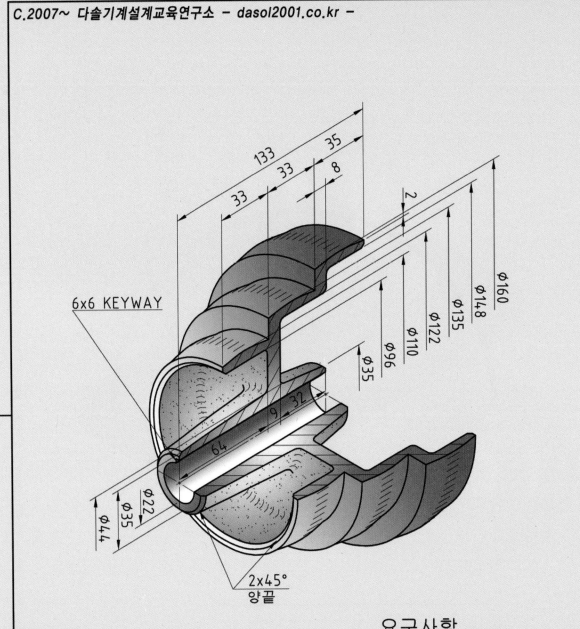

6x6 KEYWAY

2x45°
양끝

요구사항

1, 정면도, 우측전단면도
2, 도시되고 지시없는 라운드 R3
3, 재질 : 회주철

다솔기계설계교육연구소 설계제도/CAD 학습과제						
척 도	각 법	도	명	제	도	도 번
				성 명	DASOL	단면
1:2	3	스텝-콘 풀리		일 자		007

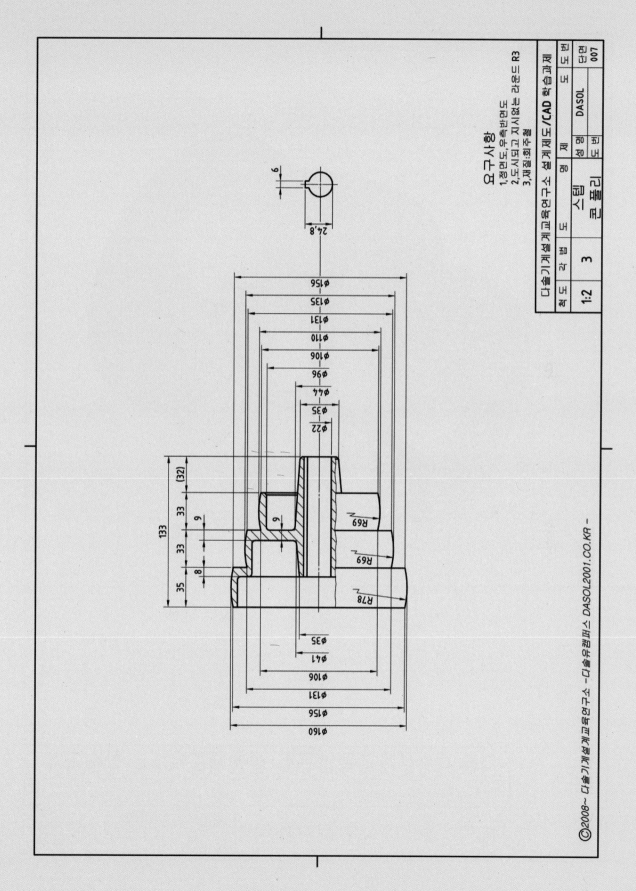

척 도	각 법	다쏠기계설계교육연구소 설계제도 /CAD 학습과제	도 번	
1:2	3		단면	007
		품 명	성 명	DASOL
		스텝 홀홀리		도 번

요구사항

1,정면도, 우측반면도
2,도시되고 지시없는 라운드 R3
3,재질:회주철

12-Φ14

Φ178

Φ64

Φ140

Φ152

71

11

Φ76

Φ190

114

11

19

228

19

▼ 정면

요구사항

1. 정면전단면도, 우측반단면도
   대칭평면도 작성
2. 되시되고 지시없는 라운드 R3
3. 척도 1:2
4. 재질 : 주강품

다솔기계설계교육연구소 설계제도/CAD 학습과제

척 도	각 법	도 명	제 도	도 번
NS	3	T 플랜지	성 명 DASOL	단면 008
			일 자	

250

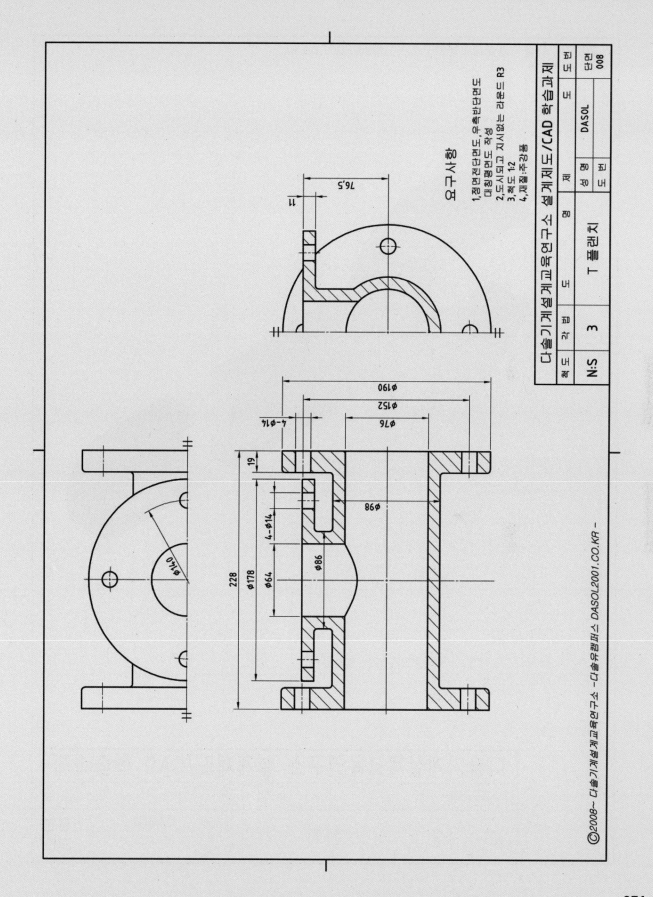

251

요구사항

1. 정면도, 회전도시단면처리, 부분평면도
2. 재질 : 주강품

다솔기계설계교육연구소 설계제도/CAD 학습과제

척 도	각 법	도 명	제 도		도 번
NS	3	렌치	성 명	DASOL	단면 009
			일 자		

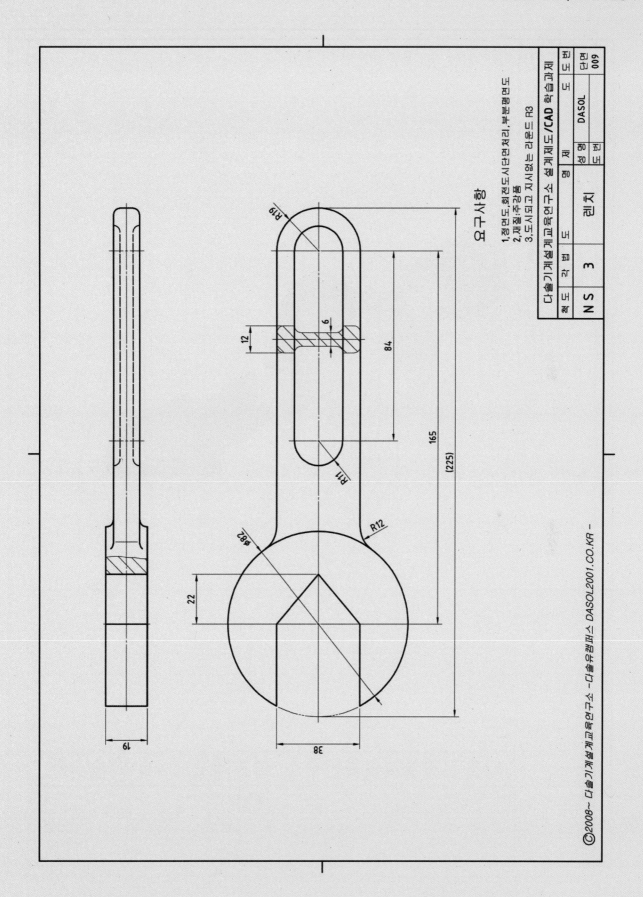

요구사항

1. 정면도, 회전도시단면처리, 부분평면도
2. 재질:주강품
3. 도시되고 지시없는 라운드 R3

척도	각법	품명	재질	성명	DASOL	도번	단면
N S	3	렌치				도번	009

다솔기계설계교육연구소 설계제도/CAD 학습과제

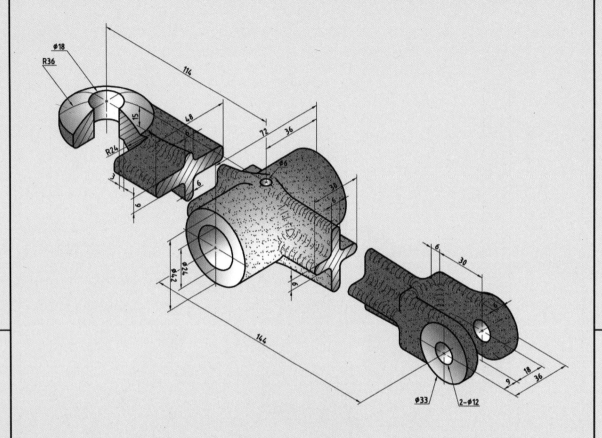

요구사항

1, 회전도시단면 포함아여 필요하다고 생각되는투상을 완성하시오
2, 도시되고 지시없는 라운드 R3
3, 척도 1:2
4, 재질:주강품

다솔기계설계교육연구소 설계제도/CAD 학습과제						
척 도	각 법	도	명	제	도	도 번
1:2	3	로크 암		성 명	DASOL	단면 010
				일 자		

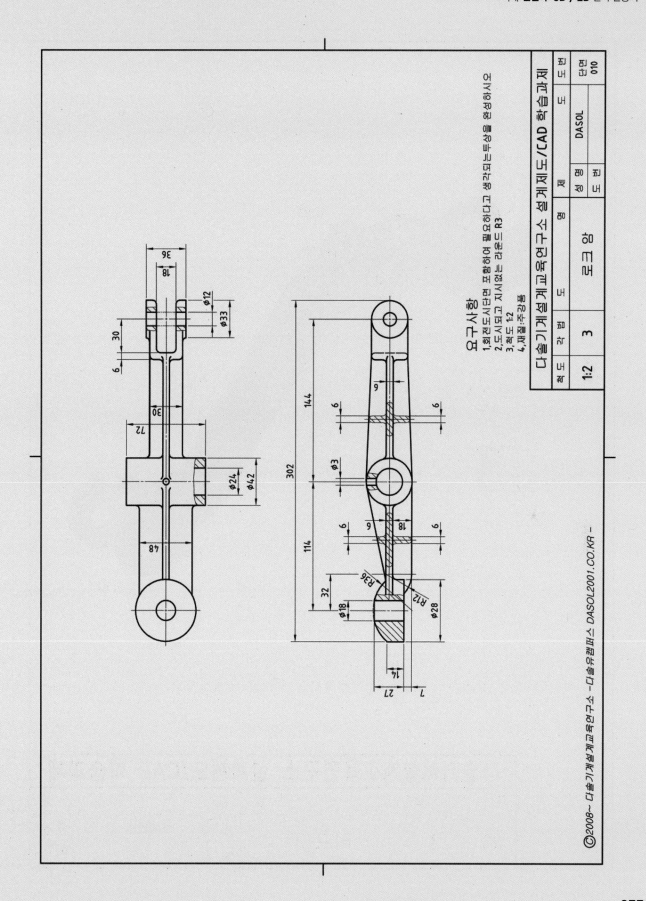

요구사항
1.회전도시단면 포함하여 필요하다고 생각되는 투상을 완성하시오
2.도시되고 지시없는 라운드 R3
3.척도 1:2
4.재질:주강품

각 도 명	도 명	성 명	도 번	척 도
3	로크 암	DASOL	010	1:2

다솔기계설계교육연구소 설계제도/CAD 학습과제

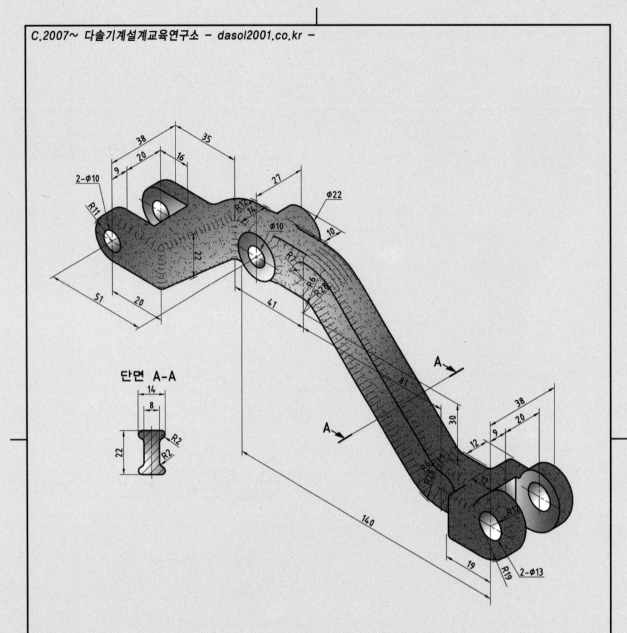

단면 A-A

요구사항

1. 회전도시단면 포함하여 필요하다고 생각되는 투상을 완성하시오
2. 도시되고 지시없는 라운드 R2
3. 재질:회주철

다솔기계설계교육연구소 설계제도/CAD 학습과제						
척 도	각 법	도		명	제 도	도 번
NS	3	리프터			성 명	DASOL	단면
					일 자		011

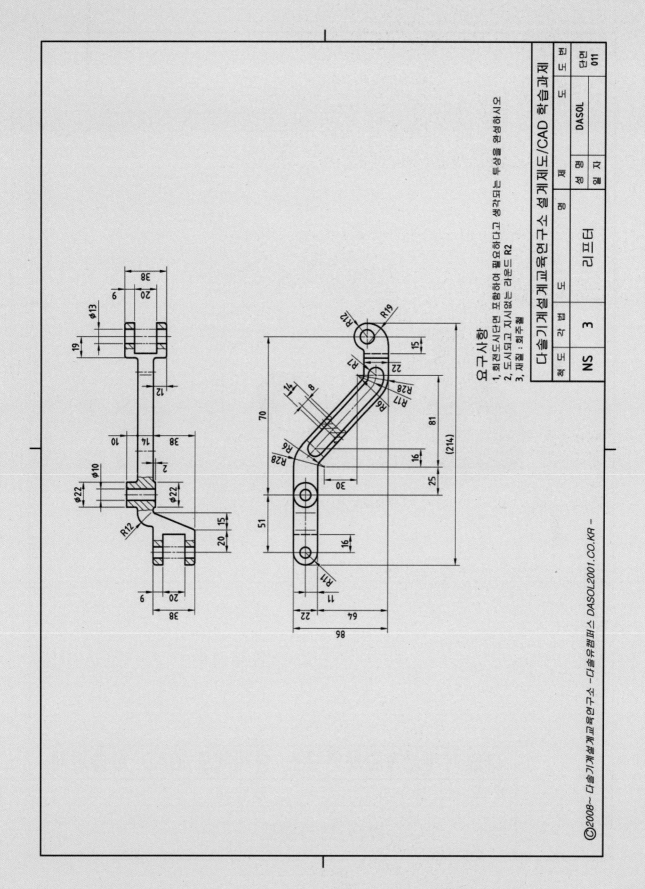

요구사항
1, 회전도시단면 포함하여 필요하다고 생각하면는 투상을 완성하시오
2, 도시되고 지시없는 라운드 R2
3, 재질 : 회주철

척도	각법	도	명	다솔기계설계교육연구소 설계제도/CAD 학습과제
NS	3		리프터	
		재 명	DASOL	전 도
		일 자		단면 011

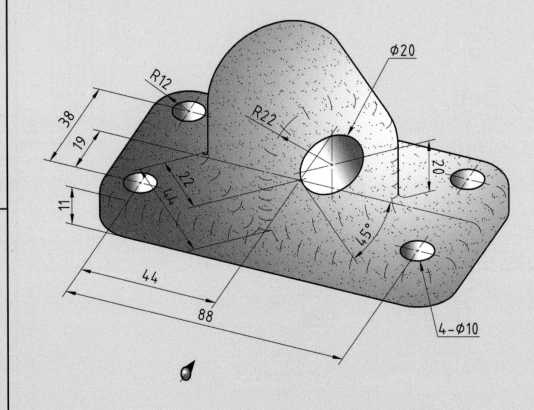

요구사항

1. 평면도, 보조투상도
2. 도시되고 지시없는 라운드 R3

다솔기계설계교육연구소 설계제도/CAD 학습과제							
척 도	각 법	도	명	제		도	도 번
1:1	3	홀더 브라켓트		성 명	DASOL		보조 001
				일 자			

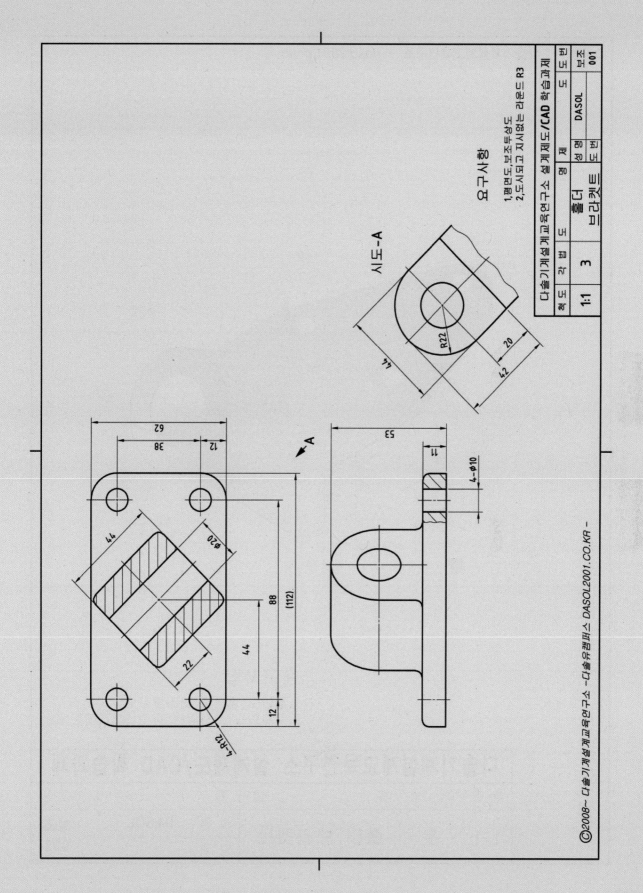

시도-A

요구사항

1.평면도, 보조투상도
2.도시되고 지시없는 라운드 R3

척도		각도		도명		도	번
				홀더		보조	
1:1		3		브라켓트		001	

다솔기계설계교육연구소 설계제도/CAD 학습과제

제 명 DASOL
도 번

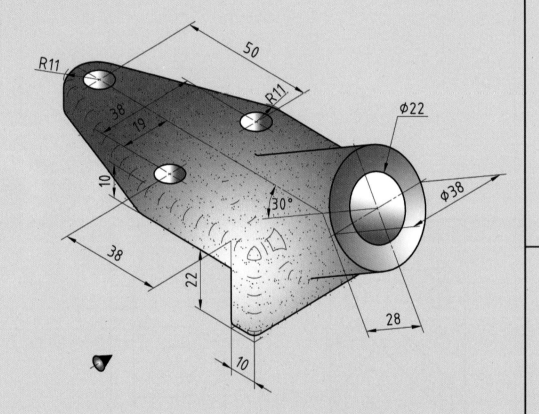

요구사항

1. 정면도, 평면도, 보조투상도
2. 도시되고 지시없는 필렛 및 라운드 R2

다솔기계설계교육연구소 설계제도/CAD 학습과제							
척 도	각 법	도		명	제	도	도 번
1:1	3	홀더 브라켓트			성 명	DASOL	보조
					일 자		002

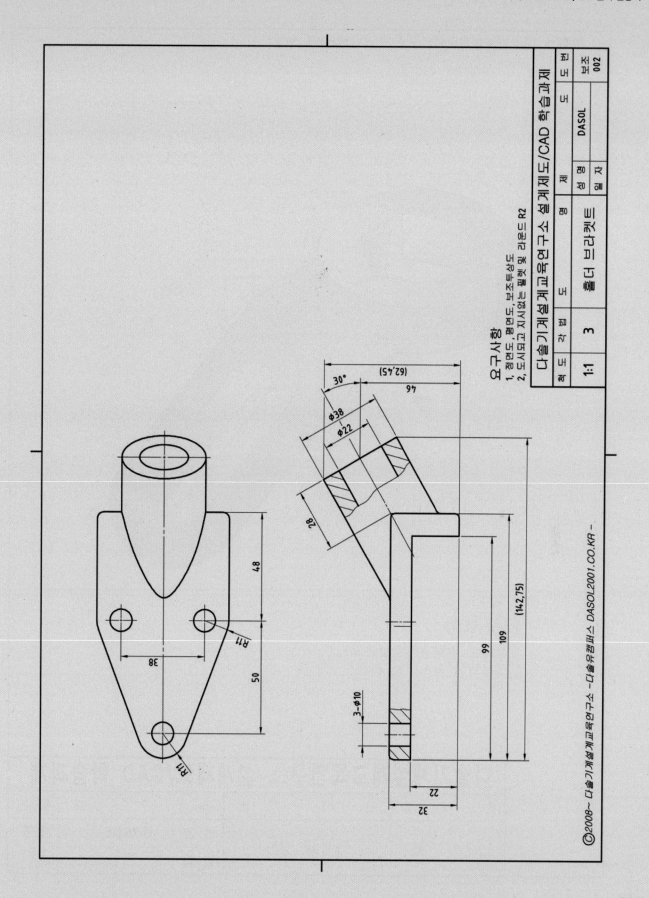

요구사항
1. 정면도, 평면도, 보조투상도
2. 도시되고 지시없는 필렛 및 라운드 R2

척 도	각 법	도 명	제	성 명	DASOL	도 번	보조
1:1	3	홀더 브라켓트		일 자			002

다솔기계설계교육연구소 설계제도/CAD 학습과제

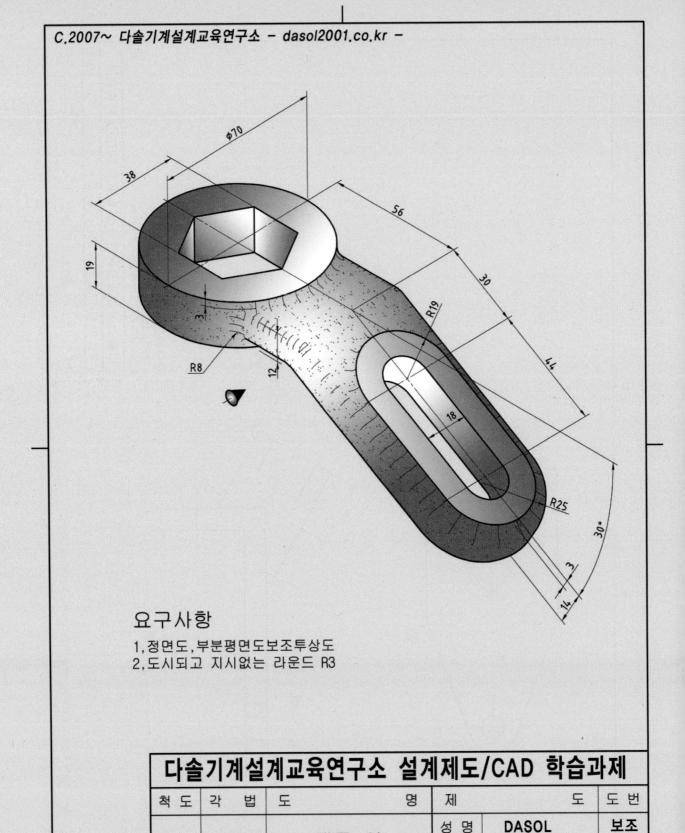

C.2007~ 다솔기계설계교육연구소 – dasol2001.co.kr –

요구사항

1. 정면도, 부분평면도 보조투상도
2. 도시되고 지시없는 라운드 R3

다솔기계설계교육연구소 설계제도/CAD 학습과제						
척 도	각 법	도	명	제	도	도 번
1:1	3	앵글 암		성 명	DASOL	보조
			일 자		001

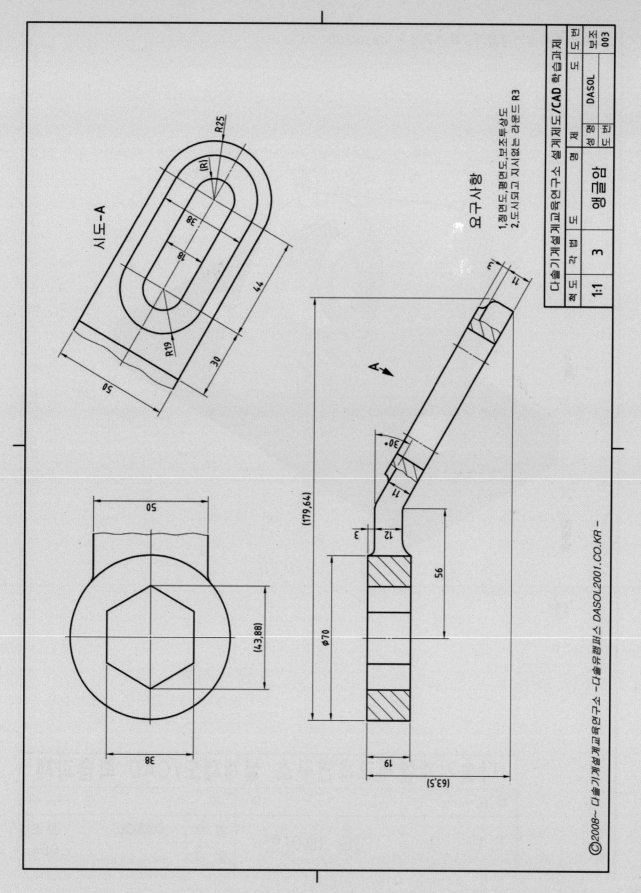

시도-A

요구사항

1.정면도, 평면도, 보조투상도
2.도시되고 지시없는 라운드 R3

척도	각법	도명	품명	재질		도번
1:1	3	다솔기계설계교육연구소 설계제도/CAD 학습과제	앵글암	DASOL	보조	003

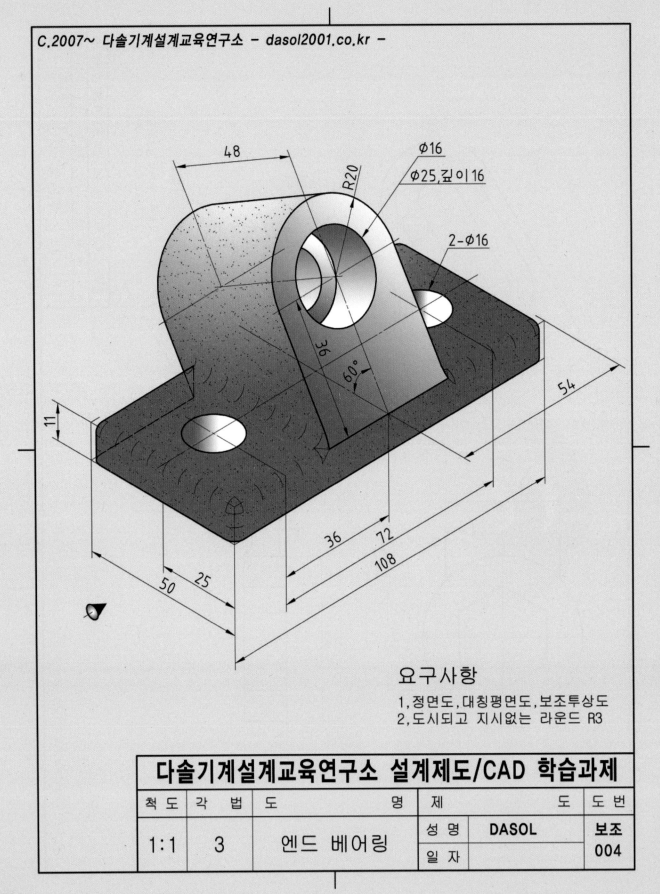

요구사항

1. 정면도, 대칭평면도, 보조투상도
2. 도시되고 지시없는 라운드 R3

다솔기계설계교육연구소 설계제도/CAD 학습과제							
척 도	각 법	도		명	제	도	도 번
1:1	3	엔드 베어링			성 명	DASOL	보조 004
					일 자		

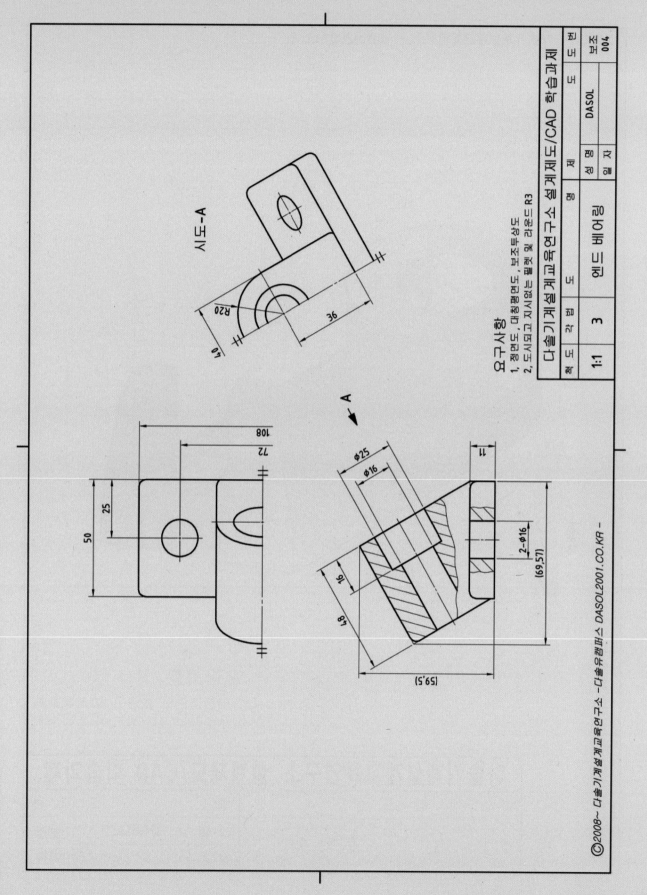

시도-A

R20
40
36

108
72
25
50

Φ25
Φ16
16
8
11
2-Φ16
(69,57)
(59,5)

A

요구사항
1, 정면도, 대칭평면도, 보조투상도
2, 도시되고 지시없는 필렛 및 라운드 R3

척 도	각 법	도 명		제 명		도 번	
1:1	3	엔드 베어링	다솔기계설계교육연구소 설계제도/CAD 학습과제	성 명	DASOL	보조	004
				일 자			

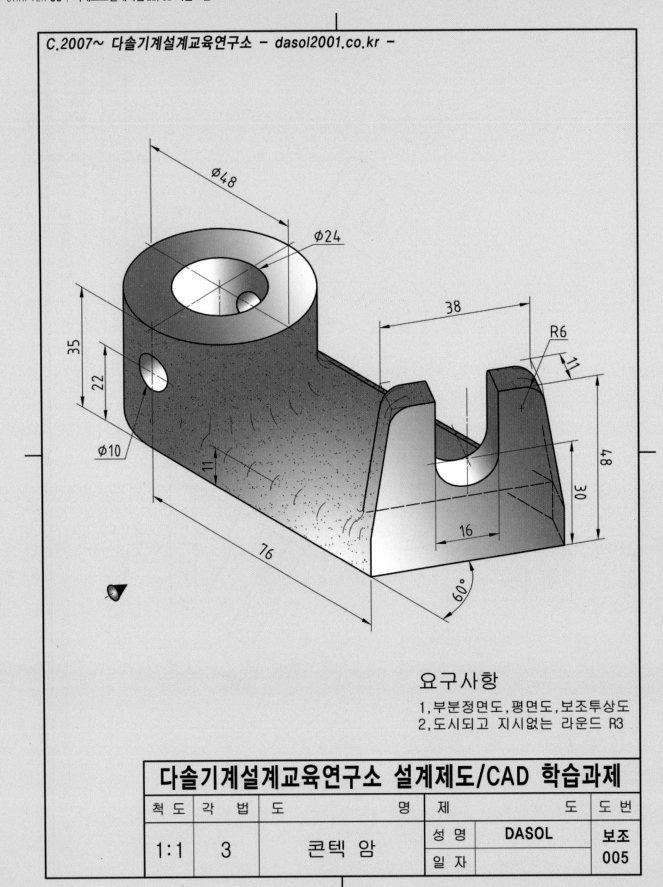

C.2007~ 다솔기계설계교육연구소 – dasol2001.co.kr –

요구사항

1, 부분정면도, 평면도, 보조투상도
2, 도시되고 지시없는 라운드 R3

다솔기계설계교육연구소 설계제도/CAD 학습과제						
척 도	각 법	도	명	제	도	도 번
1:1	3	콘텍 암		성 명	DASOL	보조 005
				일 자		

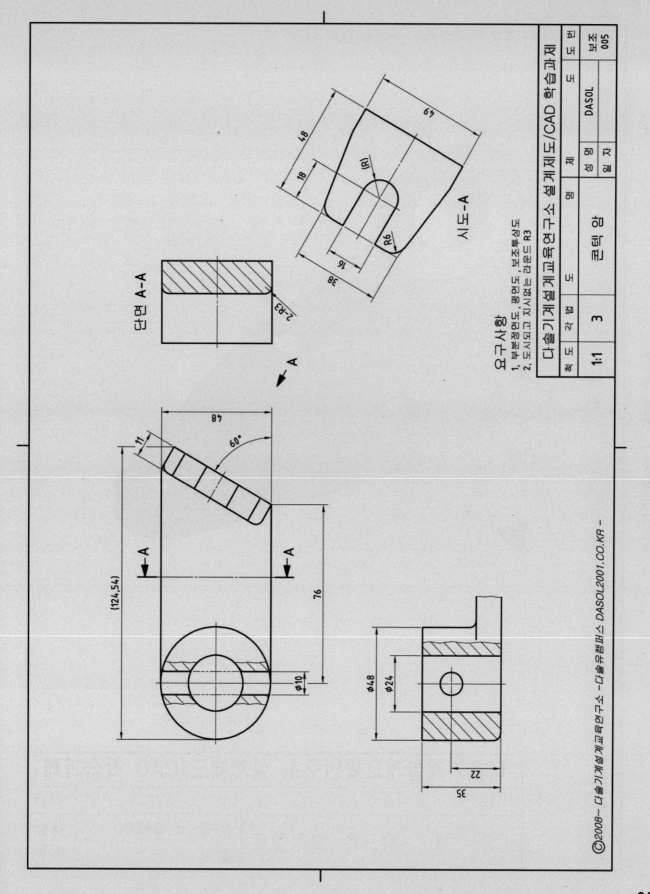

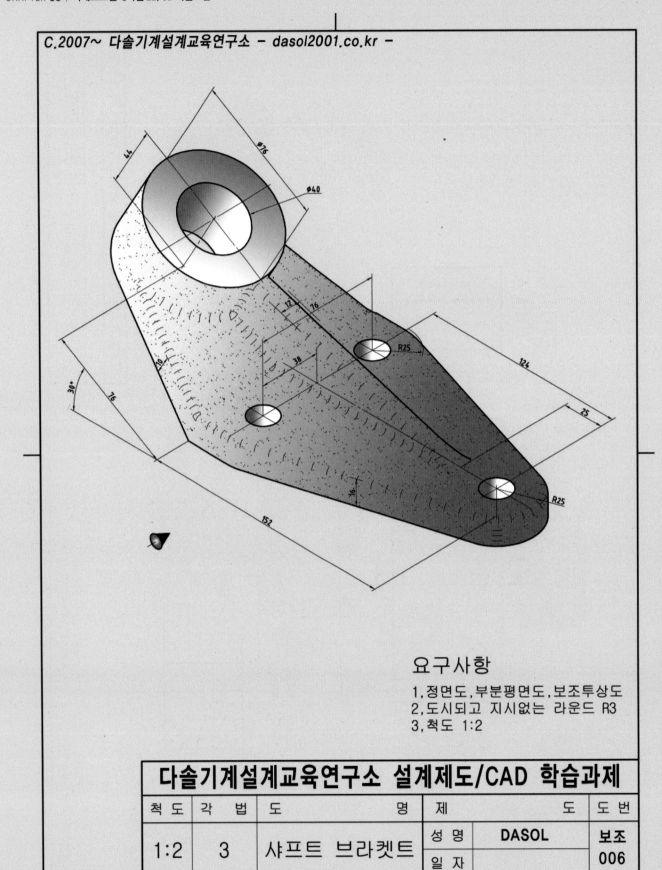

요구사항

1, 정면도, 부분평면도, 보조투상도
2, 도시되고 지시없는 라운드 R3
3, 척도 1:2

다솔기계설계교육연구소 설계제도/CAD 학습과제

척 도	각 법	도	명	제		도	도 번
1:2	3	샤프트 브라켓트		성 명	DASOL		보조 006
				일 자			

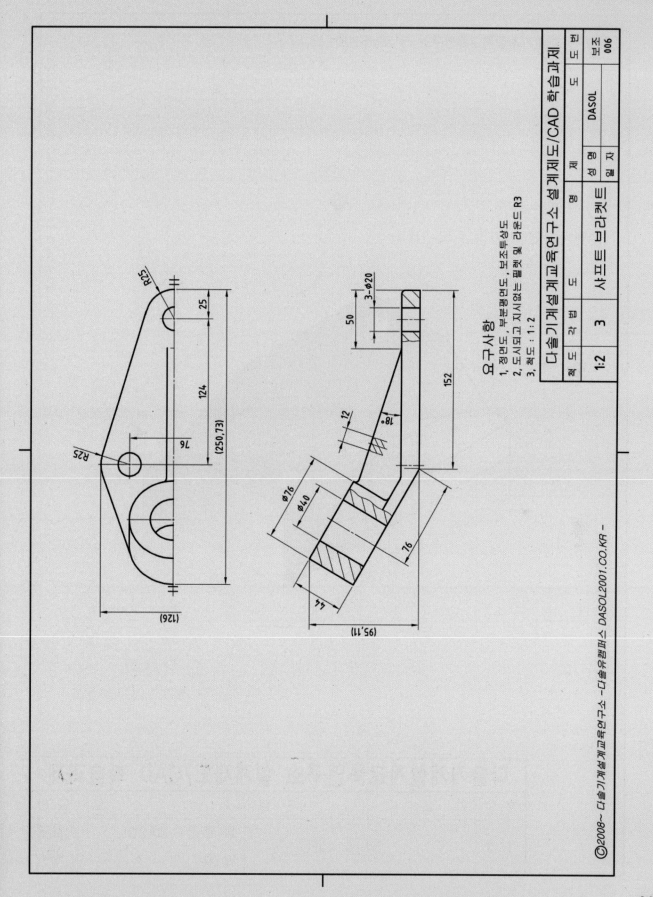

요구사항
1, 정면도, 부분평면도, 보조투상도
2, 도시되고 지시없는 필렛 및 라운드 R3
3, 척도 : 1 : 2

척도	각법	도명	제도	도번
				보조 006
		다솔기계설계교육연구소 설계제도/CAD 학습과제	성명	DASOL
			일자	
1:2	3	샤프트 브라켓트		

C.2007~ 다솔기계설계교육연구소 - dasol2001.co.kr -

정면도

A면과 B면 사이의 각도 135°

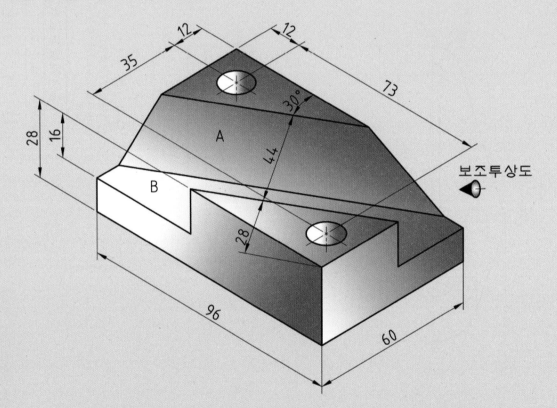

보조투상도

요구사항

1. 정면도, 보조투상도

다솔기계설계교육연구소 설계제도/CAD 학습과제						
척 도	각 법	도	명	제	도	도번
1:1	3	앵글 베이스		성 명	DASOL	보조 007
				일 자		

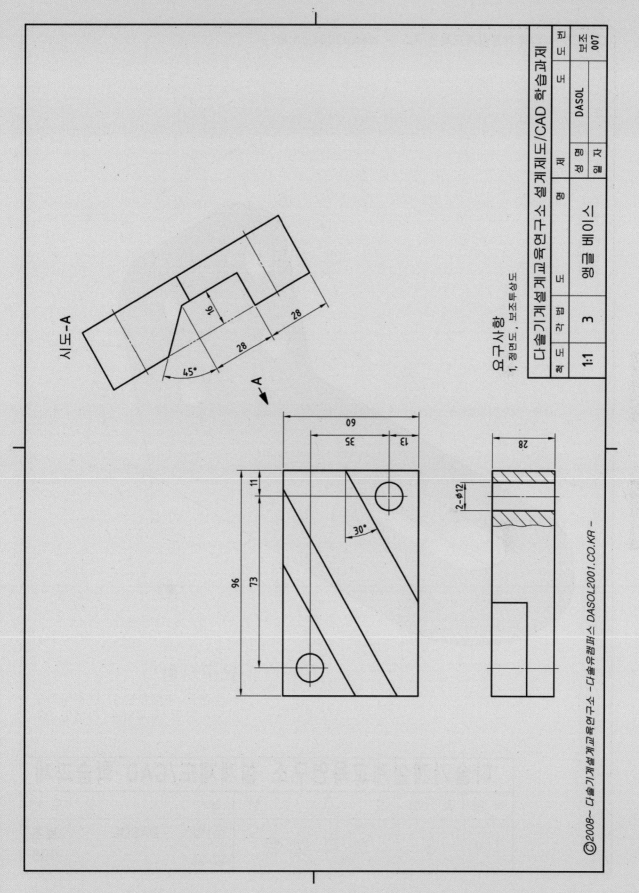

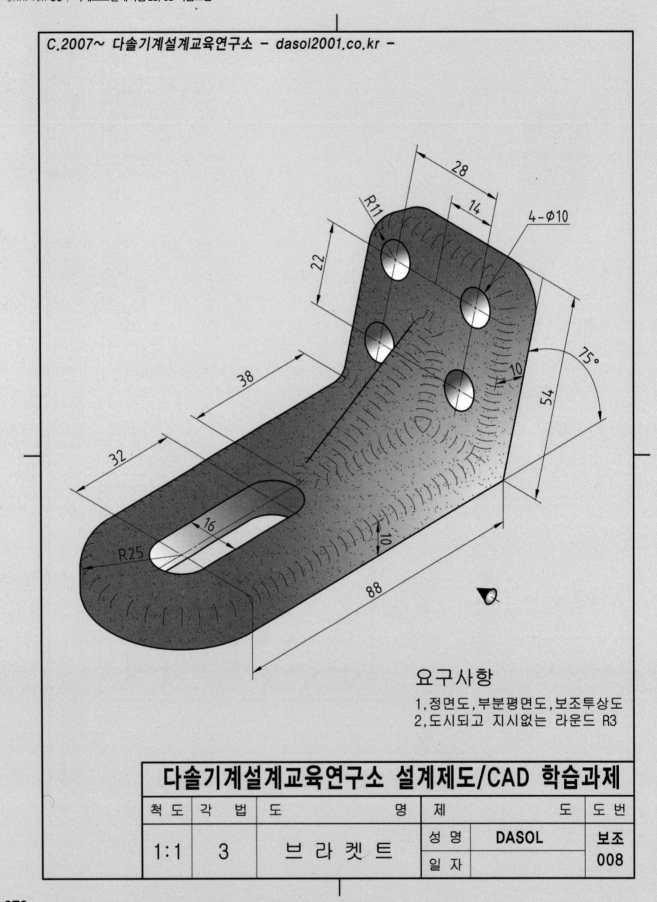

요구사항

1, 정면도, 부분평면도, 보조투상도
2, 도시되고 지시없는 라운드 R3

다솔기계설계교육연구소 설계제도/CAD 학습과제							
척 도	각 법	도		명	제		도	도 번
1:1	3	브 라 켓 트			성 명	DASOL		보조 008
					일 자			

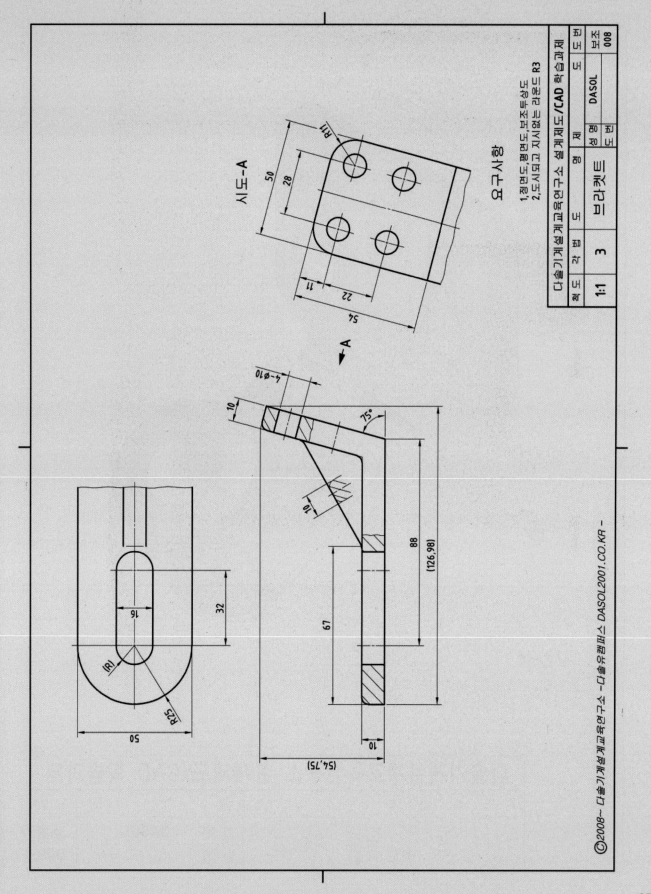

시도-A

요구사항

1.정면도,평면도,보조투상도
2.도시되고 지시없는 라운드 R3

척도	각법	도명	품명	재질
1:1	3	다솔기계설계교육연구소 설계제도/CAD 학습과제	브라켓트	DASOL

©2008~ 다솔기계설계교육연구소 -다솔유캠퍼스 DASOL2001.CO.KR –

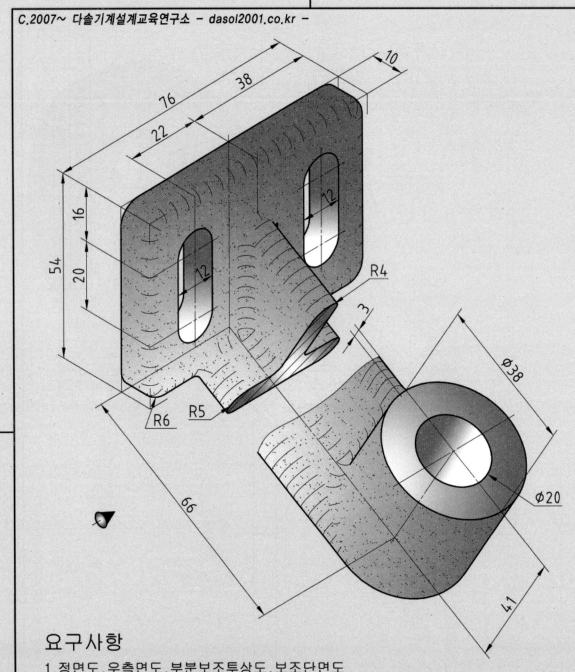

C.2007~ 다솔기계설계교육연구소 - dasol2001.co.kr -

요구사항

1. 정면도, 우측면도, 부분보조투상도, 보조단면도
2. 도시되고 지시없는 라운드 R3

다솔기계설계교육연구소 설계제도/CAD 학습과제						
척 도	각 법	도	명	제	도	도 번
1:1	3	로드 가이드		성 명	DASOL	보조 009
				일 자		

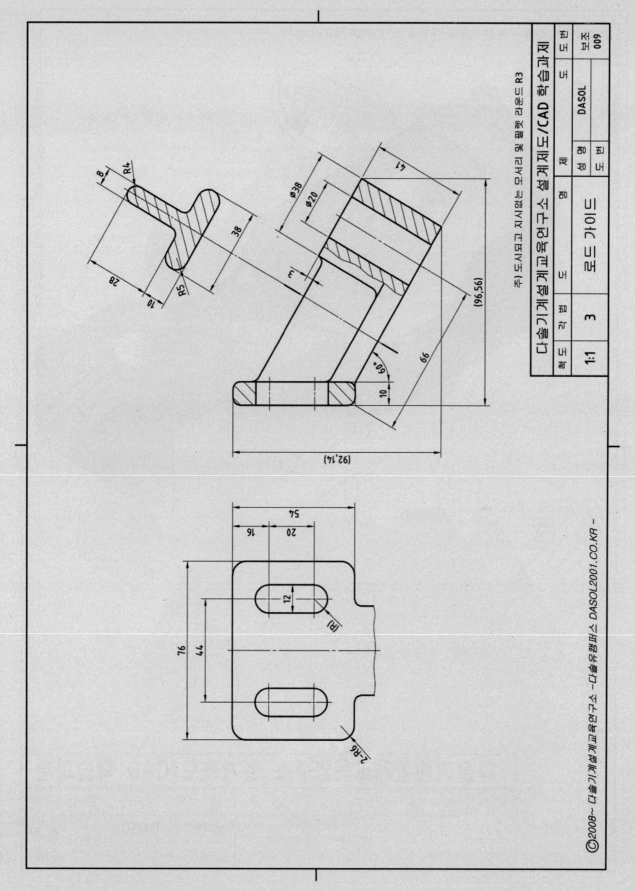

주) 도시되고 지시없는 모서리 및 플랫 라운드 R3

다솔기계설계교육연구소 설계제도/CAD 학습과제				보조 009
	재		DASOL	
	명	성 명		
도	로드 가이드	도		
척도	각법			
1:1	3			

R4

8

Ø38
Ø20

41

38

R5

3

28

10

(96,56)

66

60°

10

(92,14)

54

16

20

12

R6

76

44

2-R6

C.2007~ 다솔기계설계교육연구소 - dasol2001.co.kr -

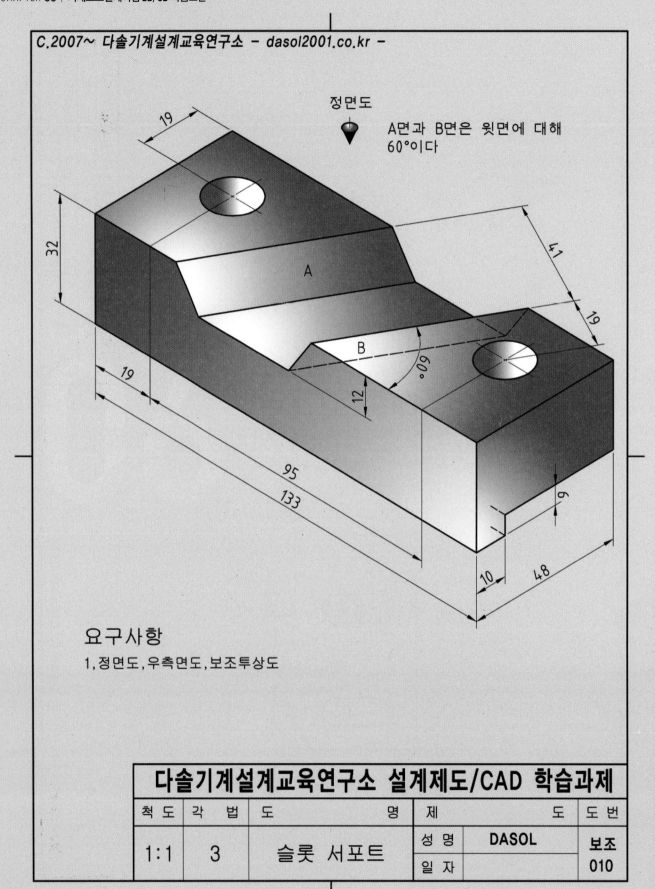

정면도

A면과 B면은 윗면에 대해
60°이다

요구사항

1, 정면도, 우측면도, 보조투상도

다솔기계설계교육연구소 설계제도/CAD 학습과제					
척 도	각 법	도	명	제	도	도 번
1:1	3	슬롯 서포트	성 명	DASOL	보조 010
			일 자		

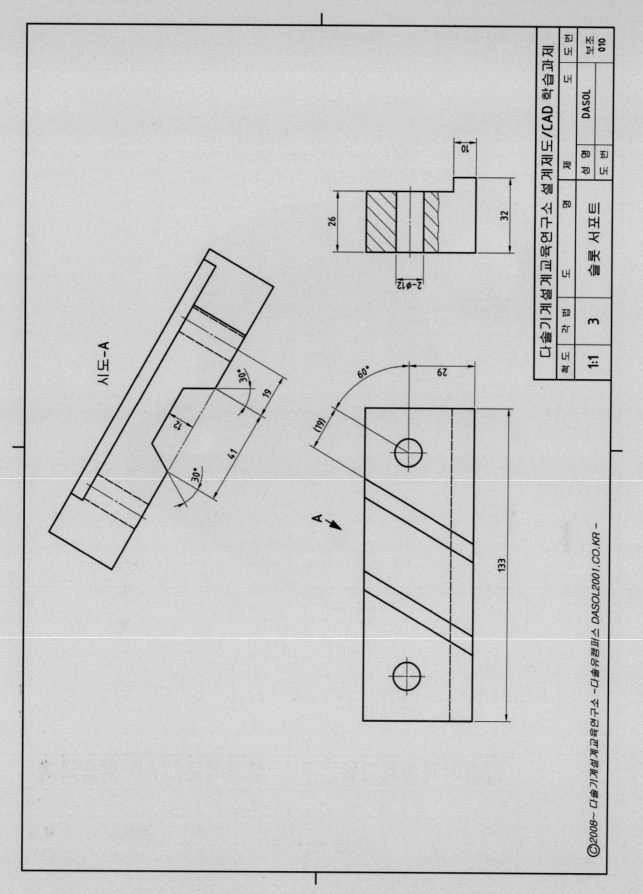

시도-A

다솔기계설계교육연구소 설계제제도/CAD 학습과제

척도	각법	품명		재질		도번
1:1	3	슬롯 서포트		DASOL		보조 010

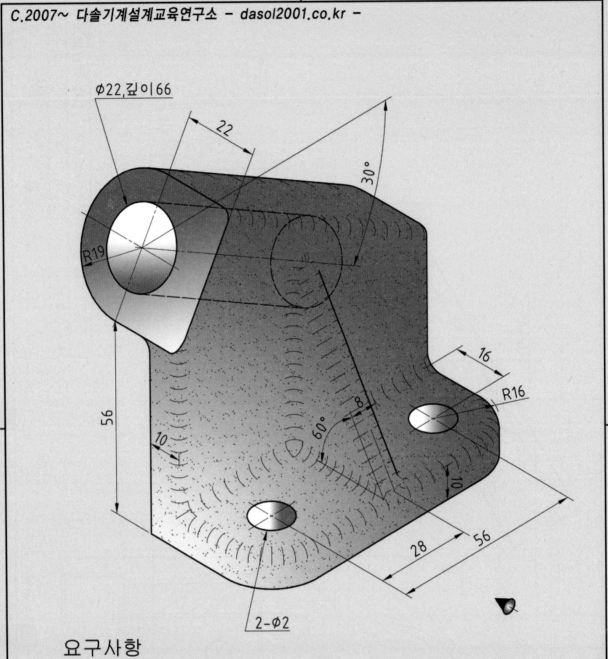

Ø22,깊이66

22

30°

R19

56

10

16

R16

8

60°

10

28

56

2-Ø2

요구사항

1, 정면도, 좌측면도, 부분평면도, 보조투상도
2, 도시되고 지시없는 라운드 R3

다솔기계설계교육연구소 설계제도/CAD 학습과제						
척 도	각 법	도		명	제	도	도 번
1:1	3	앵글 베어링		성 명	DASOL	보조 011
				일 자		

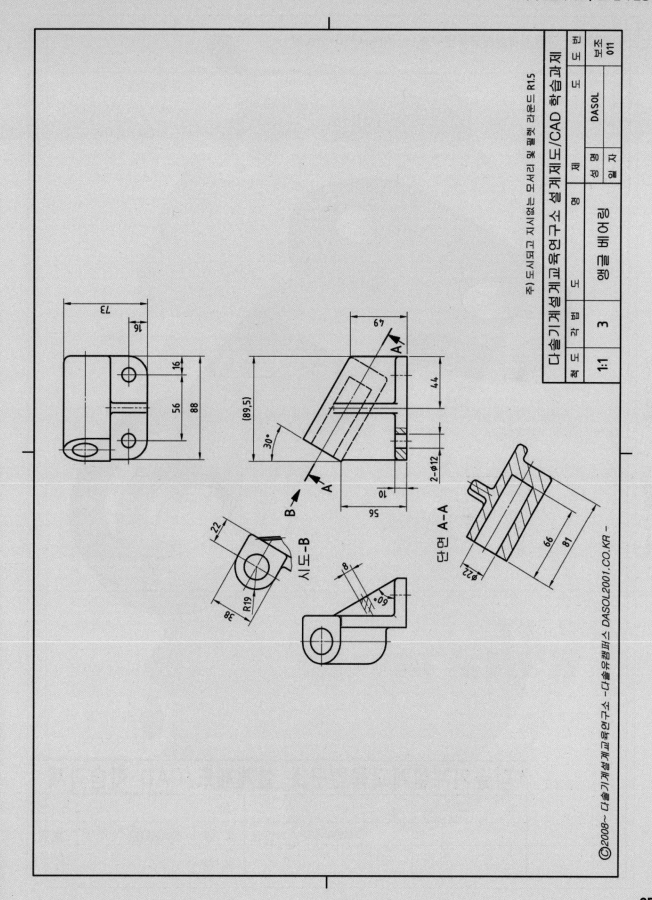

주) 도시되고 지시없는 모서리 및 필렛 라운드 R1.5

척도	각법	품명	제도		검도		도번	
			성명	DASOL			보조	
1:1	3	앵글 베어링	일자				011	

다솔기계설계교육연구소 설계제도/CAD 학습과제

시도-B

단면 A-A

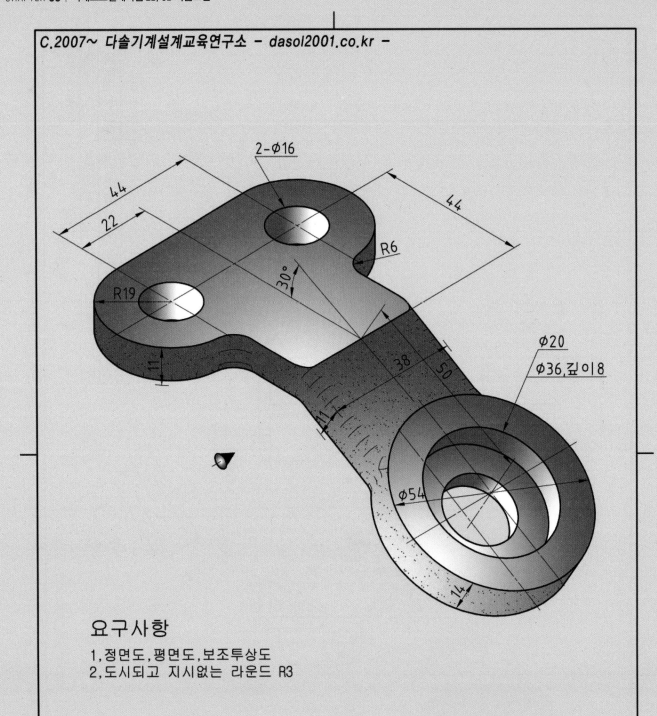

요구사항

1, 정면도, 평면도, 보조투상도
2, 도시되고 지시없는 라운드 R3

다솔기계설계교육연구소 설계제도/CAD 학습과제						
척 도	각 법	도	명	제	도	도 번
1:1	3	스페이싱 레버		성 명	DASOL	보조
				일 자		012

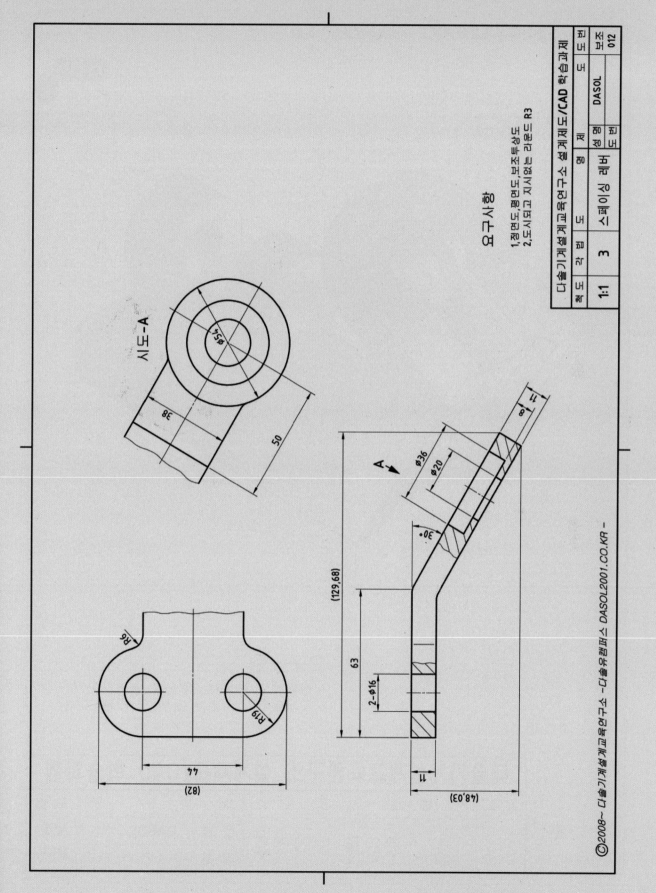

시도-A

요구사항

1.정면도,평면도,보조투상도
2.도시되고 지시없는 라운드 R3

척도	각법		다솔기계설계교육연구소 설계제도/CAD 학습과제		도명	도면
1:1	3				스페이싱 레버	보조 012

DASOL

제명 | 성명
도 | 도 번

C.2007~ 다솔기계설계교육연구소 - dasol2001.co.kr -

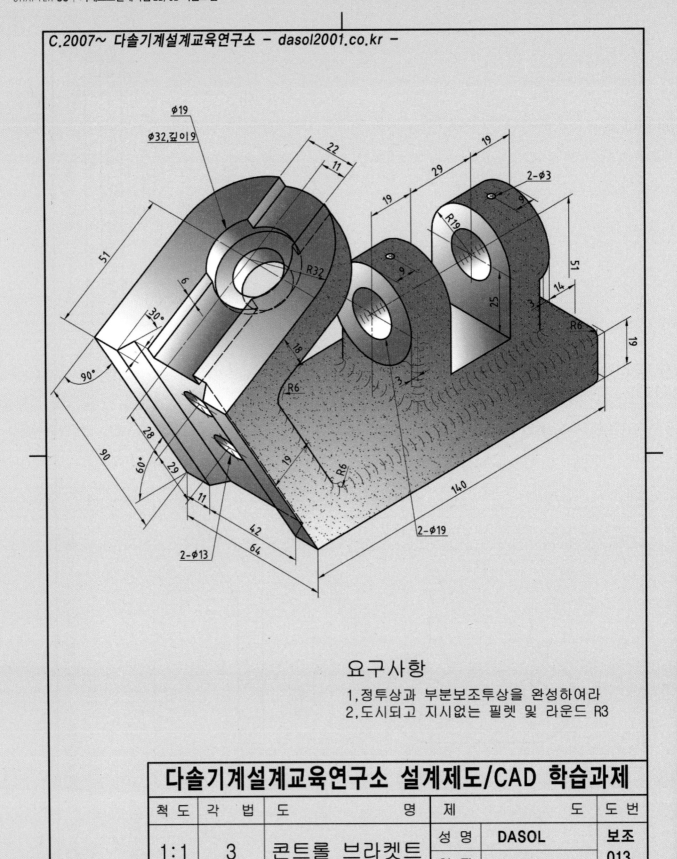

요구사항

1, 정투상과 부분보조투상을 완성하여라
2, 도시되고 지시없는 필렛 및 라운드 R3

다솔기계설계교육연구소 설계제도/CAD 학습과제						
척 도	각 법	도	명	제	도	도 번
1:1	3	콘트롤 브라켓트		성 명	DASOL	보조 013
				일 자		

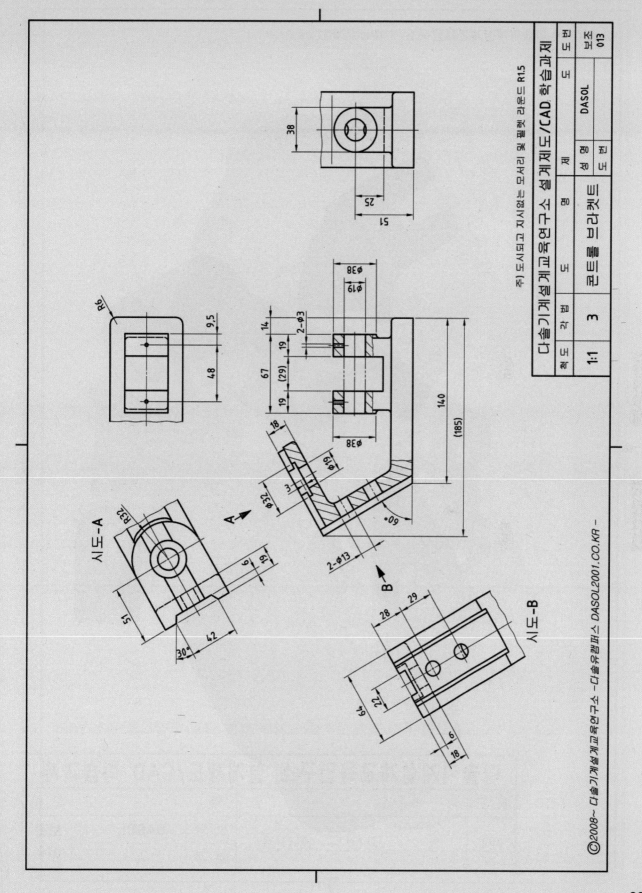

주) 도시되고 지시없는 모서리 및 플랫 라운드 R1.5

척도	각법	품 번	품 명	재 질	도 편
1:1	3		콘트롤 브라켓트	DASOL	보조 013

다쏠기계설계교육연구소 설계제도/CAD 학습과제

시도-A

시도-B

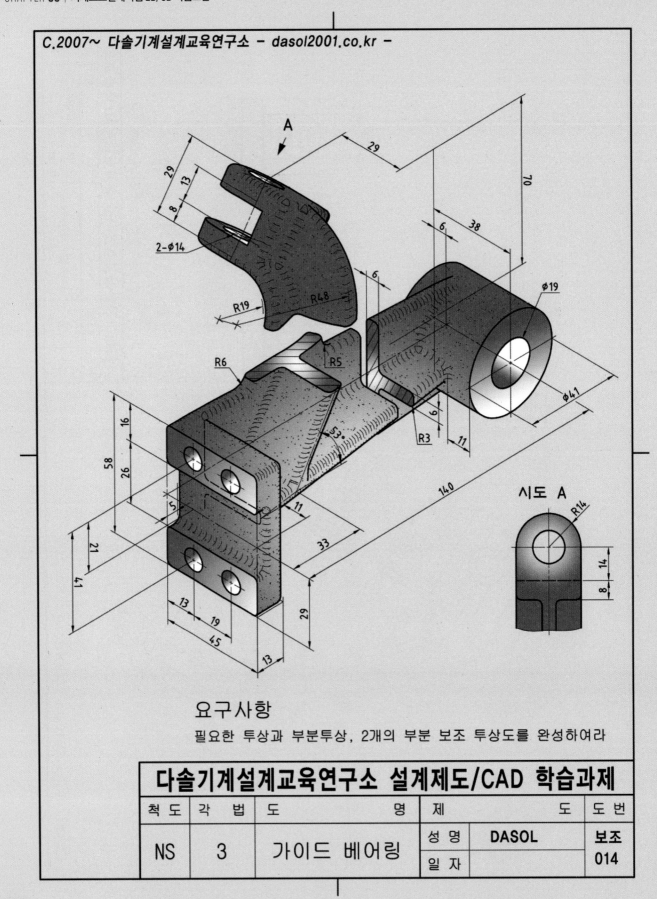

C.2007~ 다솔기계설계교육연구소 - dasol2001.co.kr -

시도 A

요구사항

필요한 투상과 부분투상, 2개의 부분 보조 투상도를 완성하여라

다솔기계설계교육연구소 설계제도/CAD 학습과제

척 도	각 법	도 명	제 도	도 번
NS	3	가이드 베어링	성 명 DASOL	보조 014
			일 자	

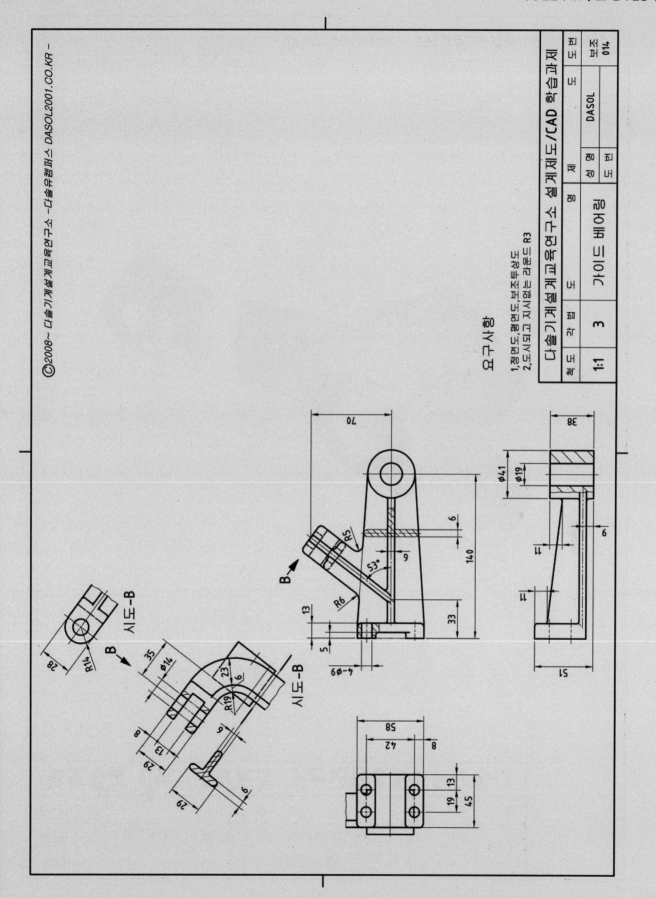

척 도	각 법	품 명	재 질	도 번
1:1	3	가이드 베어링	DASOL	보조 014

다솔기계설계교육연구소 설계제도/CAD 학습과제

요구사항

1.정연도,평연도,보조투상도
2.도시되고 지시없는 라운드 R3

C.2007~ 다솔기계설계교육연구소 - dasol2001.co.kr -

요구사항

1,부분투상과 필요한 투상을 완성하여라
2,도시되고 지시없는 라운드 R3

다솔기계설계교육연구소 설계제도/CAD 학습과제							
척 도	각 법	도		명	제	도	도 번
1:1	3	브레이크 콘트롤 레버			성 명	DASOL	보조 015
					일 자		

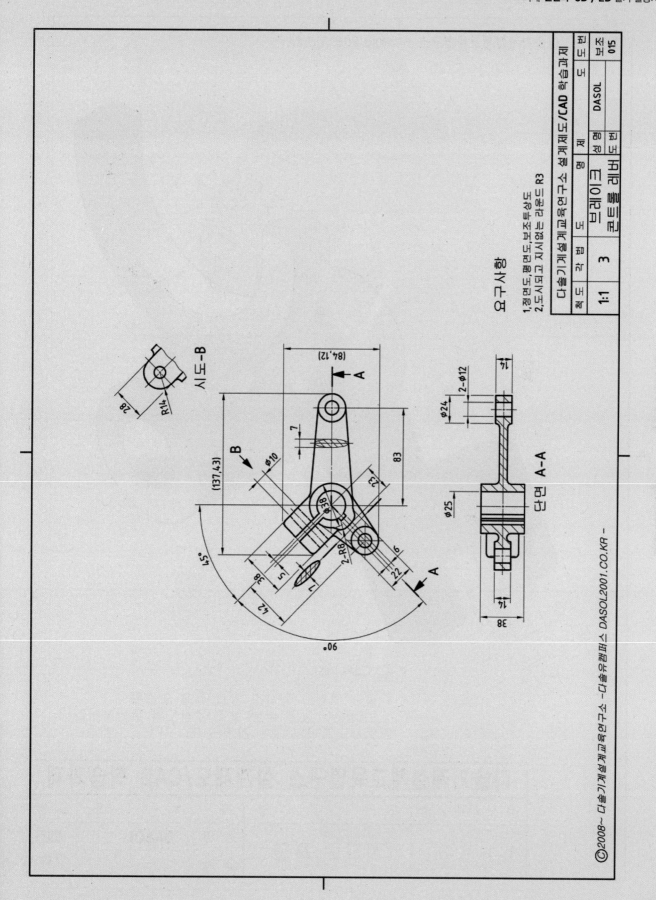

시도-B

단면 A-A

요구사항

1.정면도,평면도,보조투상도
2.도시되고 지시없는 라운드 R3

척도	각법	품 명	성 명	DASOL
1:1	3	브레이크 콘트롤레버		

다솔기계설계교육연구소 설계제도/CAD 학습과제

도 번	보조 015
도 번	
도 번	

C.2007~ 다솔기계설계교육연구소 - dasol2001.co.kr -

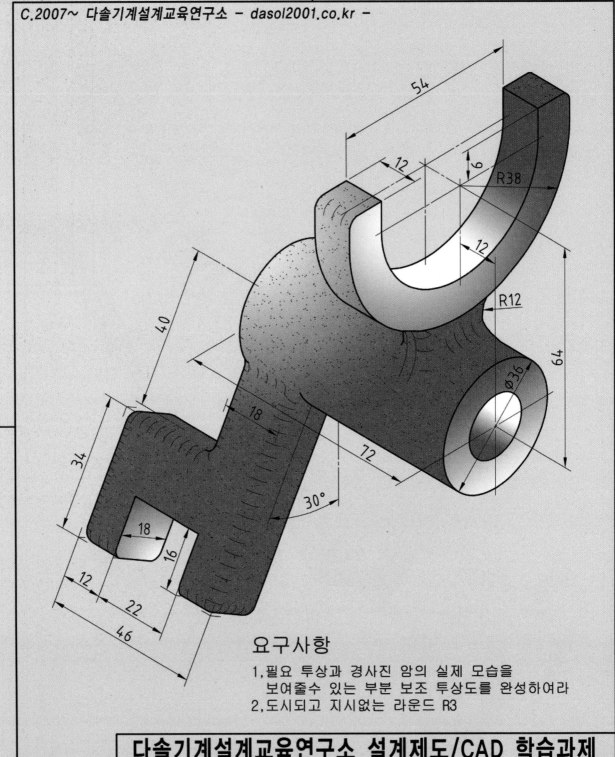

요구사항

1. 필요 투상과 경사진 암의 실제 모습을
   보여줄수 있는 부분 보조 투상도를 완성하여라
2. 도시되고 지시없는 라운드 R3

다솔기계설계교육연구소 설계제도/CAD 학습과제

척 도	각 법	도 명	제	도	도 번
1:1	3	샤프트 포크	성 명	DASOL	보조 016
			일 자		

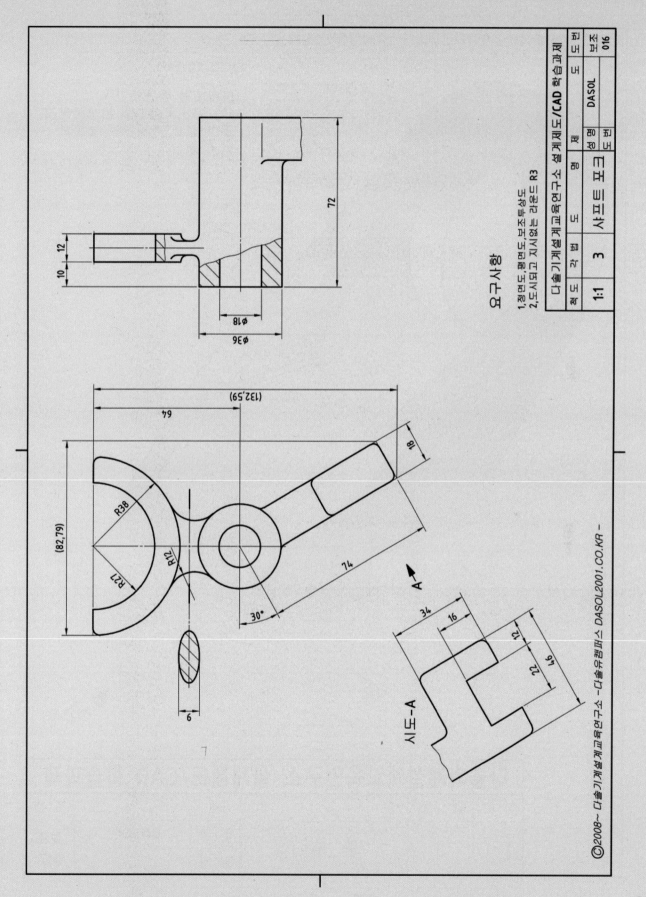

요구사항

1,정면도,평면도,보조투상도
2,도시되고 지시없는 라운드 R3

척도	각법	3	재 명	DASOL	도	보조
1:1	3		성명	샤프트 포크	도번	016

다솔기계설제교육연구소 설제제도/CAD 학습과제

시도-A

A

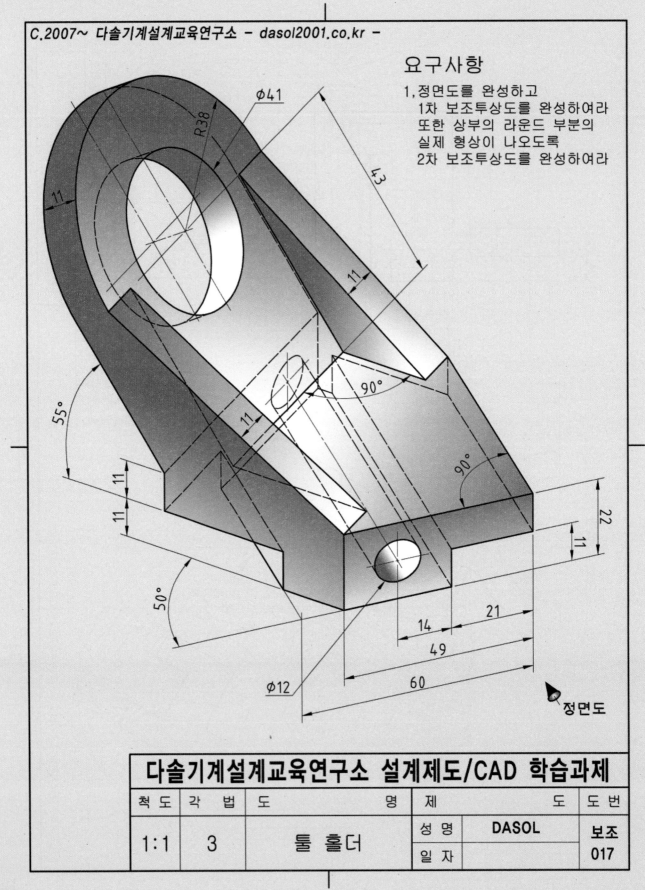

C.2007~ 다솔기계설계교육연구소 – dasol2001.co.kr –

요구사항

1. 정면도를 완성하고
   1차 보조투상도를 완성하여라
   또한 상부의 라운드 부분의
   실제 형상이 나오도록
   2차 보조투상도를 완성하여라

정면도

다솔기계설계교육연구소 설계제도/CAD 학습과제						
척 도	각 법	도		명	제	도	도 번

척 도	각 법	도 명	성 명	DASOL	보조
1:1	3	툴 홀더	일 자		017

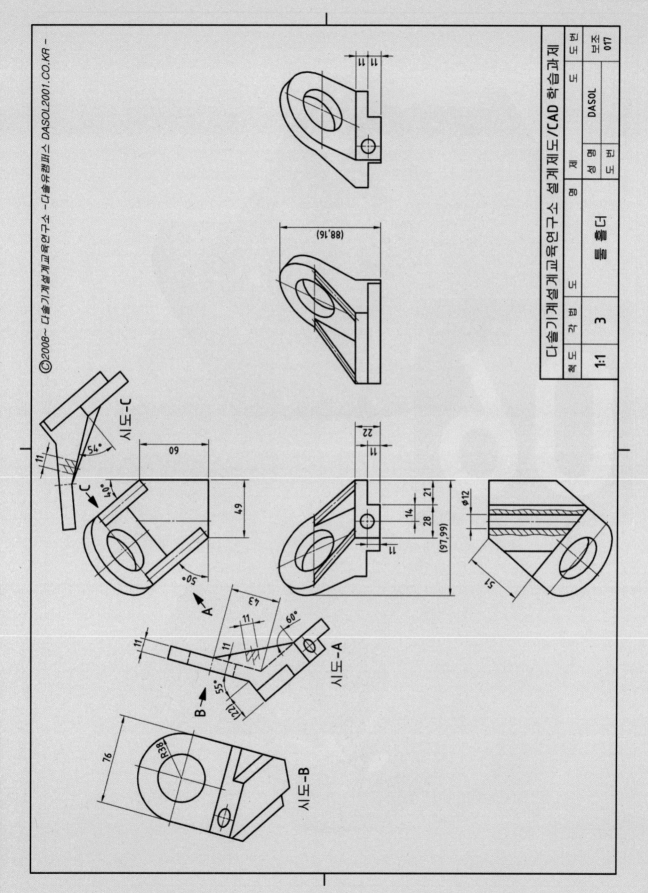

척도	각법	품명		재질		도번	017
1:1	3	롤볼홀더		성명	DASOL	도번	

다솔기계설계교육연구소 설계제도/CAD 학습과제

기 계 인 벤 터 - 3 D / 2 D 실 기 활 용 서

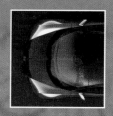

모델링에 의한
과제도면 해석

BRIEF SUMMARY

이 장에서는 일반기계기사/기계설계산업기사/전산응용기계제도기능사 실기시험에서 출제빈도가 높은 과제도면들을 부품 모델링, 각 부품에서 중요한 치수들을 체계적으로 구성해 놓았다.

참고 : 과제도면에 따른 해답도면은 다솔유캠퍼스에서 작도한 참고 모범답안이며 해석하는 사람에 따라 다를 수 있다.

- 기본 투상도법은 3각법을 준수했고, 여러 가지 단면기법을 적용했다.
- 베어링 끼워맞춤공차는 적용 (KS B 2051 : 규격폐지)
- 기타 KS 규격치수를 준수했다.
- 기하공차는 IT5급을 적용했다.
- 표면거칠기 : 산술(중심선), 평균거칠기(Ra), 최대높이(Ry), 10점평균거칠기(Rz) 적용
- 중심거리 허용차 KS B 0420 2급을 적용했다.

01 과제명 해설

과제명	해설
동력전달장치	원동기에서 발생한 동력을 운전하려는 기계의 축에 전달하는 장치
편심왕복장치	원동기에서 발생한 회전운동을 수직왕복 운동으로 바꿔주는 기계장치
펀칭머신(Punching machine)	판금에 펀치로 구멍을 내거나 일정한 모양의 조각을 따내는 기계
치공구(治工具)	어떤 물건을 고정할 때 사용하는 공구를 통틀어 이르는 말
지그(Jig)	기계의 부품을 가공할 때에 그 부품을 일정한 자리에 고정하여 공구가 닿을 위치를 쉽고 정확하게 정하는 데에 쓰는 보조용 기구
클램프(Clamp)	① 공작물을 공작기계의 테이블 위에 고정하는 장치 ② 손으로 다듬을 때에 작은 물건을 고정하는 데 쓰는 바이스
잭(Jack)	기어, 나사, 유압 등을 이용해서 무거운 것을 수직으로 들어올리는 기구
바이스(Vice)	공작물을 절단하거나 구멍을 뚫을 때 공작물을 끼워 고정하는 공구

02 표면처리

표면처리법	해설
알루마이트 처리	알루미늄합금(ALDC)의 표면처리법
파커라이징 처리	강의 표면에 인산염의 피막을 형성시켜 부식을 방지하는 표면처리법

03 도면에 사용된 부품명 해설

부품명(품명)	해설
가이드(안내, Guide)	절삭공구 또는 기타 장치의 위치를 올바르게 안내하는 부속품
가이드부시(Guide bush)	본체와 축 사이에 끼워져 안내 역할을 하는 부시, 드릴지그에서 삽입부시를 안내하는 부시
가이드블록(Guide block)	안내 역할을 하는 사각형 블록
가이드볼트(Guide bolt)	안내 역할을 하는 볼트

부품명(품명)	해설
가이드축(Guide shaft)	안내 역할을 하는 축
가이드핀(Guide pin)	안내 역할을 하는 핀
기어축(Gear shaft)	기어가 가공된 축
고정축(Fixed shaft)	부품 또는 제품을 고정하는 축
고정부시(Fixed bush)	드릴지그에서 본체에 압입하여 드릴을 안내하는 부시
고정라이너(Fixed liner)	드릴지그에서 본체와 삽입부시 사이에 끼워놓은 얇은 끼움쇠
고정대	제품 또는 부품을 고정하는 부분 또는 부품
고정조(오)(Fixed jaw)	바이스 또는 슬라이더에서 제품을 고정하기 위해 움직이지 않고 고정되어 있는 조
게이지축(Gauge shaft)	부품의 위치와 모양을 정확하게 결정하기 위해 설치하는 축
게이지판(Gauge sheet)	부품의 모양이나 치수 측정용으로 사용하기 위해 설치한 정밀한 강판
게이지핀(Gauge pin)	부품의 위치를 정확하게 결정하기 위해 설치하는 핀
드릴부시(Drill bush)	드릴, 리머 등을 공작물에 정확히 안내하기 위해 이용되는 부시
레버(Lever)	지지점을 중심으로 회전하는 힘의 모멘트를 이용하여 부품을 움직이는 데 사용되는 막대
라이너(끼움쇠, Liner)	두 개의 부품 관계를 일정하게 유지하기 위해 끼워놓은 얇은 끼움쇠 베어링 커버와 본체 사이에 끼우는 베어링라이너, 실린더 본체와 피스톤 사이에 끼우는 실린더 라이너 등이 있다.
리드스크류(Lead screw)	나사 붙임축
링크(Link)	운동(회전, 직선)하는 두 개의 구조품을 연결하는 기계부품
롤러(Roller)	원형단면의 전동체로 물체를 지지하거나 운반하는 데 사용한다.
본체(몸체)	구조물의 몸이 되는 부분(부품)
베어링커버(Cover)	내부 부품을 보호하는 덮개
베어링하우징(Bearing housing)	기계부품 및 베어링을 둘러싸고 있는 상자형 프레임
베어링부시(Bearing bush)	원통형의 간단한 베어링 메탈
베이스(Base)	치공구에서 부품을 조립하기 위해 기반이 되는 기본 틀
부시(Bush)	회전운동을 하는 축과 본체 또는 축과 베어링 사이에 끼워넣는 얇은 원통
부시홀더(Bush holder)	드릴지그에서 부시를 지지하는 부품
브래킷(브라켓, Bracket)	벽이나 기둥 등에 돌출하여 축 등을 받칠 목적으로 쓰이는 부품
V-블록(V-block)	금긋기에서 둥근 재료를 지지하여 그 중심을 구할 때 사용하는 V자형 블록
서포터(Support)	지지대, 버팀대
서포터부시(Support bush)	지지 목적으로 사용되는 부시
삽입부시(Spigot bush)	드릴지그에 부착되어 있는 가이드부시(고정라이너)에 삽입하여 드릴을 지지하는 데 사용하는 부시
실린더(Cylinder)	유체를 밀폐한 속이 빈 원통 모양의 용기. 증기기관, 내연기관, 공기 압축기관, 펌프 등 왕복 기관의 주요부품

부품명(품명)	해설
실린더 헤드(Cylinder head)	실린더의 윗부분에 씌우는 덮개. 압축가스가 새는 것을 막기 위하여 실린더 블록과의 사이에 개스킷(gasket) 또는 오링(O-ring)을 끼워 볼트로 고정한다.
슬라이드, 슬라이더(Slide, Slider)	홈, 평면, 원통, 봉 등의 구조품 표면을 따라 끊임없이 접촉 운동하는 부품
슬리브(Sleeve)	축 등의 외부에 끼워 사용하는 길쭉한 원통 부품. 축이음 목적으로 사용되기도 한다.
새들(Saddle)	① 선반에서 테이블, 절삭 공구대, 이송 장치, 베드 등의 사이에 위치하면서 안내면을 따라서 이동하는 역할을 하는 부분 또는 부품 ② 치공구에서 가공품이 안내면을 따라 이동하는 역할을 하는 부분 또는 부품
섹터기어(Sector gear)	톱니바퀴 원주의 일부를 사용한 부채꼴 모양의 기어. 간헐 기구(間敬機構) 등에 이용된다.
센터(Center)	주로 선반에서 공작물 지지용으로 상용되는 끝이 원뿔형인 강편
이음쇠	부품을 서로 연결하거나 접속할 때 이용되는 부속품
이동조(오)	바이스 또는 슬라이더에서 제품을 고정하기 위해 움직이는 조
어댑터(Adapter)	어떤 장치나 부품을 다른 것에 연결시키기 위해 사용되는 중계 부품
조(오)(Jaw)	물건(제품) 등을 끼워서 집는 부분
조정축	기계장치나 치공구에서 사용되는 조정용 축
조정너트	기계장치나 치공구에서 사용되는 조정용 너트
조임너트	기계장치나 치공구에서 사용되는 조임과 풀림을 반복하는 너트
중공축	속이 빈 봉이나 관으로 만들어진 축. 안에 다른 축을 설치할 수 있다.
커버(Cover)	덮개, 씌우개
칼라(Collar)	간격 유지 목적으로 주로 축이나 관 등에 끼워지는 원통모양의 고리
콜릿(Collet)	드릴이나 엔드밀을 끼워넣고 고정시키는 공구
크랭크판(Crank board)	회전운동을 왕복운동으로 바꾸는 기능을 하는 판
캠(Cam)	회전운동을 다른 형태의 왕복운동이나 요동운동으로 변환하기 위해 평면 또는 입체적으로 모양을 내거나 홈을 파낸 기계부품
편심축(Eccentric shaft)	회전운동을 수직운동으로 변환하는 기능을 가지는 축
피니언(Pinion)	① 맞물리는 크고 작은 두 개의 기어 중에서 작은 쪽 기어 ② 래크(rack)와 맞물리는 기어
피스톤(Piston)	실린더 내에서 기밀을 유지하면서 왕복운동을 하는 원통
피스톤로드(Piston rod)	피스톤에 고정되어 피스톤의 운동을 실린더 밖으로 전달하는 작용을 하는 축 또는 봉
핑거(Finger)	에어척에서 부품을 직접 쥐는 손가락 모양의 부품
펀치(Punch)	판금에 구멍을 뚫기 위해 공구강으로 만든 막대모양의 공구
펀칭다이(Punching die)	펀치로 구멍을 뚫을 때 사용되는 안내 틀
플랜지(Flange)	축 이음이나 관 이음 목적으로 사용되는 부품
하우징(Housing)	기계부품을 둘러싸고 있는 상자형 프레임
홀더(지지대, Holder)	절삭공구류, 게이지류, 기타 부속품 등을 지지하는 부분 또는 부품

MEMO

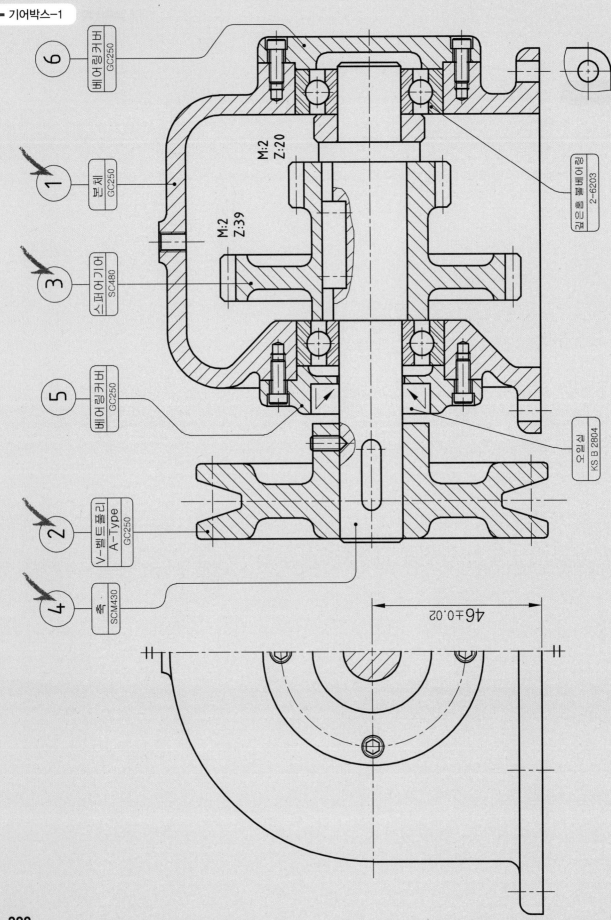

⑥ 베어링커버 GC250

① 본체 GC250

③ 스퍼어기어 SC480

⑤ 베어링커버 GC250

② V-벨트풀리 A-Type GC250

④ 축 SCM430

M:2 Z:20

M:2 Z:39

깊은홈볼베어링 2-6203

오일실 KS B 2804

46±0.02

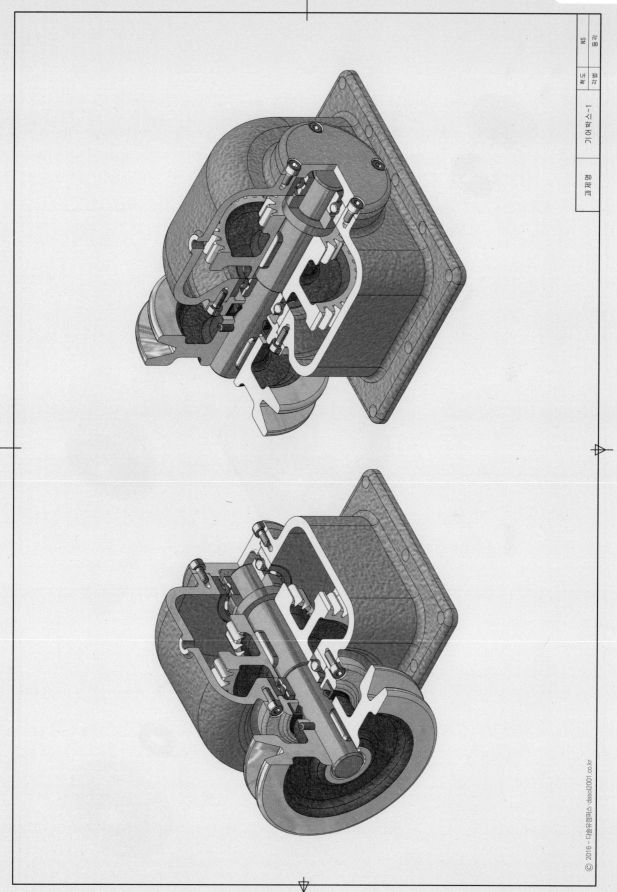

ⓒ 2016 - 다솔유캠퍼스 - dasol2001.co.kr

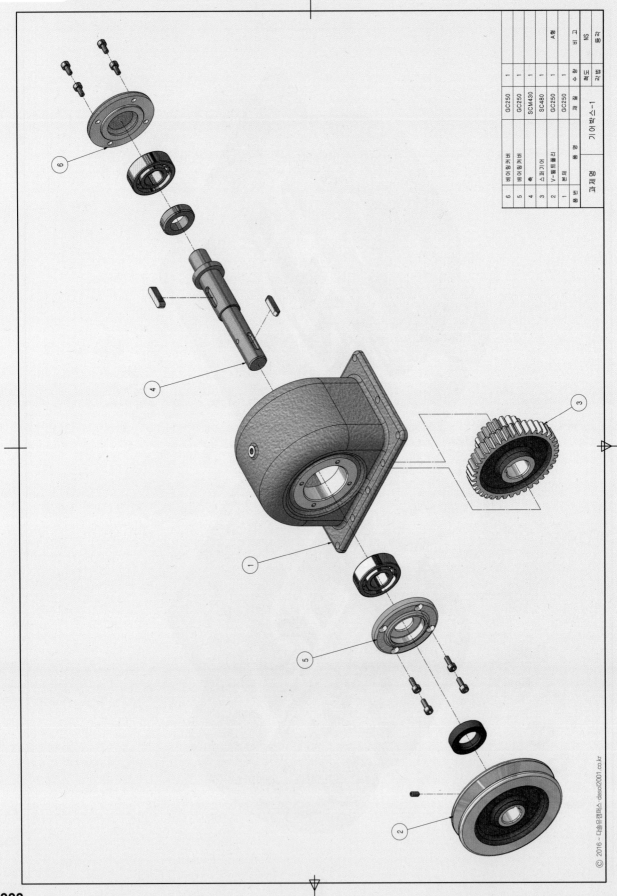

품번	품명	재질	수량	비고
6	베어링커버	GC250	1	
5	베어링커버	GC250	1	
4	축	SCM430	1	
3	스퍼기어	SC480	1	
2	V-벨트풀리	GC250	1	A형
1	본체	GC250	1	

기어박스-1

정척판

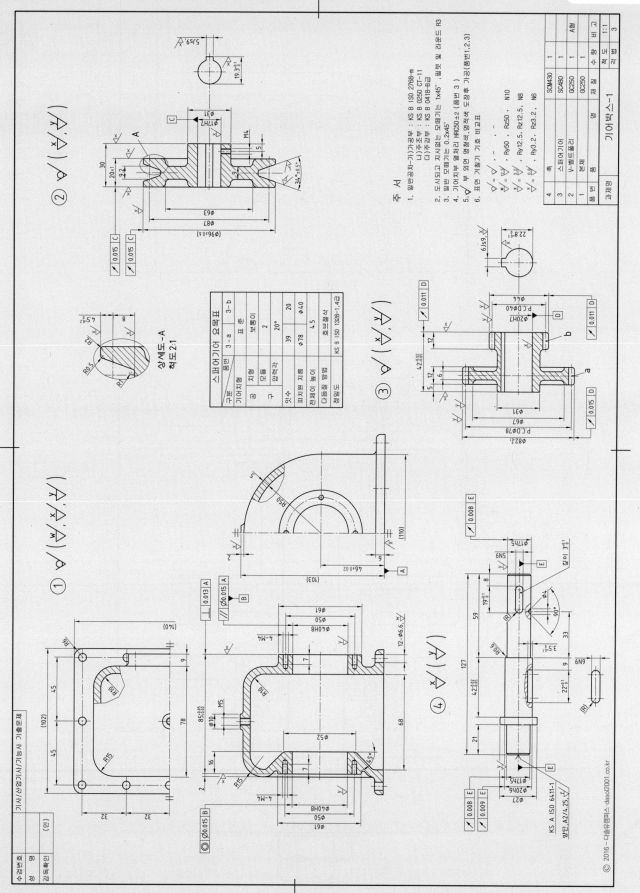

주 서

1. 일반공차-가)가공부 : KS B ISO 2768-m
   나)주조부 : KS B 0250 CT-11
   다)주강부 : KS B 0418-B급
2. 도시되고 지시없는 모떼기는 1×45°, 필렛 및 라운드는 R3
3. 일반 모떼기는 0.2×45°
4. 기어치부 열처리 HRC50±2 (품번 3)
5. 축 부 외면 명령색, 명적색 도장후 가공(품번1,2,3)
6. 표면 거칠기 기호 비교표

스퍼어기어 요목표		
품번	3-a	3-b
기어치형	표준	
공구	치형	보통이
	모듈	2
	압력각	20°
잇수	39	20
피치원 지름	⌀78	⌀40
전체이 높이	4.5	
다듬질방법	호브절삭	
정밀도	KS B ISO 1328-1,4급	

상세도-A
척도 2:1

재 질		
4	스퍼어기어	SCM430	1
3	스퍼어기어	SC480	1
2	V-벨트풀리	GC250	1
1	본체	GC250	1
품번	품명	재질	수량

기어박스-1

척도	1:1
각법	3
A형	

과제명 기어박스-1

KS A ISO 6411-1

성딘 A2/4,25,

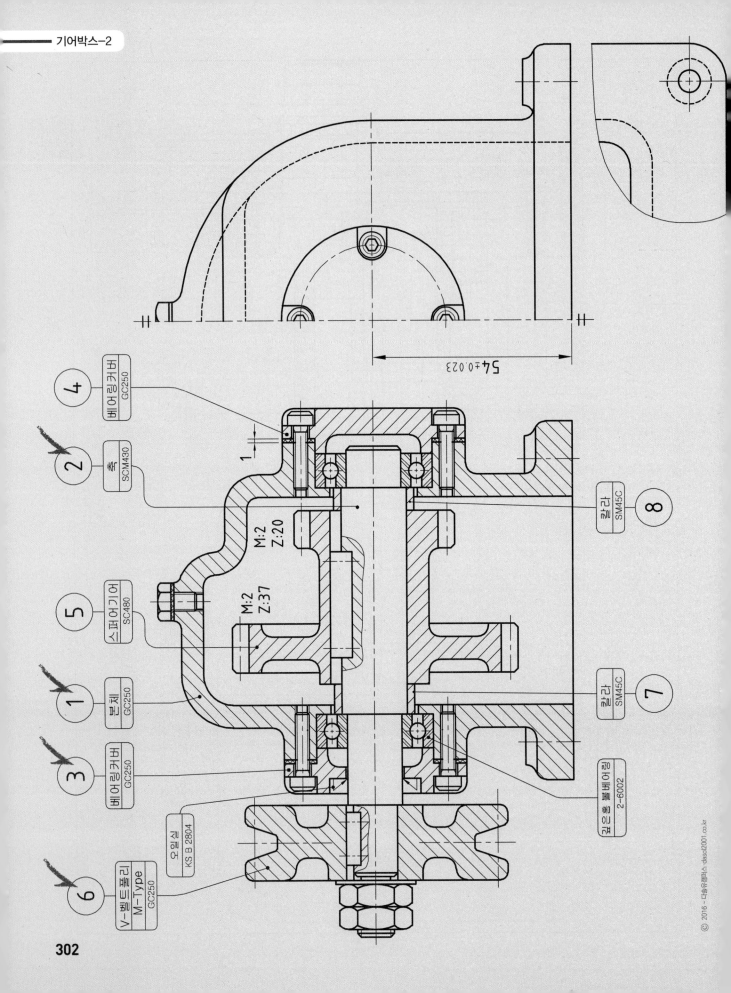

54±0.023

④ 베어링커버 GC250

② 축 SCM430

⑧ 링기 SM45C

⑤ 스퍼어기어 SC480

① 본체 GC250

⑦ 링기 SM45C

③ 베어링커버 GC250

오일실 KS B 2804

볼베어링 2-6002

⑥ V-벨트풀리 M-Type GC250

M:2 Z:20

M:2 Z:37

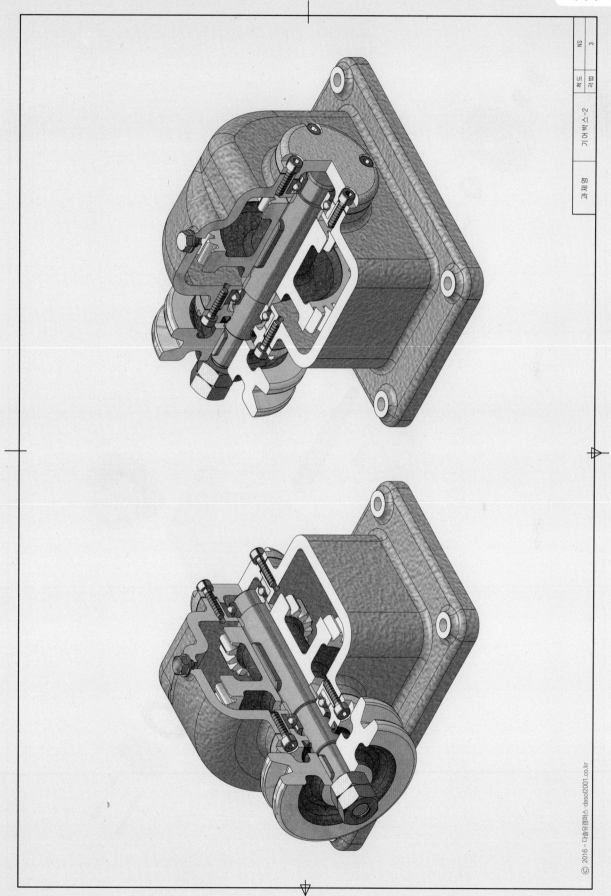

NS 3

도척 각법

기어박스-2

척도

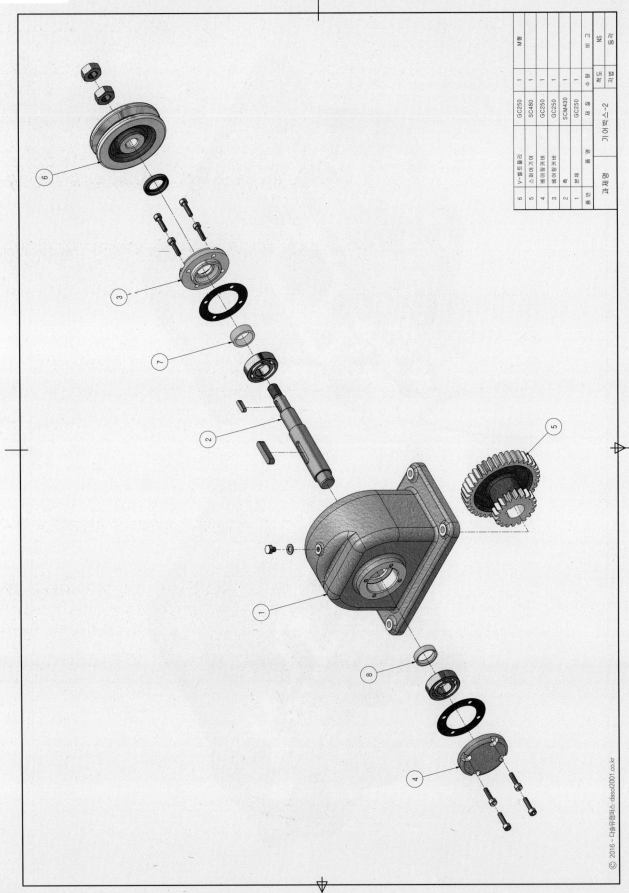

NS	품 명	기어박스-2
도 번		
M형	척 도	각법	정	과제명

품번	품 명	재 질	수 량	비 고
6	V-벨트풀리	GC250	1	
5	스퍼기어	SC480	1	
4	베어링커버	GC250	1	
3	베어링커버	GC250	1	
2	축	SCM430	1	
1	본체	GC250	1	

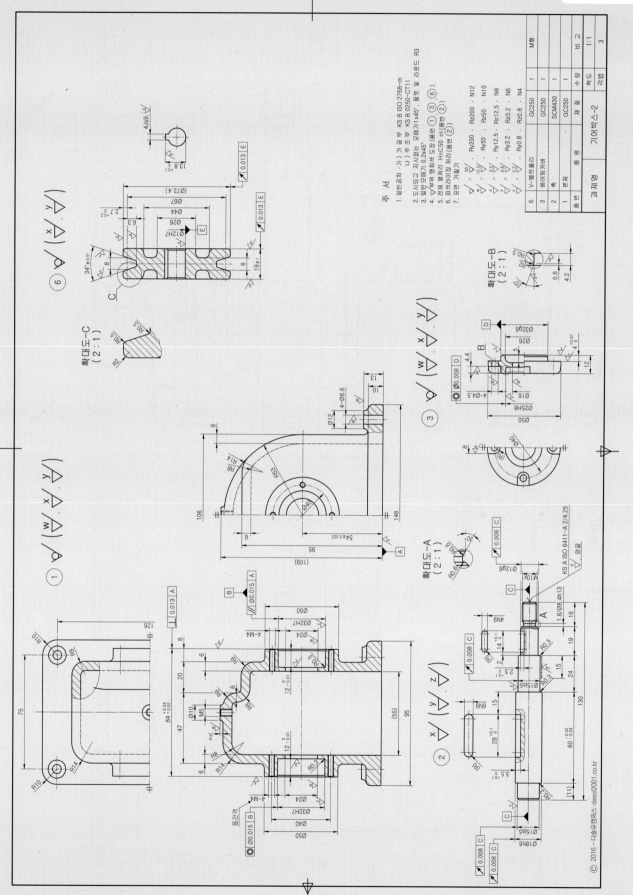

주 서
1. 일반공차 - 가) 가 공 부 KS B ISO 2768-m
          나) 주 조 부 KS B 0250-CT11
2. 도시되고 지시없는 모떼기 0.2x45°, 필렛 및 라운드 R3
3. 일반모떼기 0.2x45°
4. ▽부위 열처리 도장(품번 ① ③ ⑥)
5. 전체 열처리 HRC50 ±5(품번 ②)
6. 파카라이징 처리(품번 ②)
7. 표면 거칠기

품번	품 명	재 질	수 량	도 번	비 고
6	V-벨트풀리	GC250	1		1:1
3	베어링커버	GC250	1		
2	축	SCM430	1		
1	본체	GC250	1		
	기어박스-2				3
품번	품 명	재 질	수 량	도 번	비 고

과제명   기어박스-2

확대도-C
(2 : 1)

확대도-A
(2 : 1)

확대도-B
(2 : 1)

© 2016 - 다솔유캠퍼스 dasol2001.co.kr

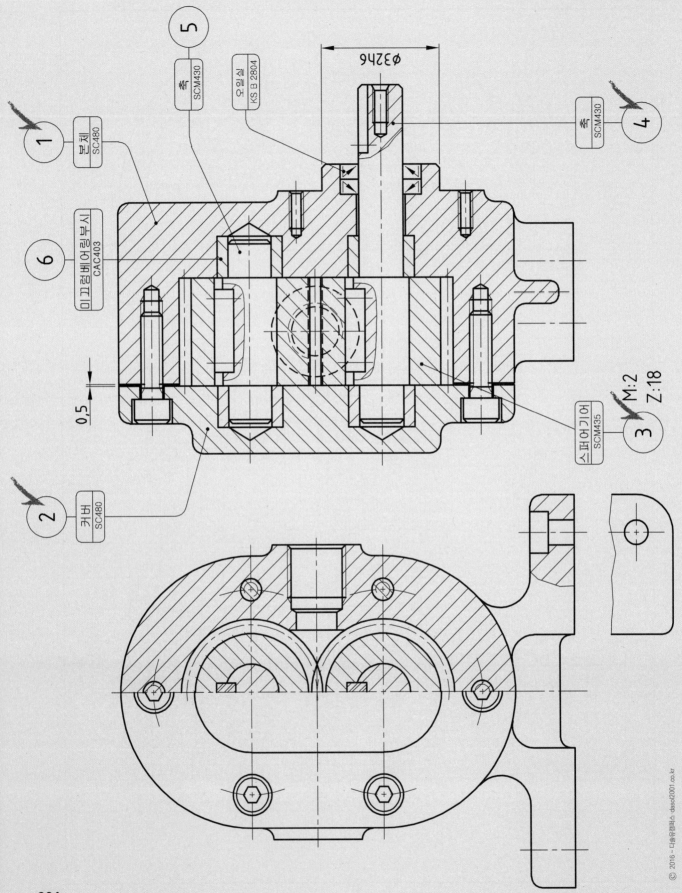

1 본체 SC480

2 커버 SC480

3 스퍼어기어 SCM435 M:2 Z:18

4 축 SCM430

5 축 SCM430

6 미끄럼베어링부시 CAC403

오일실 KS B 2804

$\phi32h6$

0.5

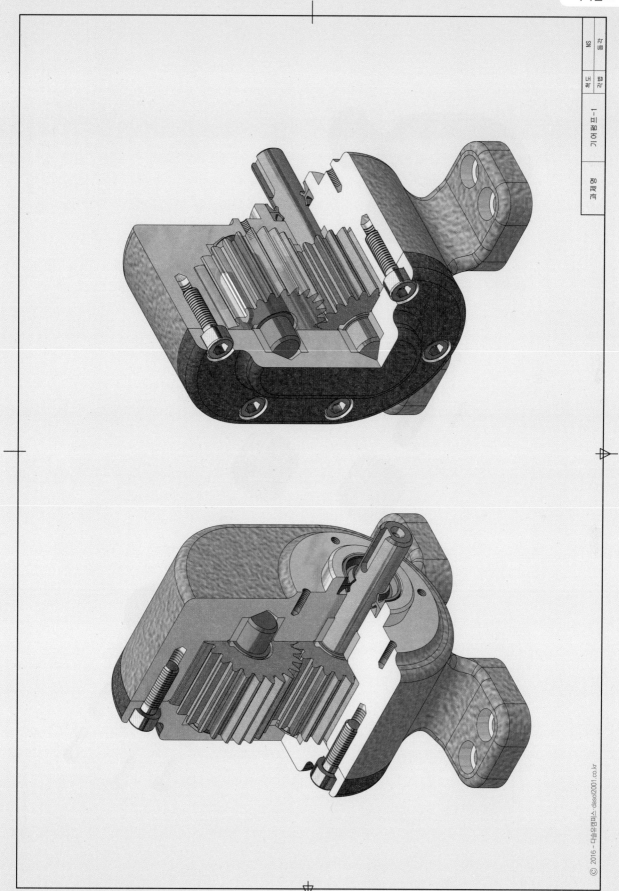

기어펌프-1

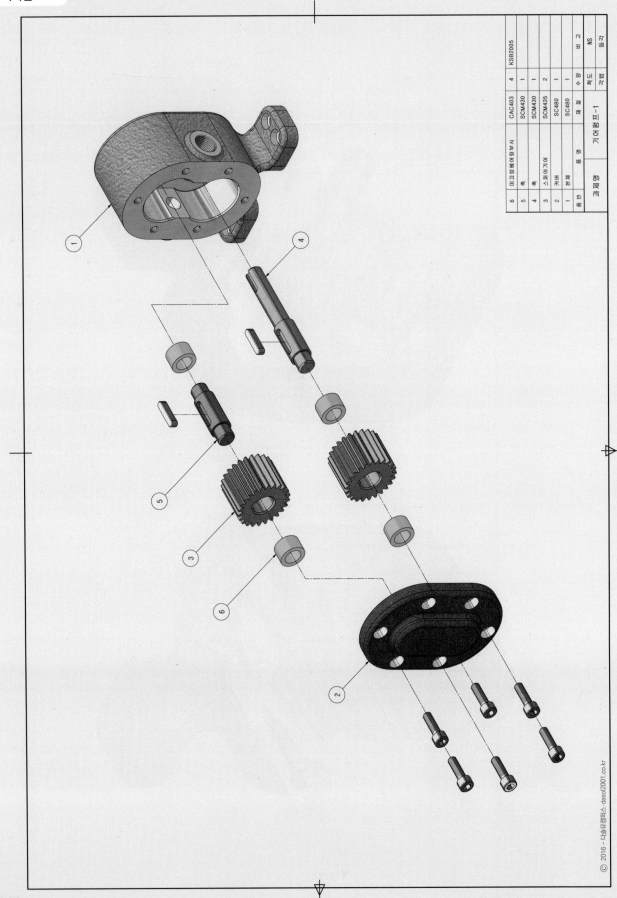

품번	품 명	재 질	수 량	비 고
6	미끄럼베어링부시	CAC403	4	KSB2005
5	축	SCM430	1	
4	스퍼어기어	SCM430	1	
3	스퍼어기어	SCM435	2	
2	커버	SC480	1	
1	본체	SC480	1	

과제명	기어펌프-1	척 도	NS
		각 법	3각법

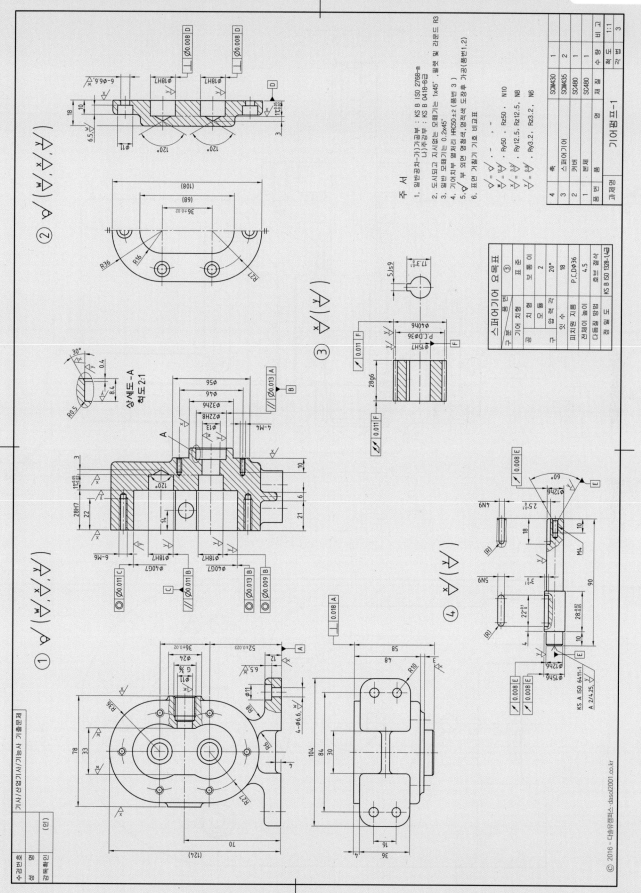

주 서

1. 일반공차-가)가공부 : KS B ISO 2768-m
   나)주강부 : KS B 0418-B급
2. 도시되고 지시없는 모떼기는 1x45°, 필렛 및 라운드 R3
3. 일반 모떼기는 0.2x45°
4. 기어치부 열처리 HRC50±2 (품번 3)
5. ✓부 외면 명청색, 명적색 도장후 가공(품번1,2)
6. 표면 거칠기 기호 비교표

스퍼기어 요목표

스퍼기어		
구분	품번	①
기어 치형	표준	
공구	치형	보통이
	모듈	2
	압력각	20°
잇 수		18
피치원 지름		P.C.Dϕ36
전체이 높이		4.5
다듬질방법		호브 절삭
정밀도		KS B ISO 1328-1급

4	축	SCM430	1
3	스퍼기어	SCM435	2
2	커버	SC480	1
1	본체	SC480	1
품번	품명	재질	수량

기어펌프-1

과제명		
척 도	1:1	
각 법	3	

① ✓ (✓, ✗, ✗, ✗)

② ✓ (✗, ✗, ✗)

③ ✗ (✗)

④ ✗ (✗)

상세도-A
척도 2:1

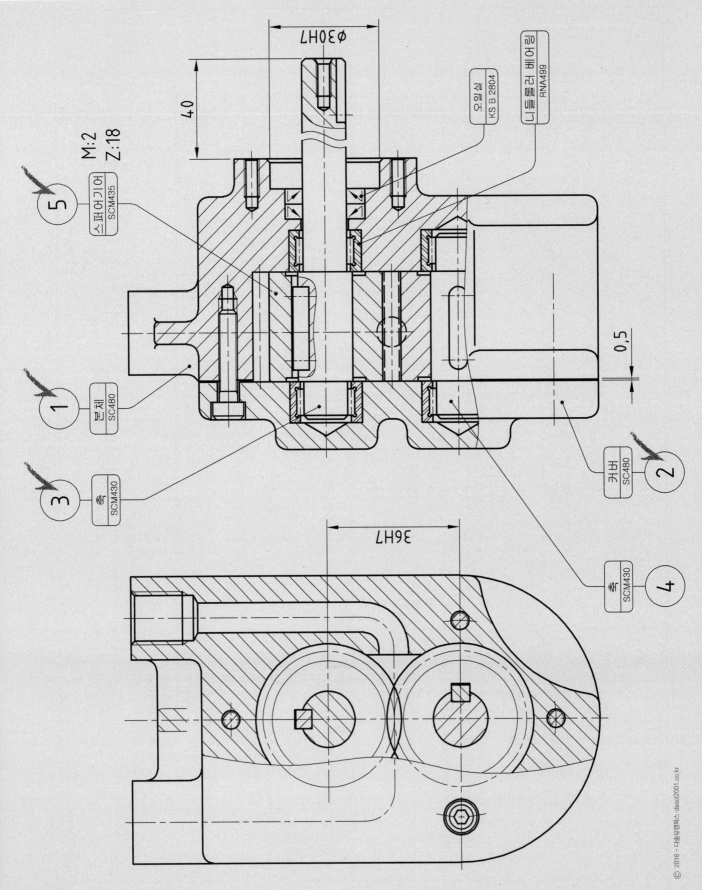

M:2
Z:18

⑤ 스퍼어기어 SCM435

φ30H7

40

오일실 KS B 2804

니들롤러베어링 RNA499

0,5

① 본체 SC480

③ 축 SCM430

② 커버 SC480

36H7

④ 축 SCM430

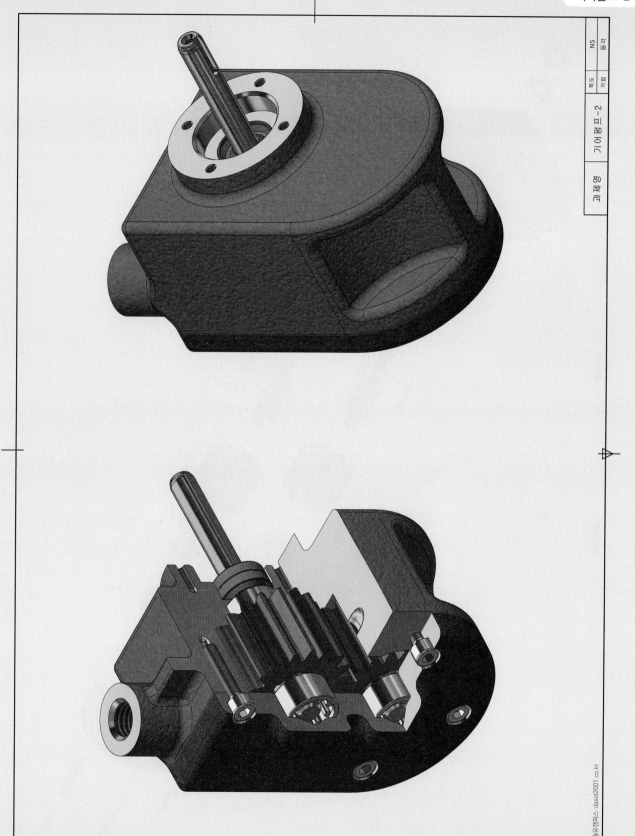

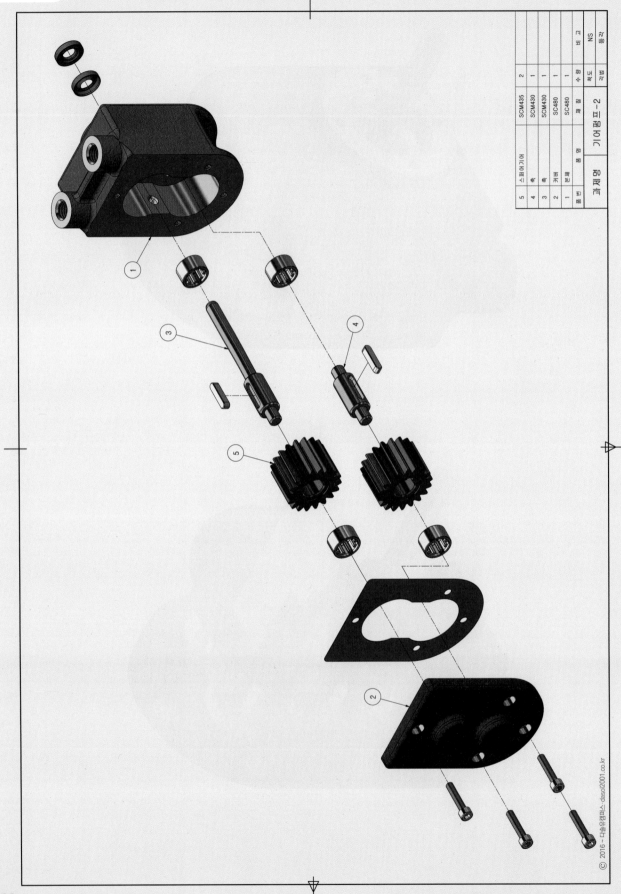

품번	품 명	재 질	수 량	척 도	비 고
5	스퍼어기어	SCM435	2	각 개	
4	축	SCM430	1		
3	축	SCM430	1		
2	커버	SC480	1		
1	본체	SC480	1		NS

과제명	기어펌프-2	동 작

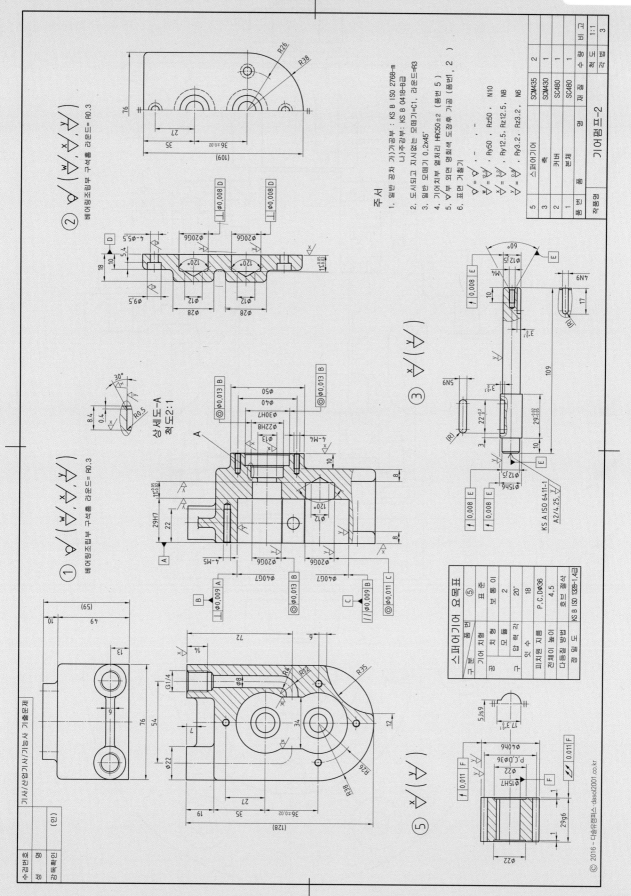

주서
1. 일반 공차 가가공부 : KS B ISO 2768-m
   나)주강부 : KS B 0418-B급
2. 도시되고 지시없는 모떼기는C1, 라운드는R3
3. 일반 모떼기 0.2x45°
4. 기어자부 열처리 HRC50±2 (품번 5)
5. √부 외면 영화석 도장후 가공 (품번, 2)
6. 표면 거칠기

상세도-A
척도2:1

① ⎷(W,⎷x,⎷y)⎷z
베어링조립부 구석홈 라운드= R0.3

② ⎷(⎷x,⎷w,⎷y)⎷z
베어링조립부 구석홈 라운드= R0.3

③ ⎷(⎷x)⎷y

⑤ ⎷(⎷x)⎷y

KS A ISO 6411-1
A2/4.25

스퍼기어 요목표 ⑤		
구분 품번		표준
기어 치형	치형	표준
	모듈	2
	압력각	20°
	잇수	18
	피치원 지름	P.C.D⌀36
	전체이 높이	4.5
	다듬질 방법	호브 절삭
	정밀도	KS B ISO 1328-1,4급

품번	품명	재질	수량	비고
5	스퍼어기어	SCM435	2	
3	축	SCM430	1	
2	커버	SC480	1	
1	본체	SC480	1	

작품명	기어펌프-2
척 도	1:1
각 법	3

	기사/산업기사/기능사 기출문제
수검번호	
성 명	(인)
감독확인	

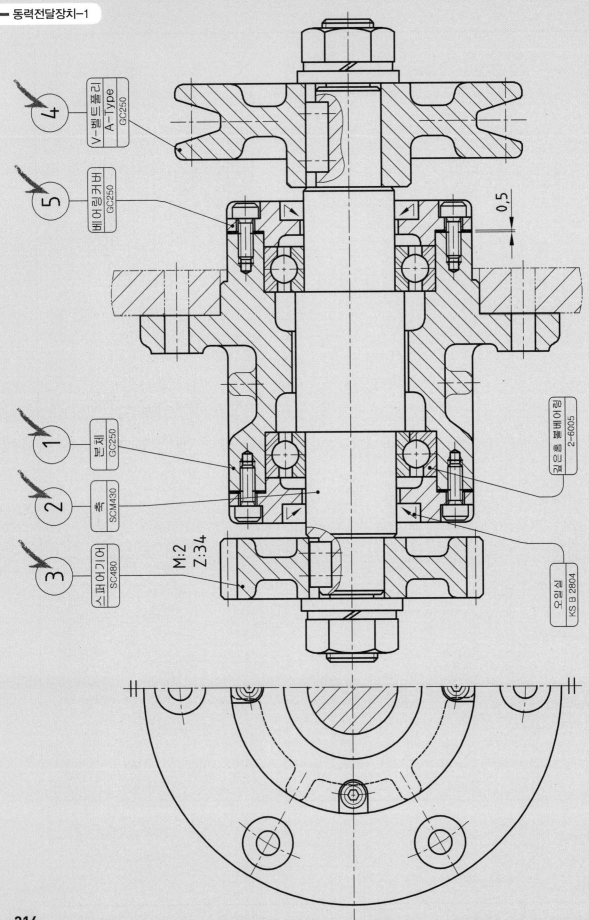

④ V-벨트풀리 A-Type GC250

⑤ 베어링커버 GC250

① 본체 GC250

② 축 SCM430

③ 스퍼기어 SC480 M:2 Z:34

깊은홈볼베어링 2-6005

오일실 KS B 2804

0,5

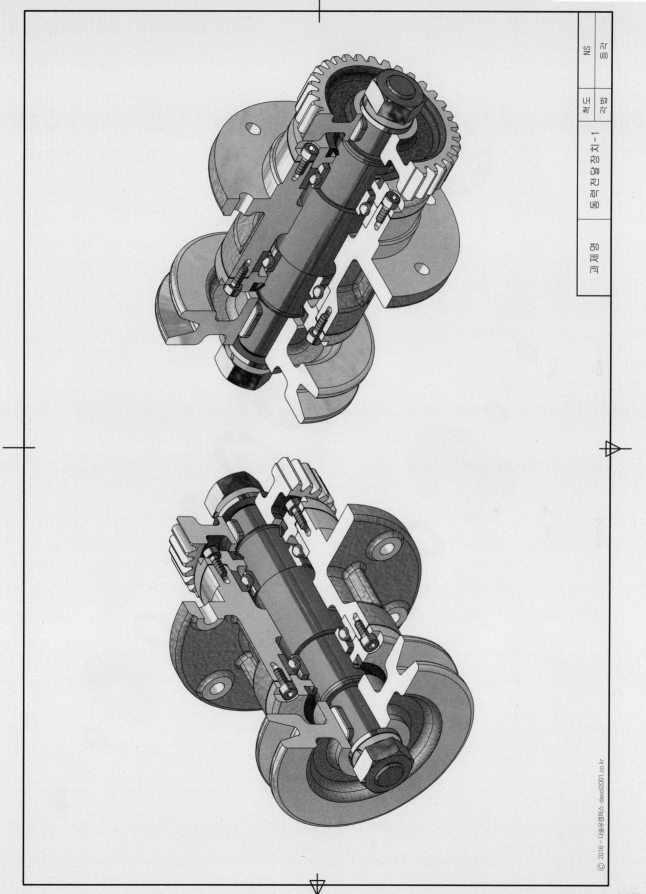

동력전달장치-1

NS

과제명

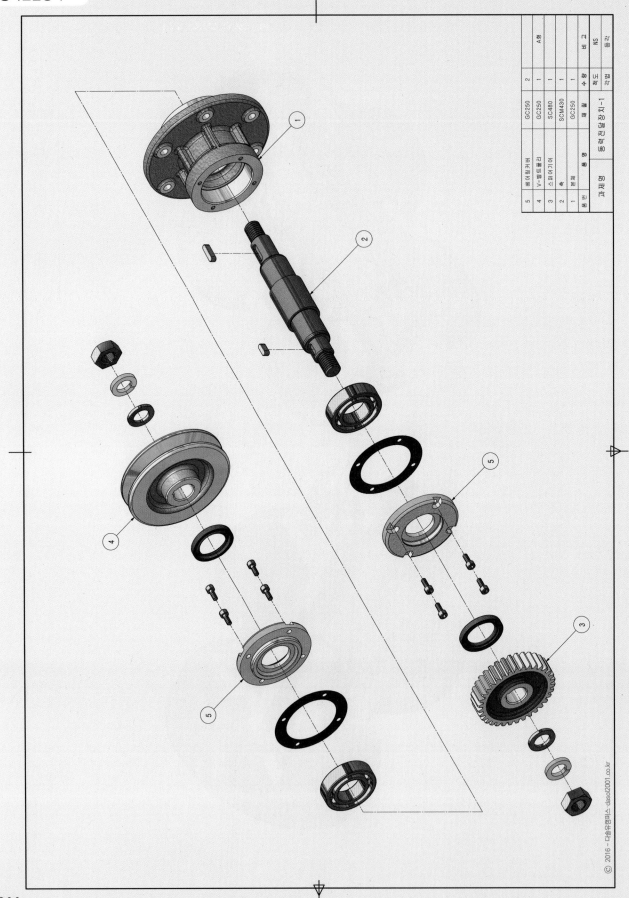

품번	품 명	재 질	수량	비 고
5	베어링커버	GC250	2	A형
4	V-벨트풀리	GC250	1	
3	스퍼어기어	SC480	1	
2	축	SCM430	1	
1	본체	GC250	1	
품번	품 명	재 질	수량	비 고

척도	NS
각법	동 력 전 달 장 치 -1
과제명	동일

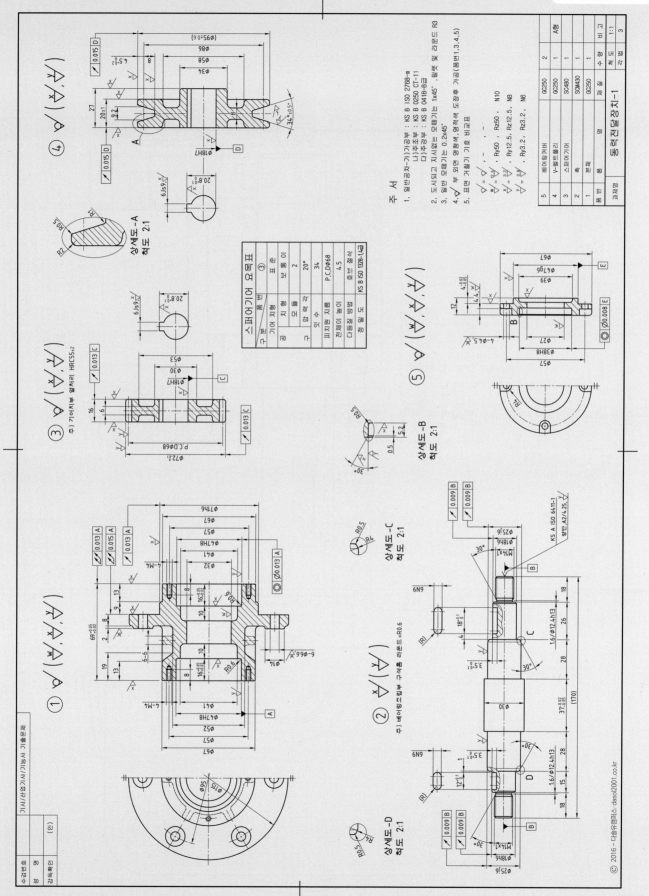

스퍼어기어 요목표 ③

구분	품번	표준
기어 치형		보통 이
	치형	
	모듈	2
공구	압력각	20°
	잇수	34
피치원 지름		P.C.D68
전체 이 높이		4.5
다듬질방법		호브 절삭
정밀도		KS B ISO 1328-1,4급

주 서

1. 일반공차 -가)가공부 : KS B ISO 2768-㎡
　　　　　　　나)주조부 : KS B 0250 CT-11
　　　　　　　다)주강부 : KS B 0418-B급
2. 도시되고 지시없는 모떼기는 1x45°, 필렛 및 라운드 R3
3. 일반 모떼기는 0.2x45°
4. 부 외면 명청색, 영역색 도장후 가공(품번1,3,4,5)
5. 표면 거칠기 기호 비교표

$\forall = \sqrt[\text{w}]{}$, Ry50, Rz50, N10
$\forall = \sqrt[\text{x}]{}$, Ry12.5, Rz12.5, N8
$\forall = \sqrt[\text{y}]{}$, Ry3.2, Rz3.2, N6

5	베어링엔드커버			GC250	2	A형
4	V-벨트풀리			GC250	1	
3	스퍼어기어			SC480	1	
2	축			SCM430	1	
1	본체			GC250	1	
품번	품명			재질	수량	비고

| | 동력전달장치-1 | 척 도 | 1:1 |
| 과제명 | | 각 도 | 3 |

상세도-A 척도 2:1
R0.5
R2
R3

상세도-B 척도 2:1
R0.5
5.2
30°
0.5

상세도-C 척도 2:1
R1
R4

상세도-D 척도 2:1
R0.5
R4

주) 기어치부 열처리 HRC55±2

주) 베어링조립부 널링은 라운드=R0.6

KS B ISO 2768-㎡

KS A ISO 64:11-1

KS A 2/4.25

© 2016 - 다솔유캠퍼스 - dasol2001.co.kr

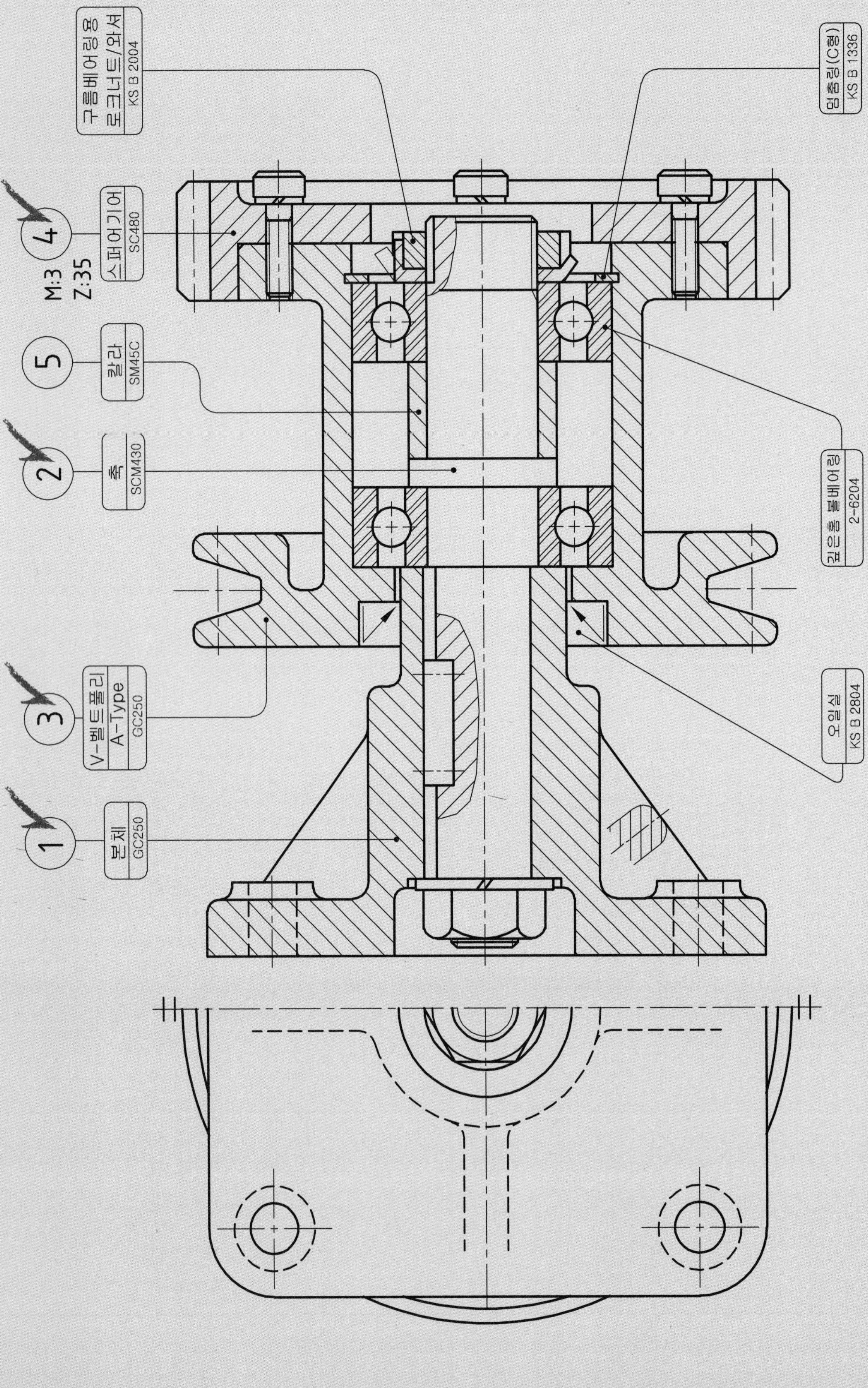

구름베어링용
로크너트/와서
KS B 2004

멈춤링(C형)
KS B 1336

M:3
Z:35
4
스퍼어기어
SC480

5
칼라
SM45C

2
축
SCM430

깊은홈볼베어링
2-6204

3
V-벨트풀리
A-Type
GC250

오일실
KS B 2804

1
본체
GC250

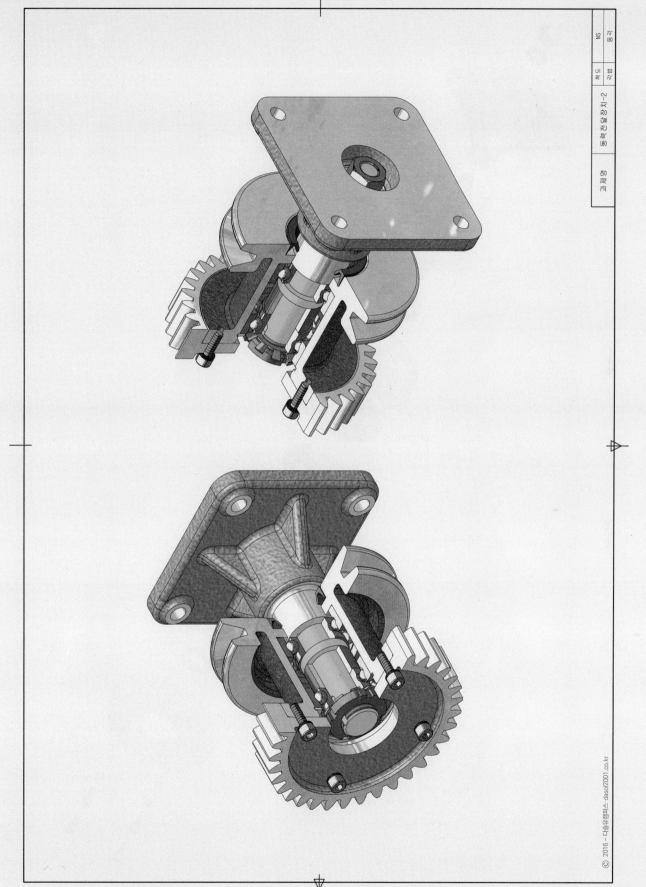

NS 명 칭

척 척 도
도 법

동력전달장치-2

재 질

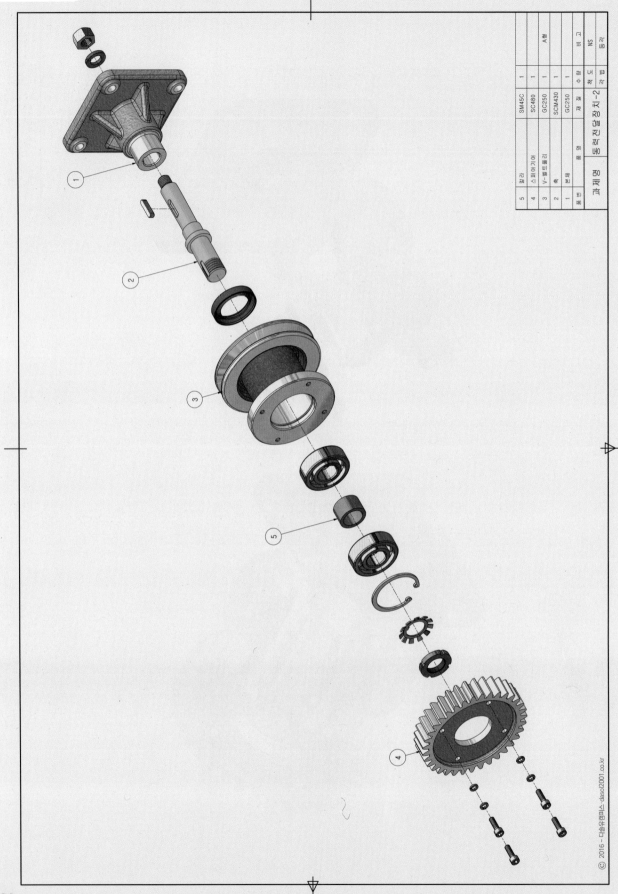

5	롤러	SM45C	1	
4	스퍼어기어	SC480	1	A형
3	V-벨트풀리	GC250	1	
2	축	SCM430	1	
1	본체	GC250	1	
품번	품명	재질	수량	비고

과제명	동력전달장치-2	척 도	NS
		각 도	3각법

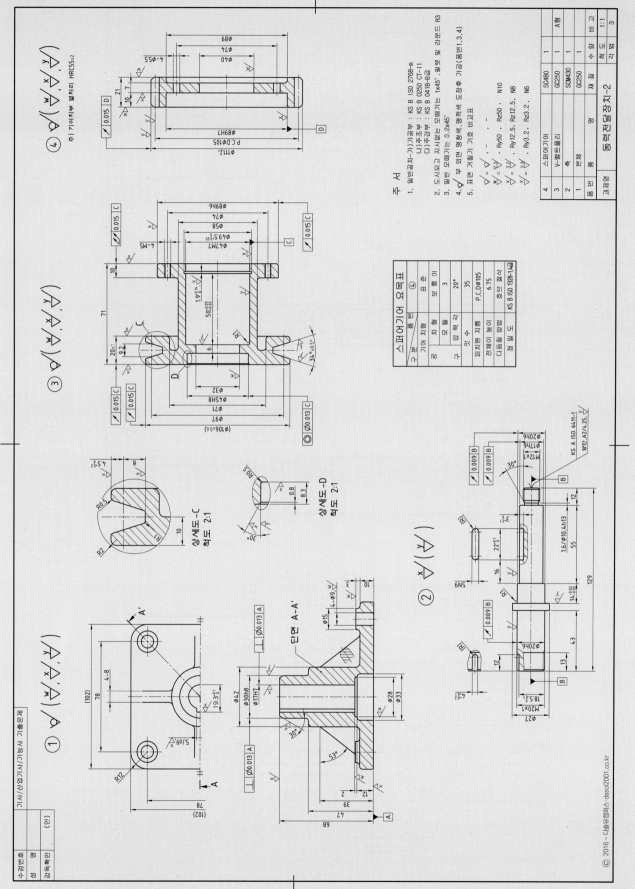

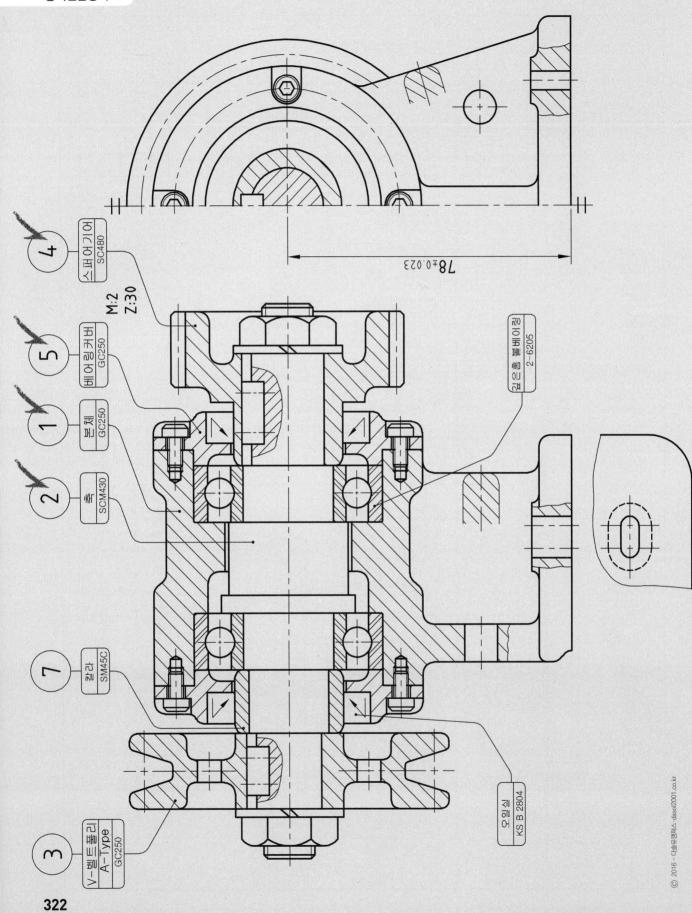

(4) 스퍼어기어 SC480

(5) 베어링커버 GC250

(1) 본체 GC250

(2) 축 SCM430

M:2
Z:30

깊은홈볼베어링
2-6205

(7) 칼라 SM45C

V-벨트풀리
A-Type
GC250

(3)

오일실
KS B 2804

78 ±0.023

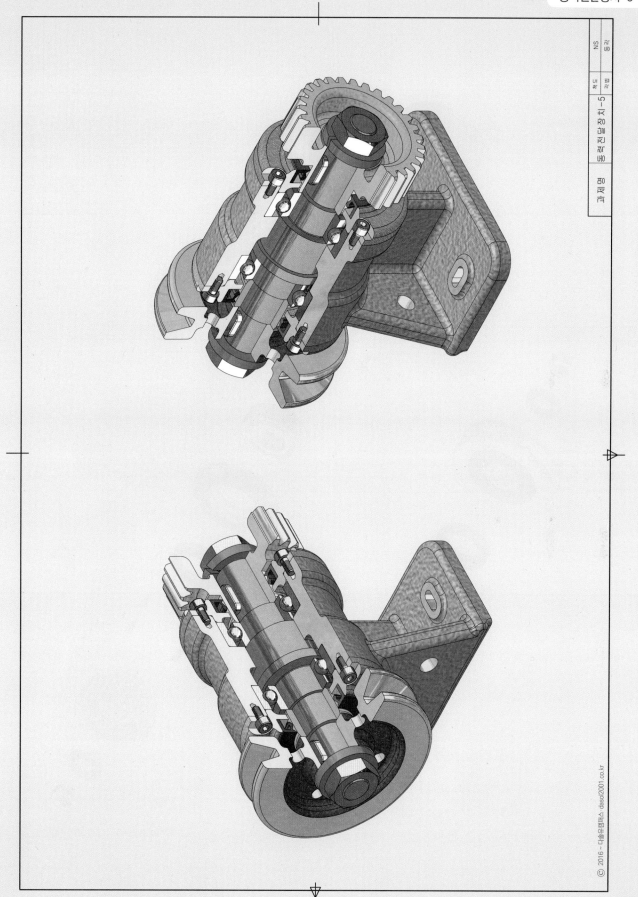

과제명 동력전달장치-5 척도 각법 NS 동간 제품

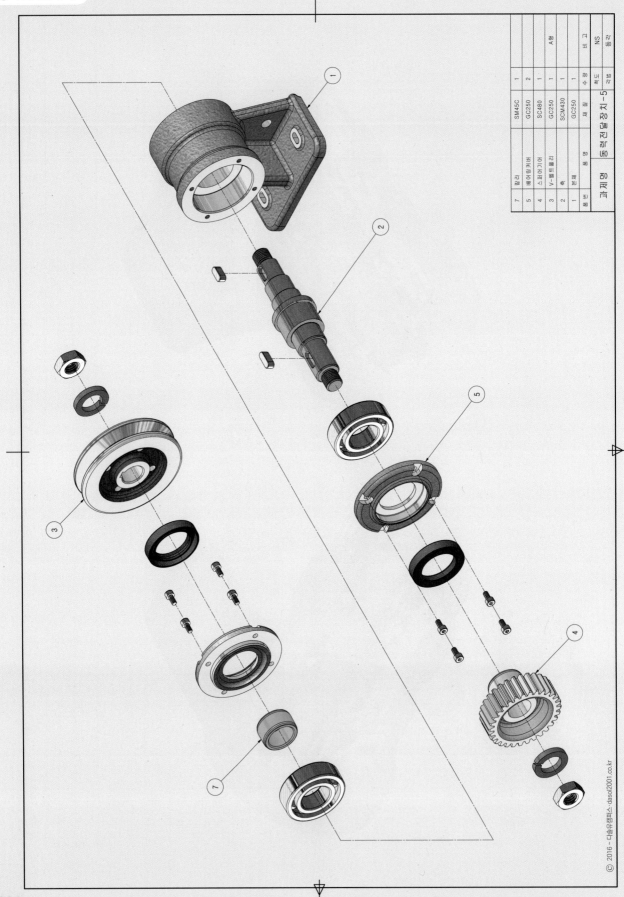

7	칼라	SM45C	1	
5	베어링커버	GC250	2	
4	스퍼어기어	SC480	1	A형
3	V-벨트풀리	GC250	1	
2	축	SCM430	1	
1	본체	GC250	1	
품번	품명	재질	수량	비고
과제명	동력전달장치-5		척도	NS
			각법	3각법

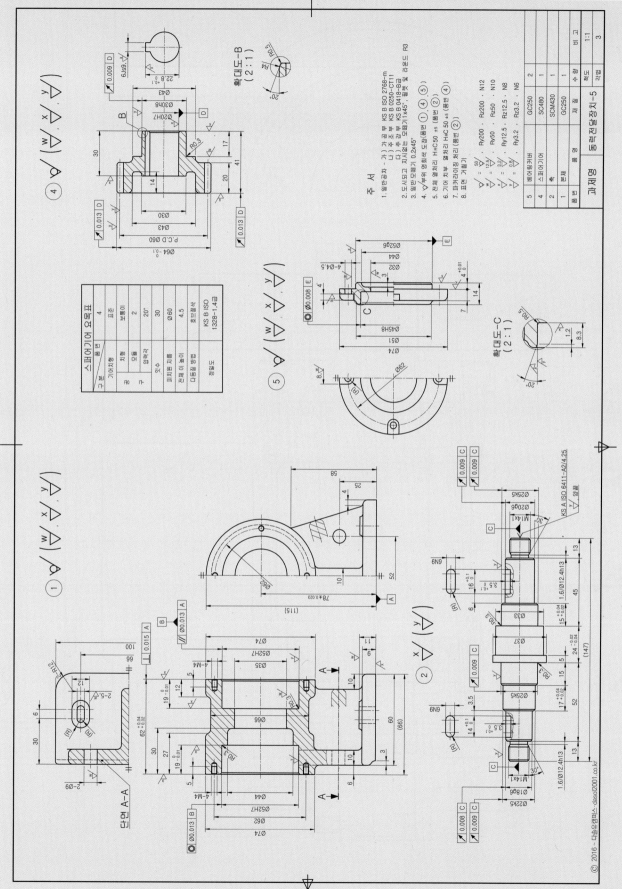

주 서

1. 일반공차 - 가) 가공부 KS B ISO 2768-m
            나) 주조부 KS B 0250-CT11
            다) 주강 주물부 KS B 0418-B급
2. 도시되고 지시없는 모떼기가 1×45°, 필렛 및 라운드 R3
3. 일반 모떼기 0.2×45°
4. ▽부위 열처리 도금(품번 ① , ④ , ⑤)
5. 전체 열처리 HℓC50 ±5 (품번 ②)
6. 기어 치부 열처리 HℓC50 ±5 (품번 ④)
7. 파커라이징 처리 (품번 ②)
8. 표면 거칠기

| 확대도-B (2:1) |
| 확대도-C (2:1) |

스퍼어기어 요목표

구분	기어치형		4
	치형		표준
공구	모듈		2
	압력각		20°
	잇수		30
	피치원 지름		Ø60
	전체 이높이		4.5
	다듬질 방법		호브 절삭
	정밀도		KS B ISO 1328-1, 4급

단면 A-A

동력전달장치-5

5	베어링커버		GC250	2
4	스퍼어기어		SC480	1
2	축		SCM430	1
1	본체		GC250	1
품번	품명		재질	수량

| 척도 | 1:1 |
| 도번 | 3 |

과제명 동력전달장치-5

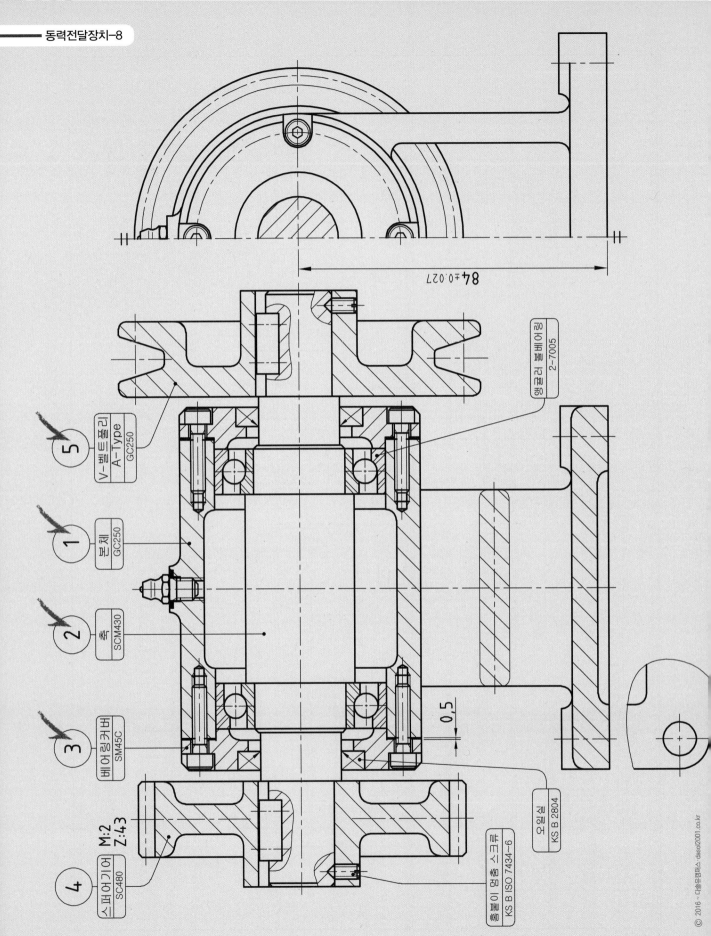

84±0.027

2-7005
앵귤러 볼베어링

V-벨트풀리
A-Type
GC250
⑤

본체
GC250
①

축
SCM430
②

베어링커버
SM45C
③

0.5

오일실
KS B 2804

스퍼기어
SC480
④

M:2
Z:43

KS B ISO 7434~6
홈붙이 멈춤 스크류

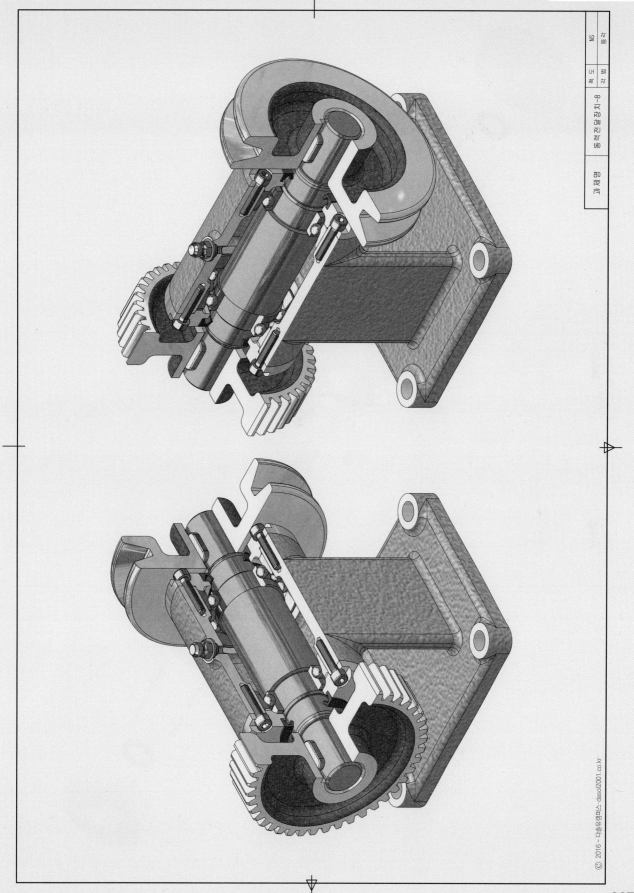

NS

동력전달장치-8

부품도

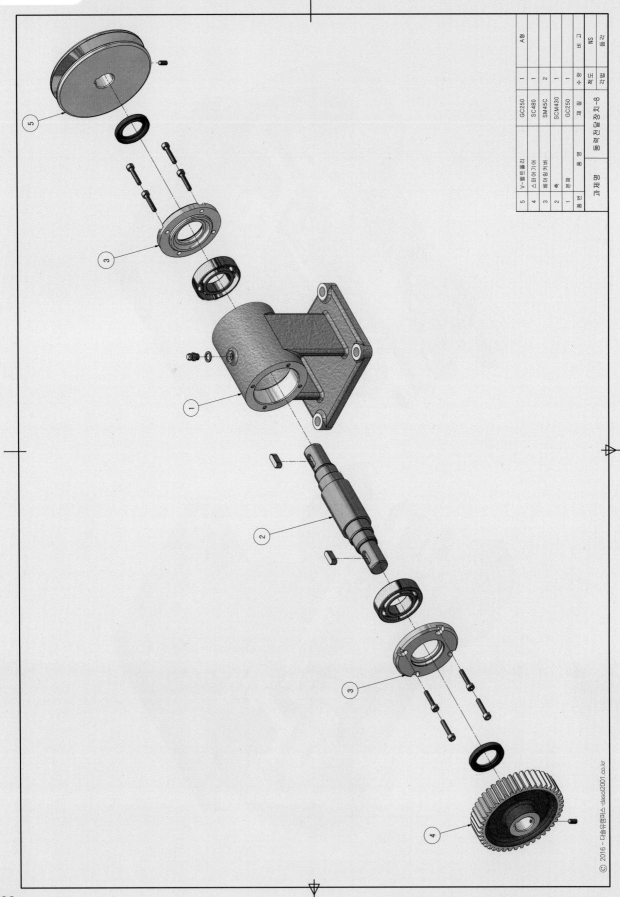

품 번	품 명	재 질	수 량	비 고
5	V-벨트풀리	GC250	1	A형
4	스퍼기어	SC480	1	
3	베어링커버	SM45C	2	
2	축	SCM430	1	
1	본 체	GC250	1	
품번	품 명	재 질	수량	비 고

동력전달장치-8 척 도 NS
각 법 3각법

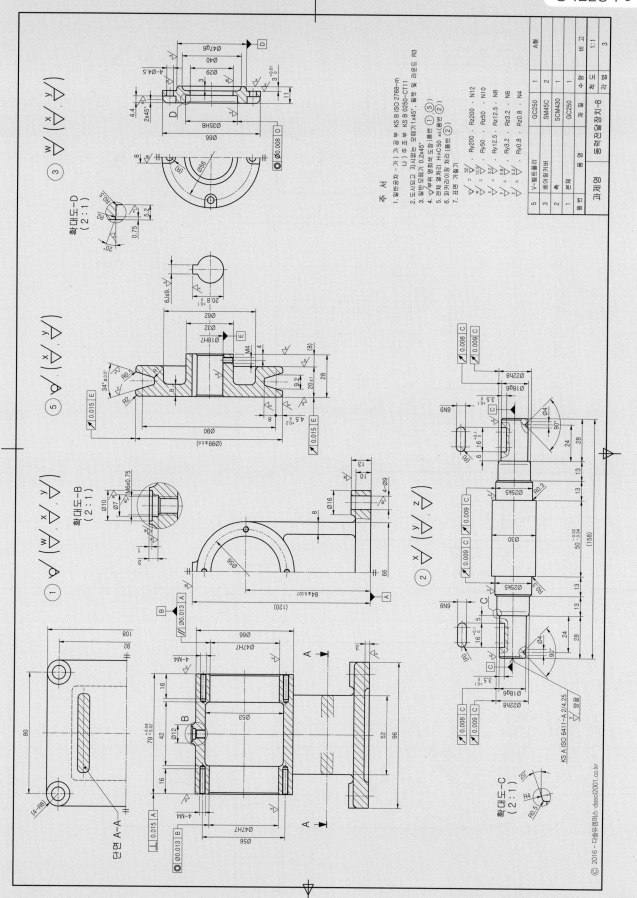

주 서

1. 일반공차 - 가) 가 공 부 KS B ISO 2768-m
   나) 주 조 부 KS B 0250-CT11
2. 도시되고 지시없는 모떼기가1x45°, 필렛 및 라운드 R3
3. 일반모떼기 0.2x45°
4. √부위 열처리 담금질 (품번 ①⑤)
5. 전체 열처리 HₐC50 ±1(품번 ②)
6. 파커라이징 처리(품번 ②)
7. 표면 거칠기

	품 번	품 명	재 질	수 량	비 고
	5	V-벨트풀리	GC250	1	A형
	3	베어링커버	SM45C	2	
	2	축	SCM430	1	
	1	본체	GC250	1	
	도 번				동력전달장치-8
	척 도	1:1			
	면 명				과제명

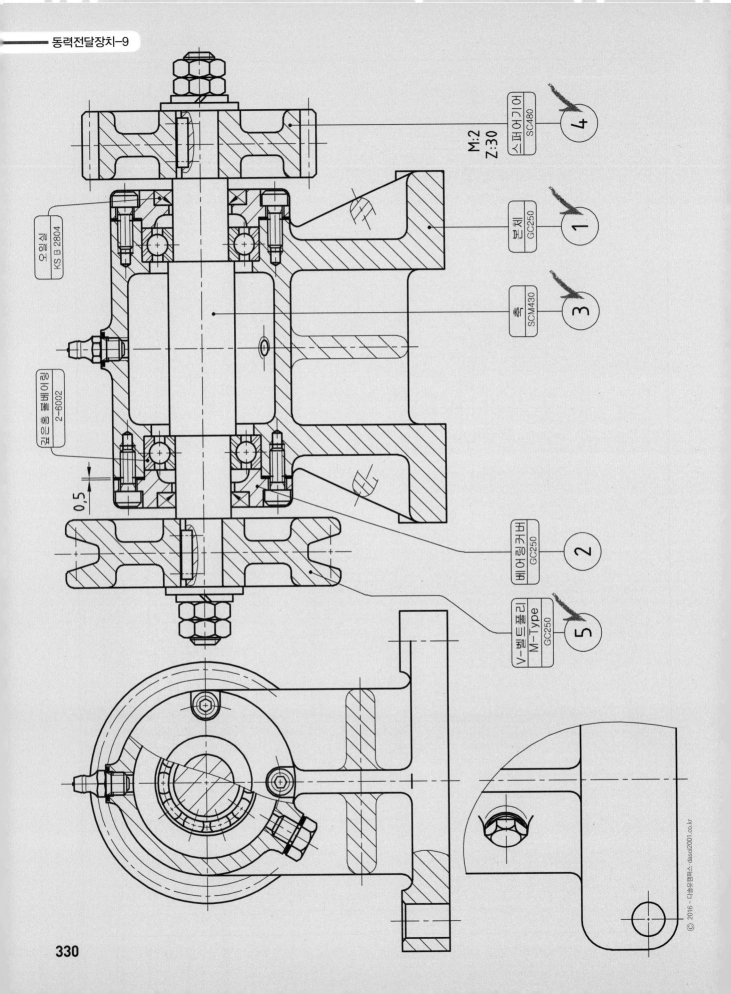

오일실
KS B 2804

구름베어링
2-6002

0,5

스퍼어기어
SC480

M:2
Z:30

4

본체
GC250

1

축
SCM430

3

베어링커버
GC250

2

V-벨트풀리
M-Type
GC250

5

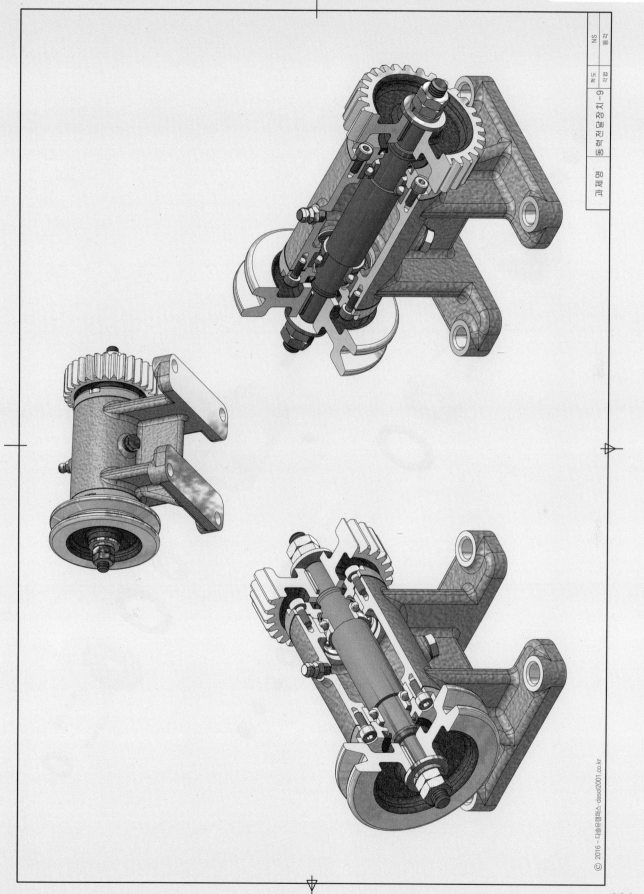

© 2016 - 다솔유캠퍼스 dasol2001.co.kr

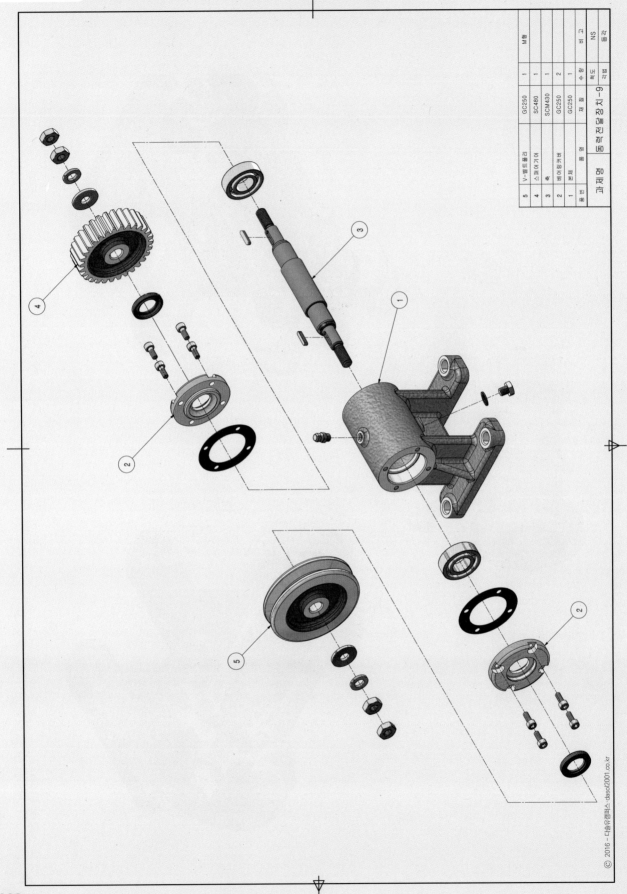

5	4	3	2	1	품번	과제명	
V-벨트풀리	스퍼어기어	축	베어링커버	본체	품명	동력전달장치-9	
GC250	SC480	SCM430	GC250	GC250	재질		M형
1	1	1	2	1	수량	척도	NS
					비고	각법	3각법

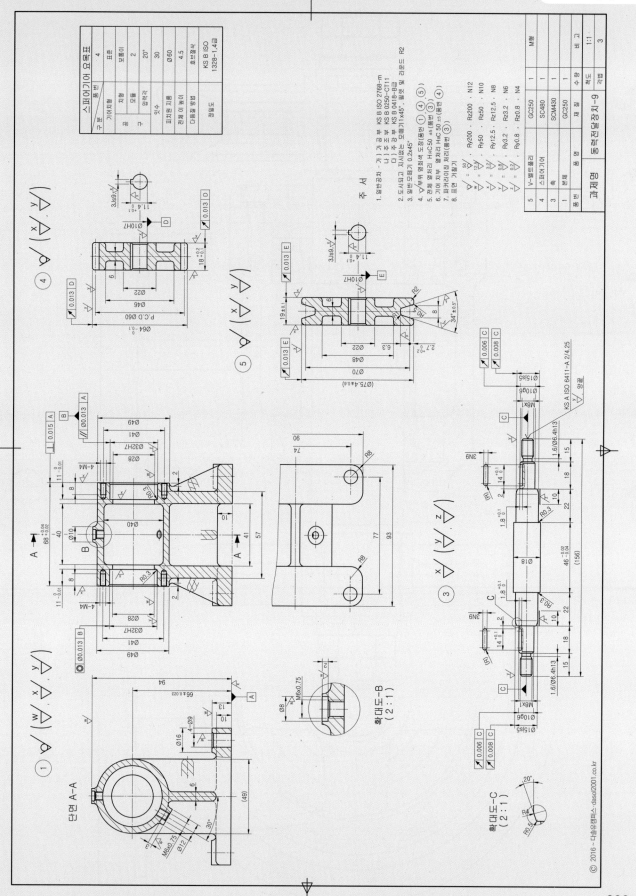

스퍼어기어 요목표

구분			
기어치형	표준		
공구	치형	보통이	
	모듈	2	
	압력각	20°	
잇수		30	
피치원 지름		Ø60	
전체 이높이		4.5	
다듬질 방법		호브절삭	
정밀도		KS B ISO 1328-1,4급	

주 서

1. 일반공차 - 가) 가공부 KS B ISO 2768-m
　나) 주조부 KS B 0250-CT11
　다) 주강부 KS B 0418-B급
2. 도시되고 지시없는 모떼기1x45°, 필렛 및 라운드 R2
3. 일반모떼기 0.2x45°
4. ✓부위 열처리 도장(동판) ①, ④, ⑤)
5. 전체 열처리 HrC50 ±5(동판 ③)
6. 기어 치수 열처리 HrC50 ±5(동판 ④)
7. 파커라이징 처리(동판 ③)
8. 표면 거칠기

파체명	동력전달장치-9	척도	1:1
		각법	3

품번	품명	재질	수량	비고
5	V-벨트풀리	GC250	1	
4	스퍼어기어	SC480	1	
3	축	SCM430	1	
1	본체	GC250	1	

비 고　M8용

ⓒ 2016 ~ 다솔유캠퍼스-dasol2001.co.kr

333

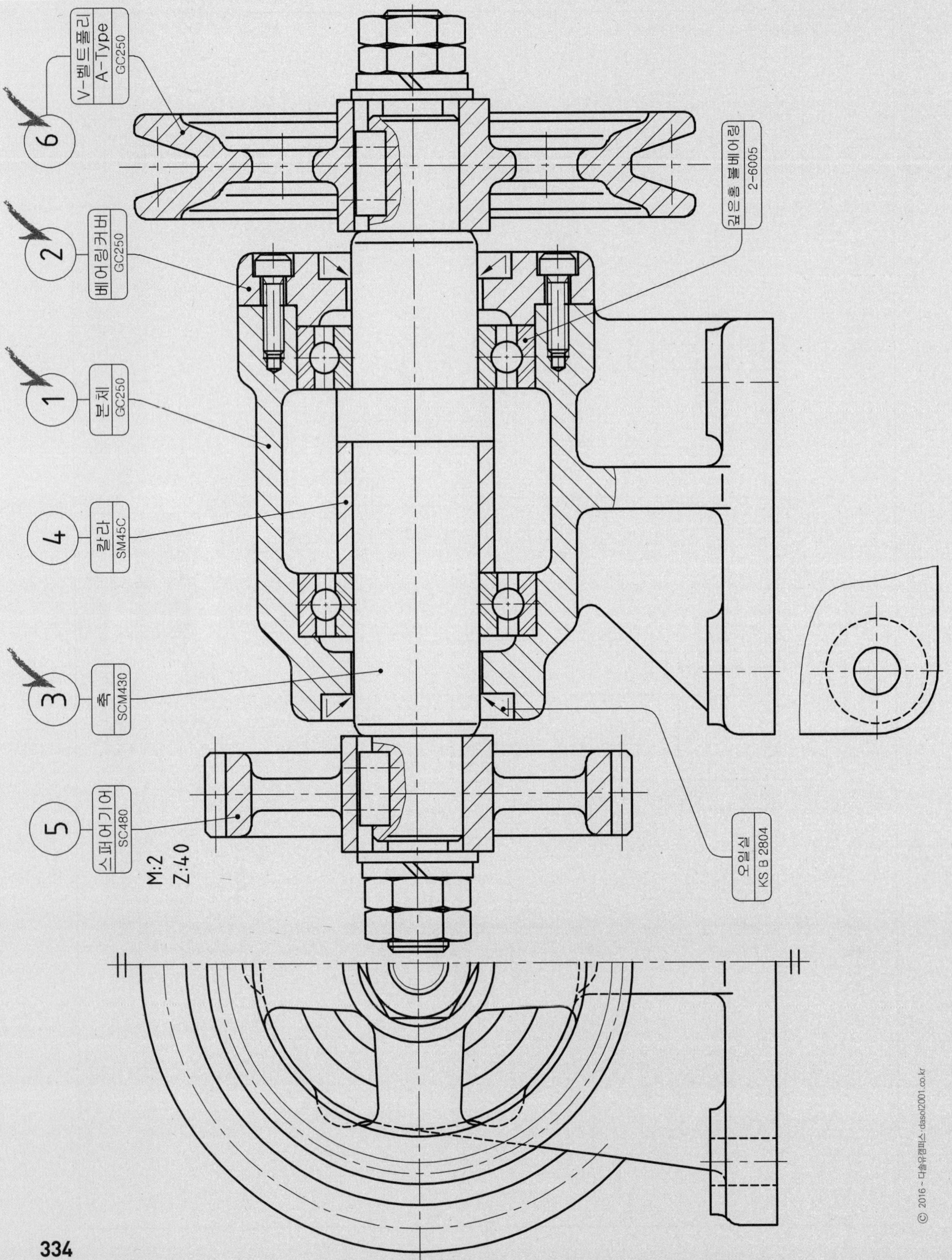

6 | V-벨트풀리 A-Type GC250

2 | 베어링커버 GC250

1 | 본체 GC250

4 | 칼라 SM45C

3 | 축 SCM430

5 | 스퍼어기어 SC480

M:2
Z:40

깊은홈볼베어링 2-6005

오일링 KS B 2804

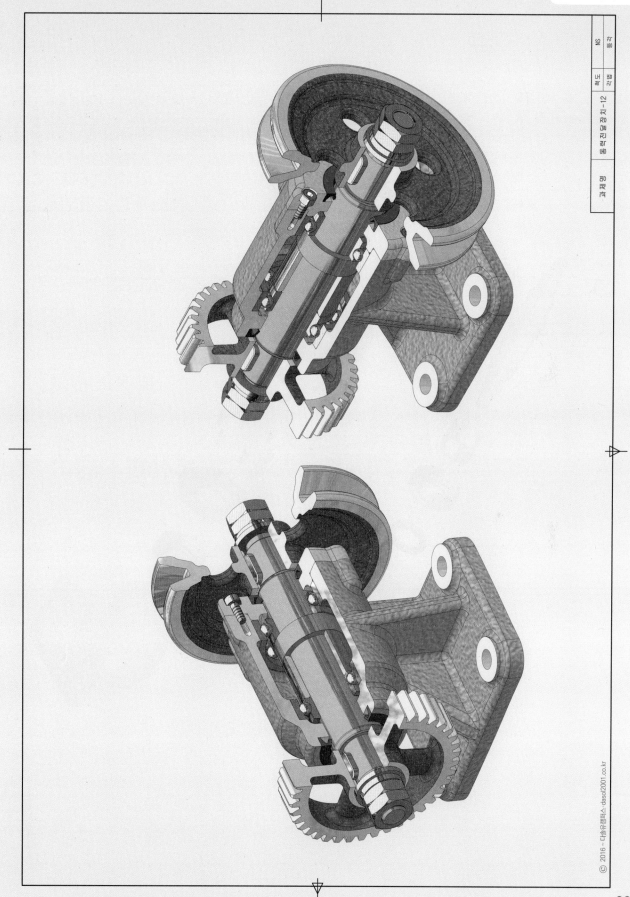

© 2016 - 다솔유캠퍼스~dasol2001.co.kr

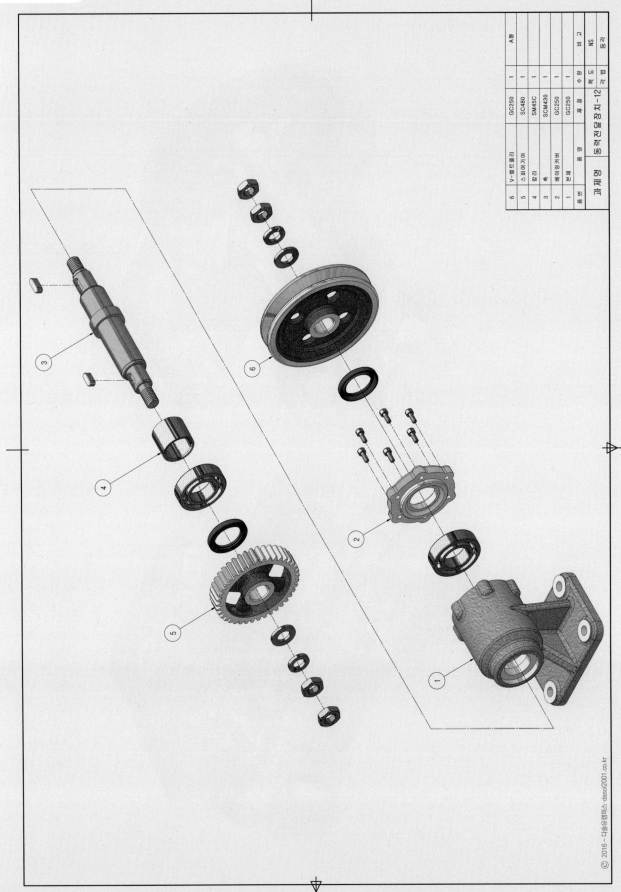

품번	품명	재질	수량	비고
6	V-벨트풀리	GC250	1	
5	스퍼어기어	SC480	1	
4	칼라	SM45C	1	
3	축	SCM430	1	
2	베어링커버	GC250	1	
1	본체	GC250	1	
품번	품명	재질	수량	비고

동력전달장치-12

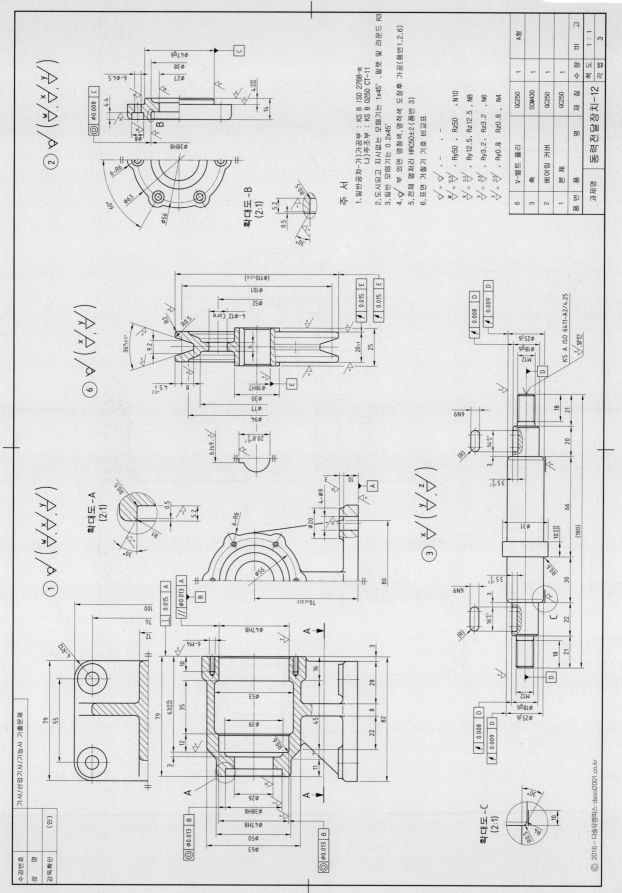

주 서

1. 일반공차-가)가공부 : KS B ISO 2768-m
   나)주조부 : KS B 0250 CT-11
2. 도시되고 지시없는 모떼기는 1x45°, 필렛 및 라운드 R3
3. 일반 모떼기는 0.2x45°
4. ◊부 외면 명청색,명적색 도장후 가공(품번 1,2,6)
5. 전체 열처리 HRC50±2 (품번 3)
6. 표면 거칠기 기호 비교표

품번	품 명	재 질	수 량	비 고
6	V-벨트 풀리	GC250	1	A형
3	축	SCM430	1	
2	베어링 커버	GC250	1	
1	본 체	GC250	1	

과제명 동력전달장치-12   척도 1:1   각법 3

© 2016 - 다솔유캠퍼스 - dasol2001.co.kr

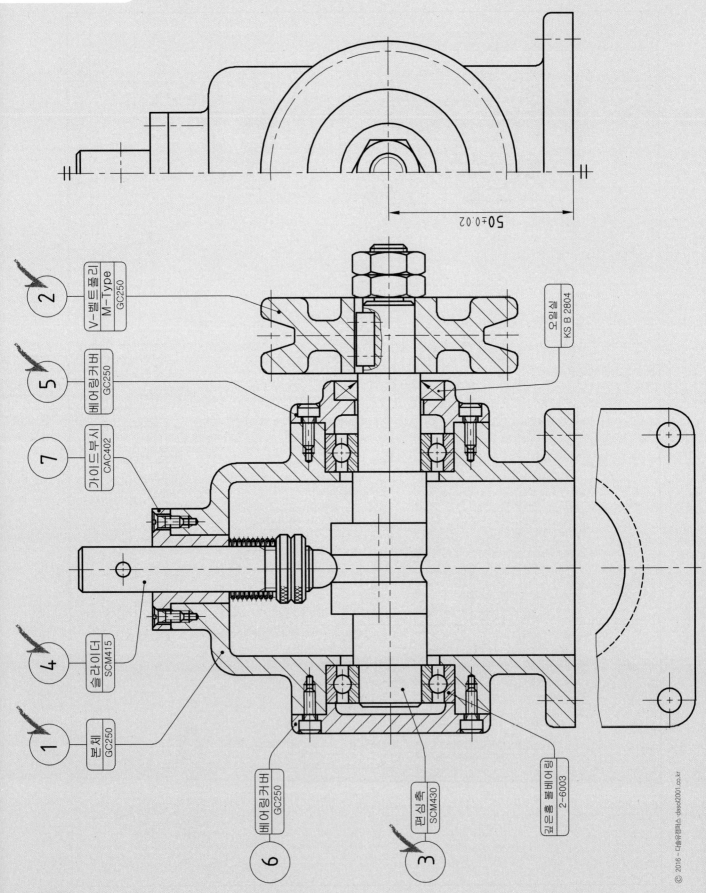

2 | V-벨트풀리 M-Type | GC250

5 | 베어링커버 | GC250

7 | 가이드부시 | CAC402

4 | 슬라이더 | SCM415

1 | 본체 | GC250

오일실 | KS B 2804

50±0.02

6 | 베어링커버 | GC250

3 | 편심축 | SCM430

볼베어링 | 2-6003

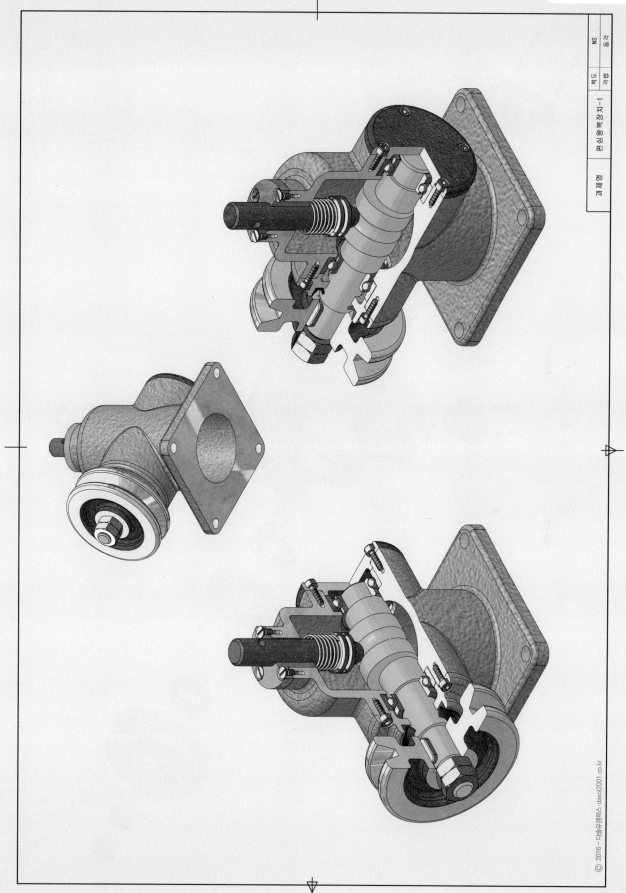

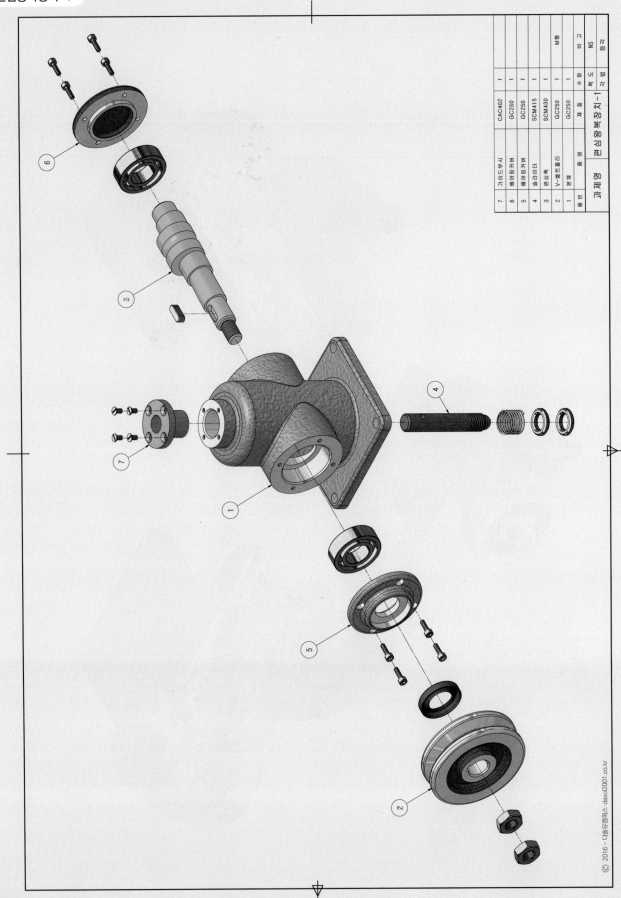

7	가이드부시	CAC402	1	
6	베어링커버	GC250	1	
5	베어링커버	GC250	1	
4	슬라이더	SCM415	1	
3	편심축	SCM430	1	
2	V-벨트풀리	GC250	1	M형
1	본체	GC250	1	
품번	품명	재질	수량	비고

과제명	편심왕복장치-1	척도	NS
		각법	3각법

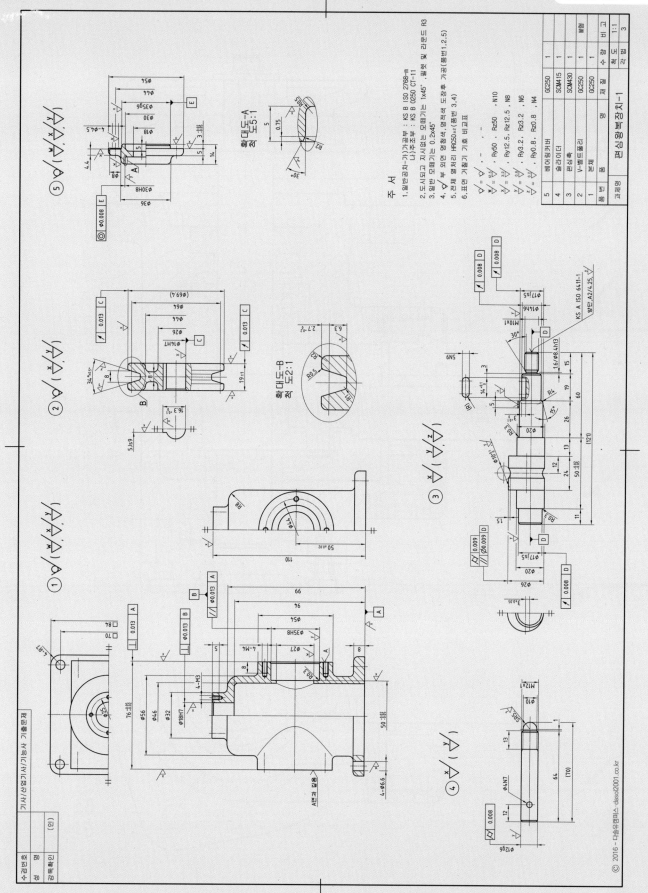

341

⑧	V-벨트풀리 M-Type GC250
⑦	편심축 SCM430
①	본체 GC250
⑥	링크 SCM415
⑤	슬라이더 SCM415
④	가이드부시 CAC402
③	베어링커버 GC250
②	커버 SM45C

오일실 KS B 2804

깊은홈볼베어링 2-6202

A→

A→

2±0.007

단면 A-A

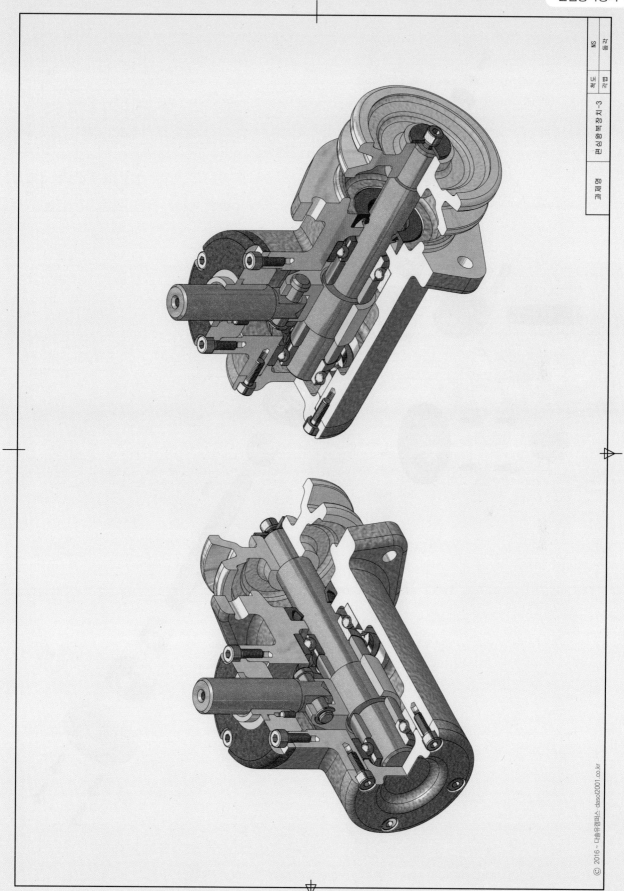

NS | 각법

척도 | 각법

편심왕복장치-3

투상법

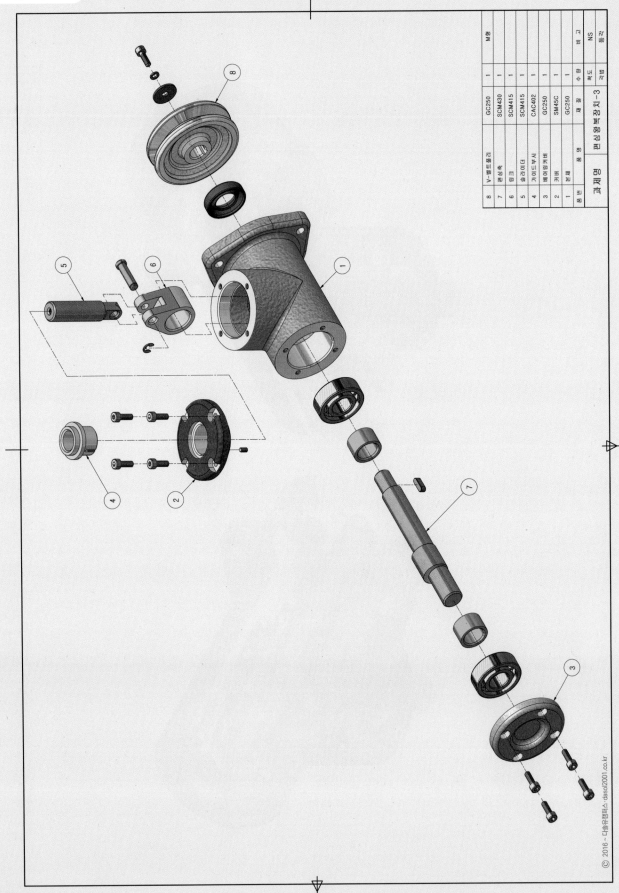

품 번	품 명	재 질	수 량	비 고
8	V-벨트풀리	GC250	1	M형
7	편심축	SCM430	1	
6	드럼	SCM415	1	
5	슬라이더	SCM415	1	
4	가이드부시	CAC402	1	
3	베어링커버	GC250	1	
2	커버	SM45C	1	
1	본체	GC250	1	NS
품 번	품 명	재 질	수 량	비 고

과제명 편심왕복장치-3 척도 NS 각법 동일

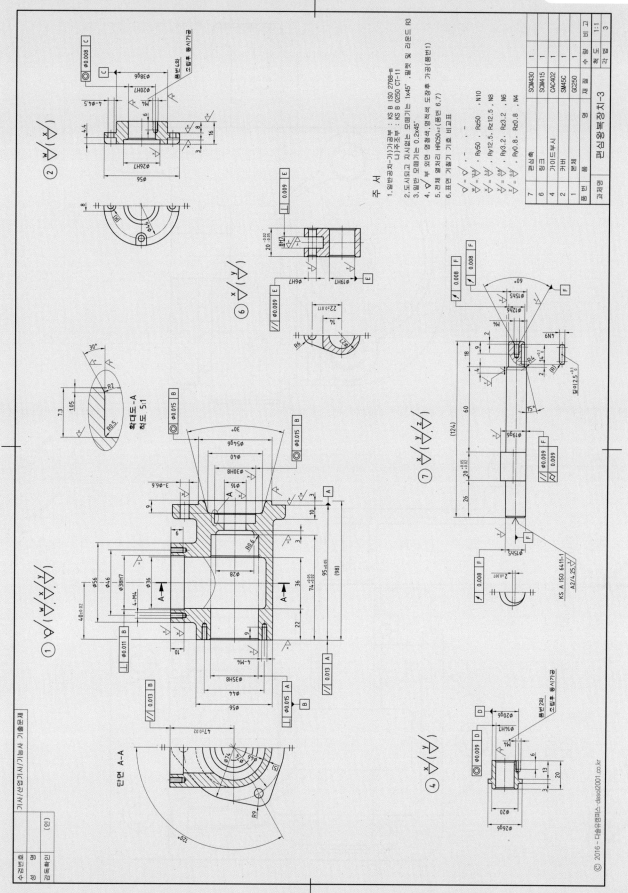

주 서

1. 일반공차-가)가공부 : KS B ISO 2768-m
   나)주조부 : KS B 0250 CT-11
2. 도시되고 지시없는 모떼기는 1x45°, 필렛 및 라운드 R3
3. 일반 모떼기는 0.2x45°
4. ✓부 외면 명청색, 명적색 도장후 가공(품번1)
5. 전체 열처리 HRC50±2 (품번 6,7)
6. 표면 거칠기 기호 비교표

7	편심축	SCM430	1
6	링크	SCM415	1
4	가이드부시	CAC402	1
2	커버	SM45C	1
	본체	GC250	1
품번	품명	재질	수량

과제명 | 편심왕복장치-3 | 척도 | 1:1 | 각법 | 3 |

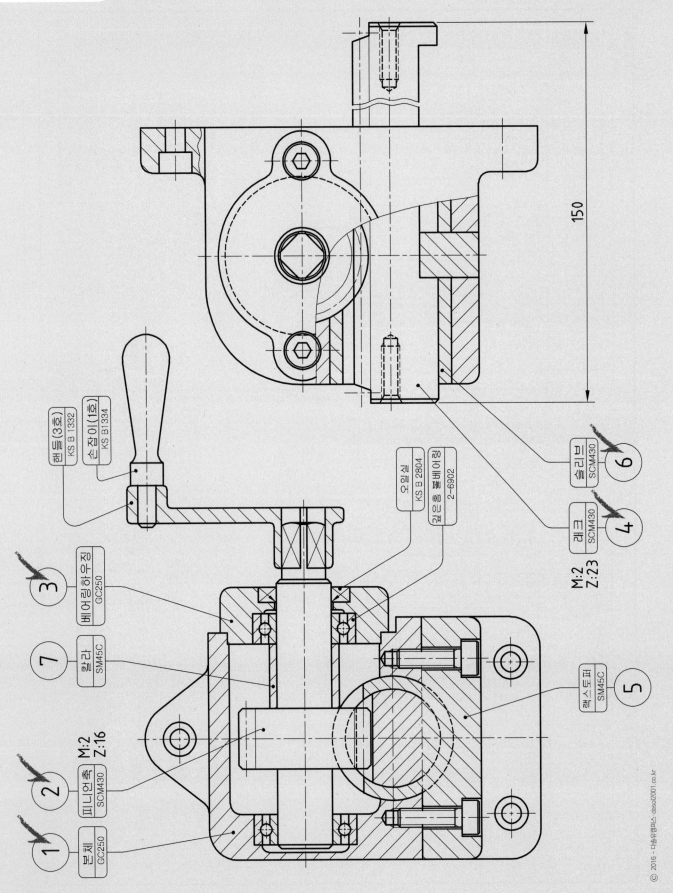

핸들(3호) KS B 1332

손잡이(1호) KS B 1334

오일실 KS B 2804

깊은홈볼베어링 2-6902

슬리브 SCM430

6

래크 SCM430

4

M:2
Z:23

베어링하우징 GC250

3

칼라 SM45C

7

피니언축 SCM430

2

M:2
Z:16

본체 GC250

1

랙스토퍼 SM45C

5

150

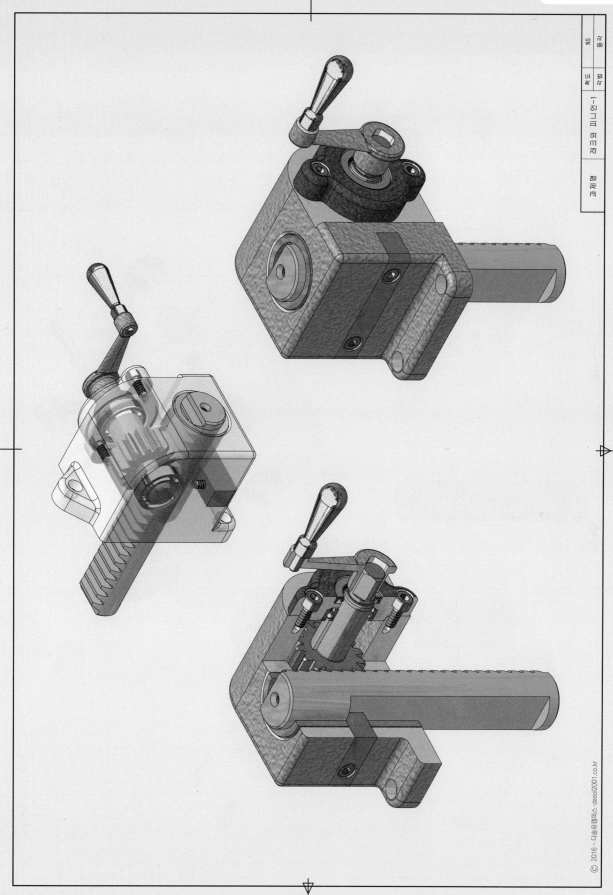

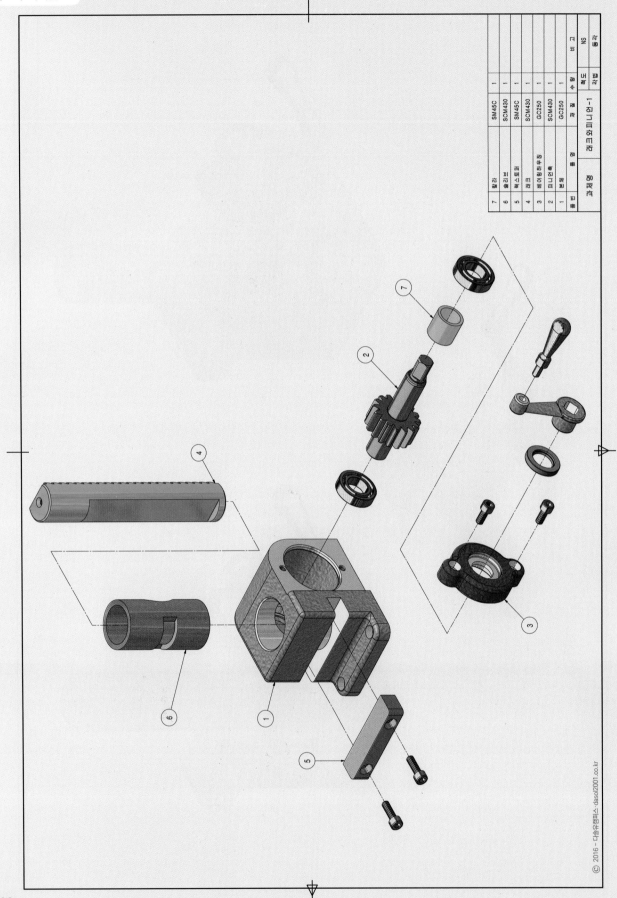

7	칼라		SM45C	1	
6	슬리브		SCM430	1	
5	핸스토퍼		SM45C	1	
4	래크		SCM430	1	
3	베어링하우징		GC250	1	
2	피니언축		SCM430	1	
1	본체		GC250	1	
품번	품명		재질	수량	비고

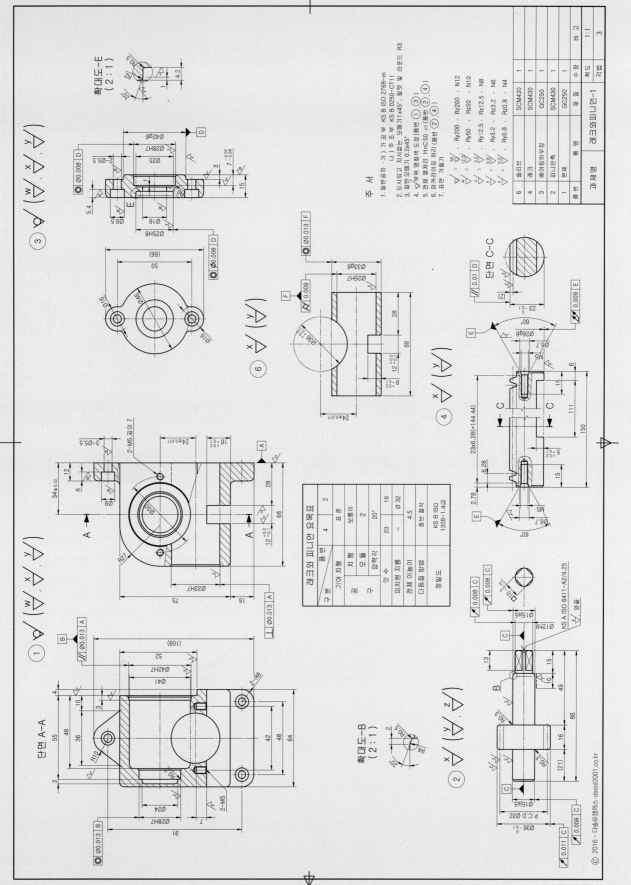

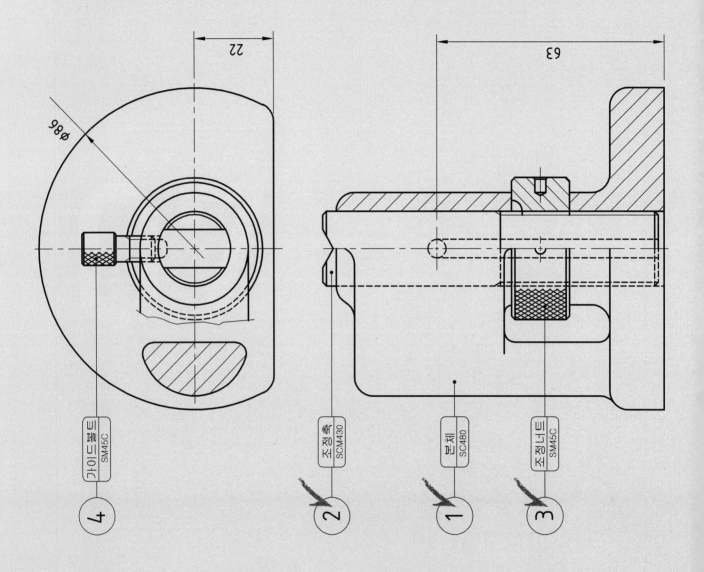

22

63

⌀86

가이드볼트
SM45C

조정축
SCM430

본체
SC480

조정너트
SM45C

4

2

1

3

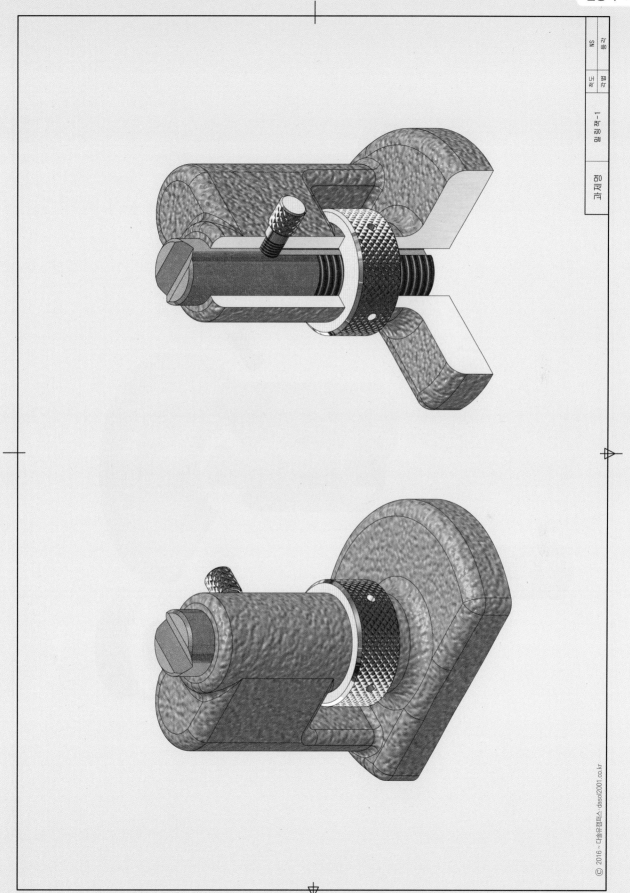

4	가이드볼트		SM45C	1	
3	조정너트		SM45C	1	
2	조정축		SCM430	1	
1	본체		SC480	1	
품번	품명		재질	수량	비고
과제명	밀링잭-1			척 도	NS
				각 법	1각법

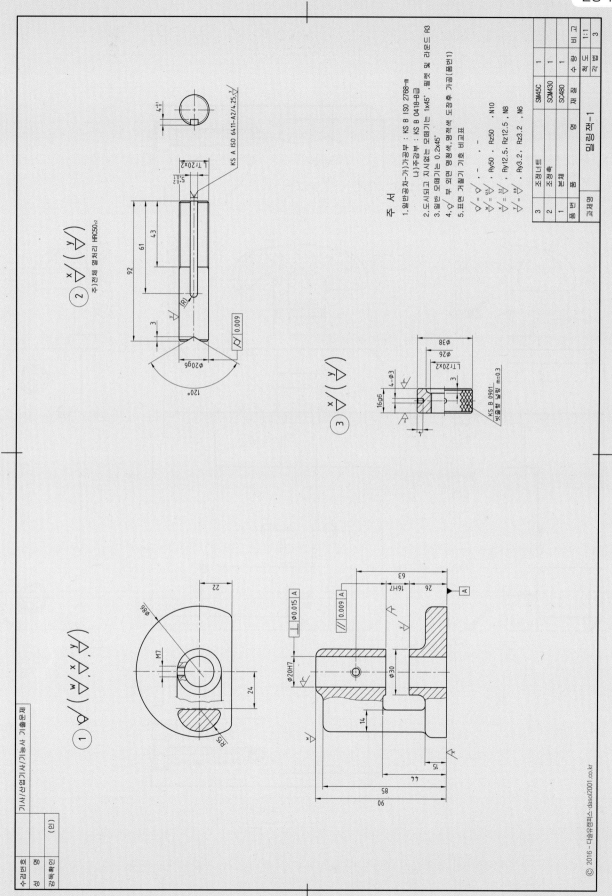

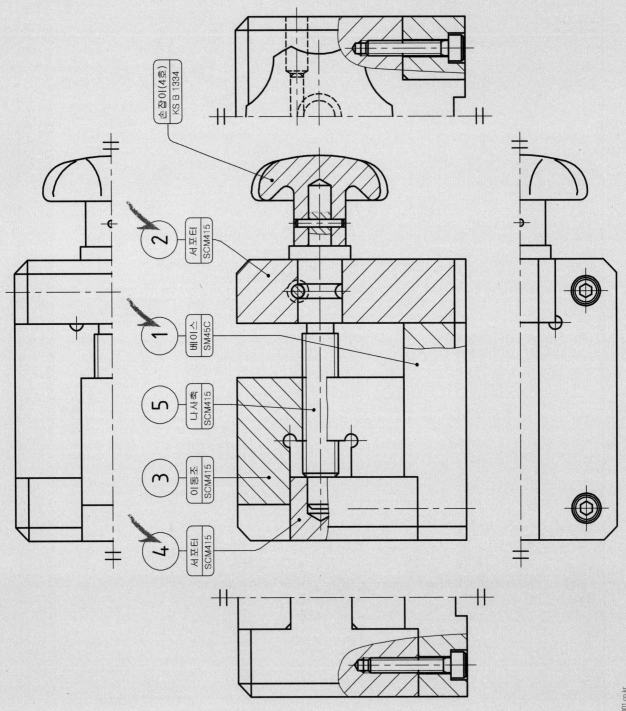

손잡이(4호) KS B 1334

② 서포터 SCM415

① 베이스 SM45C

⑤ 나사축 SCM415

③ 이동조 SCM415

④ 서포터 SCM415

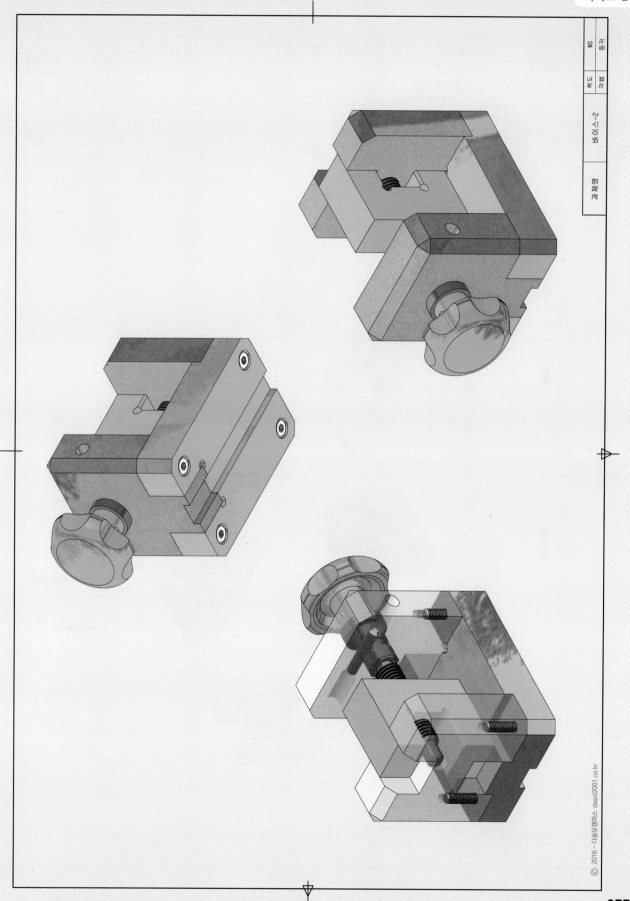

NS

척도 각법

바이스-2

품명

품번	품 명	재 질	수 량	척 도	각 법
5	나사축	SCM415	1		
4	서포터	SCM415	1		
3	이동조	SCM415	1		
2	서포터	SCM415	1		
1	베이스	SM45C	1		
품번	품 명	재 질	수 량	척 도	각 법

바이스-2 | 과제명 | NS | 비 고 | 등용각

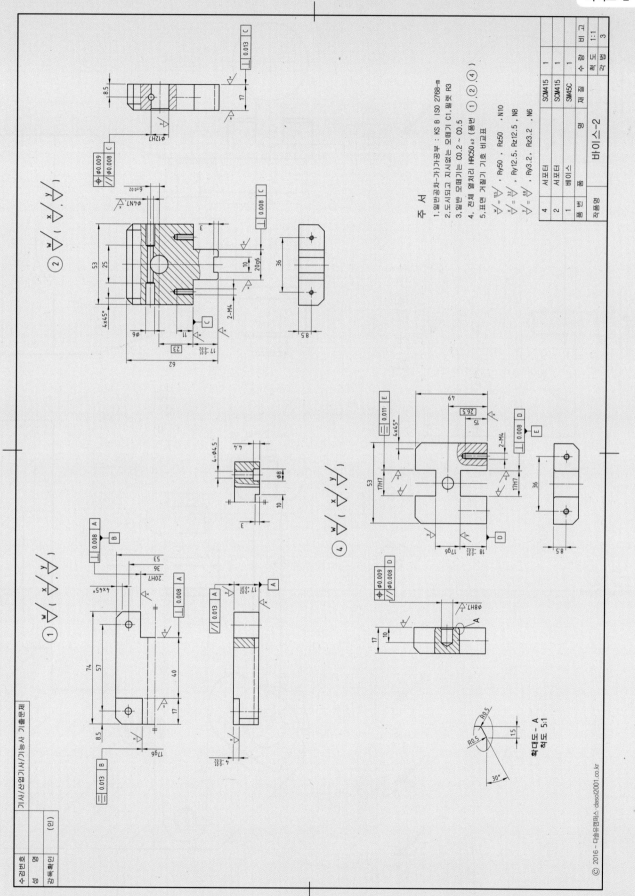

주 서

1. 일반공차-가)가공부 : KS B ISO 2768-m
2. 도시되고 지시없는 모떼기 C1, 둥굴기 R3
3. 일반 모떼기는 C0.2 ~ C0.5
4. 전체 열처리 HRC50±2 (품번 ① ② ④)
5. 표면 거칠기 기호 비교표

품명 바이스-2

4	서포터	SCM415	1
2	서포터	SCM415	1
1	베이스	SM45C	1
품번	품명	재질	수량

작품명 바이스-2

확대도 - A
척도 5:1

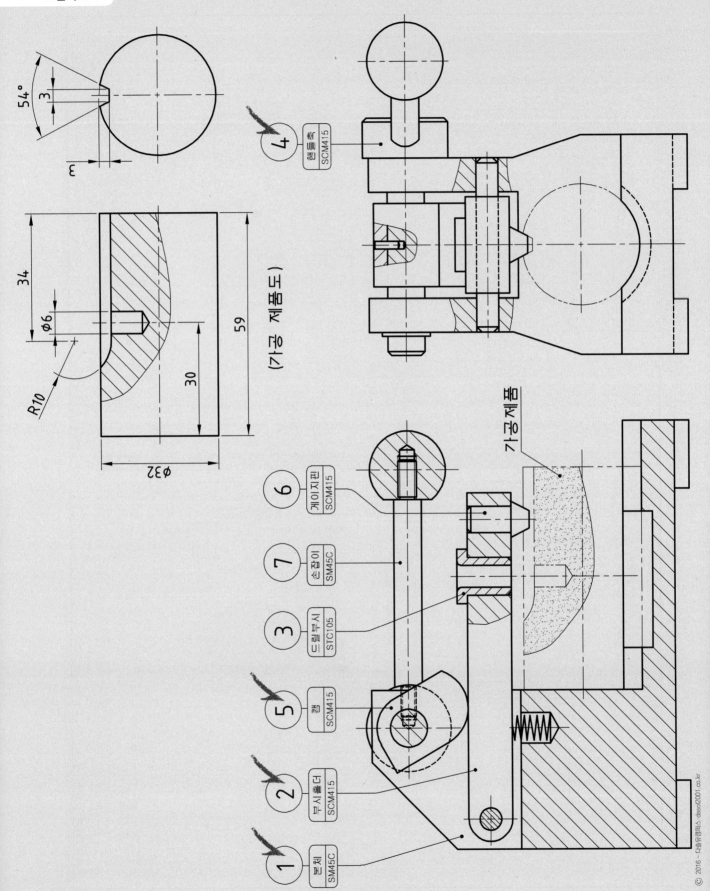

54°

3

3

34

Ø6

R10

59

30

Ø32

(가공 제품도)

④ 핸들축 SCM415

⑥ 게이지핀 SCM415

⑦ 손잡이 SM45C

③ 드릴부시 STC105

⑤ 캠 SCM415

② 부시홀더 SCM415

① 본체 SM45C

가공제품

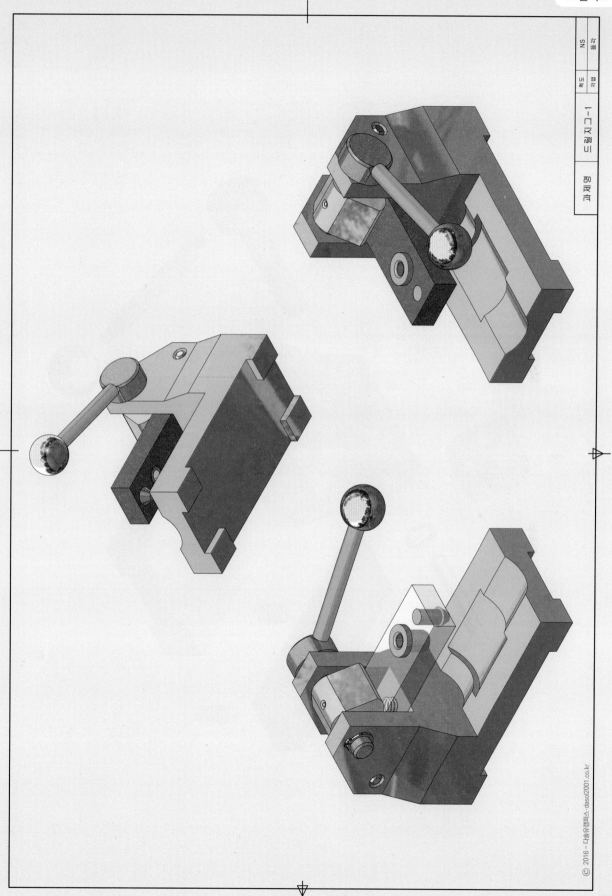

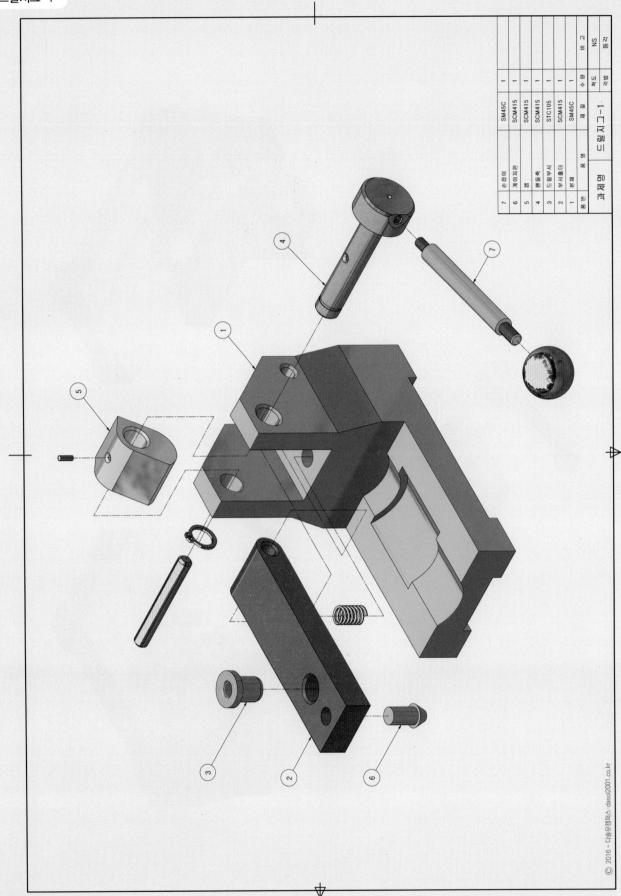

품번	품 명	재 질	수 량	비 고
7	손잡이	SM45C	1	동라
6	케이지핀	SCM415	1	2람
5	캡	SCM415	1	
4	렌들놈속	STC105	1	적청
3	드릴부시	SCM415	1	NS
2	부시홀더	SCM415	1	
1	본체	SM45C	1	고 비
	과제명	드릴지그-1		

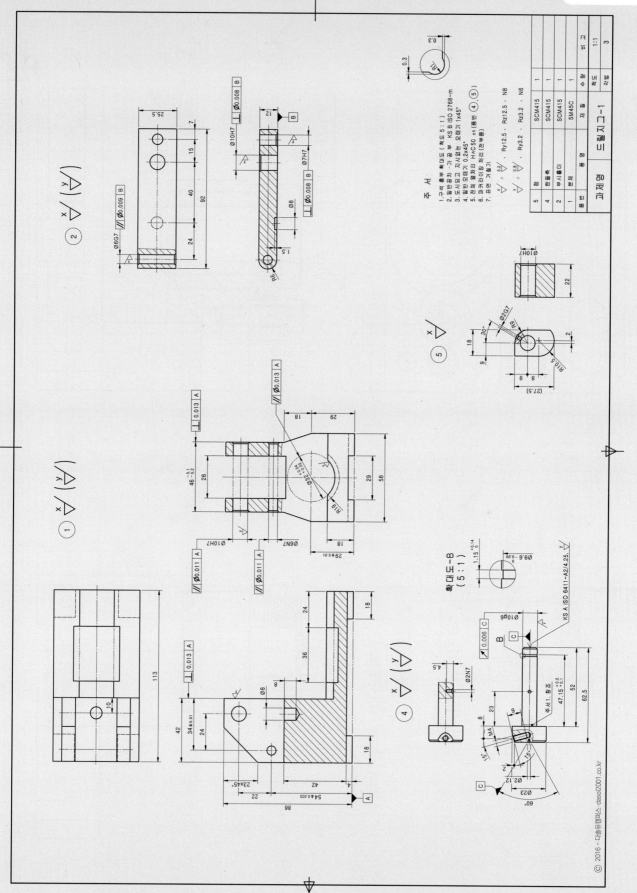

주 서

1. 구석 等部 확대도 (척도 5 : 1)
2. 일반공차 - 가공부 KS B ISO 2768-m
3. 도시되고 지시없는 모떼기 1x45°
4. 일반 모떼기 0.2x45°
5. 전체 열처리 HRC50 ±5 (4). (5)
6. 파커라이징 처리 (전부분)
7. 표면 거칠기

5	핸들축		SCM415	1
4	부시홀더		SCM415	1
2	본체		SM45C	1
1				
품번	품 명	재 질	수량	

드릴지그-1

척도	1:1
도번	3

361

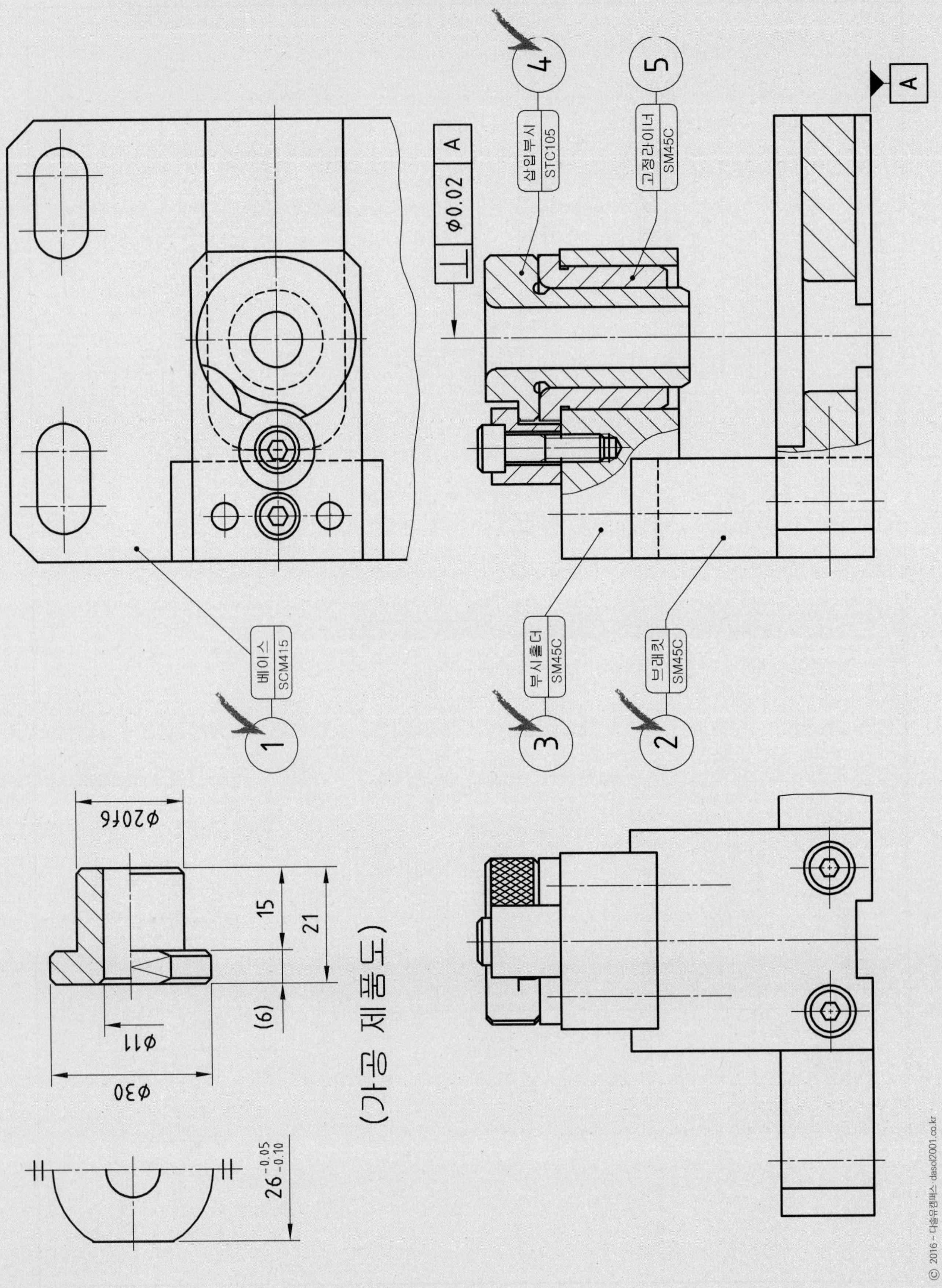

⊥ | φ0.02 | A

4 설입부시 STC105

5 고정라이너 SM45C

1 베이스 SCM415

3 부시홀더 SM45C

2 브래킷 SM45C

A

φ20f6

15

21

(6)

φ11

φ30

26 -0.05 -0.10

(가공제품도)

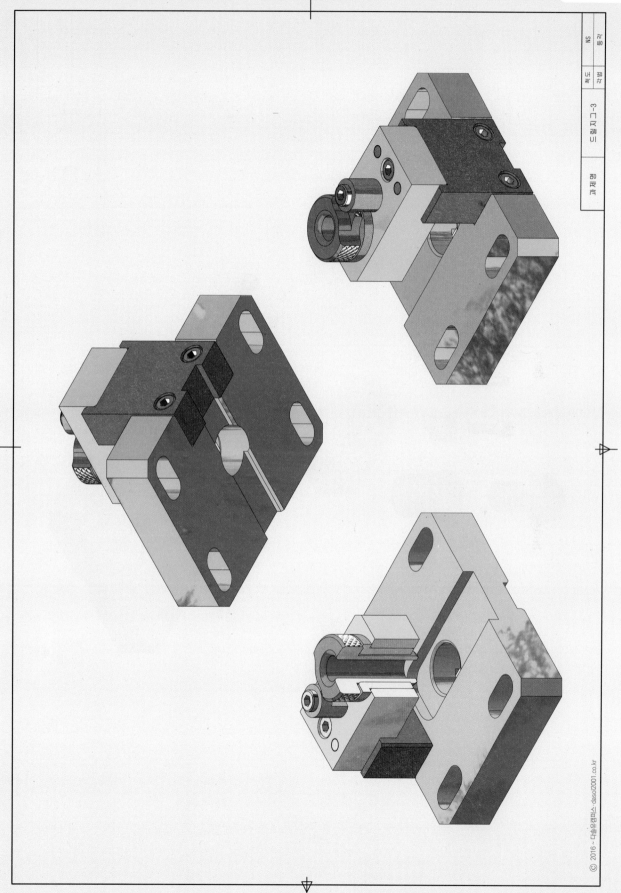

© 2016 - 다솔유컴퍼스 - dasol2001.co.kr

5	고정라이너	STC105	1	
4	삽입부시	STC105	1	
3	부시홀더	SM45C	1	
2	클램프	SM45C	1	
1	베이스	SCM415	1	
품번	품명	재질	수량	비고
척도	2:1		NS	
각법	3각법			

드릴지그−3

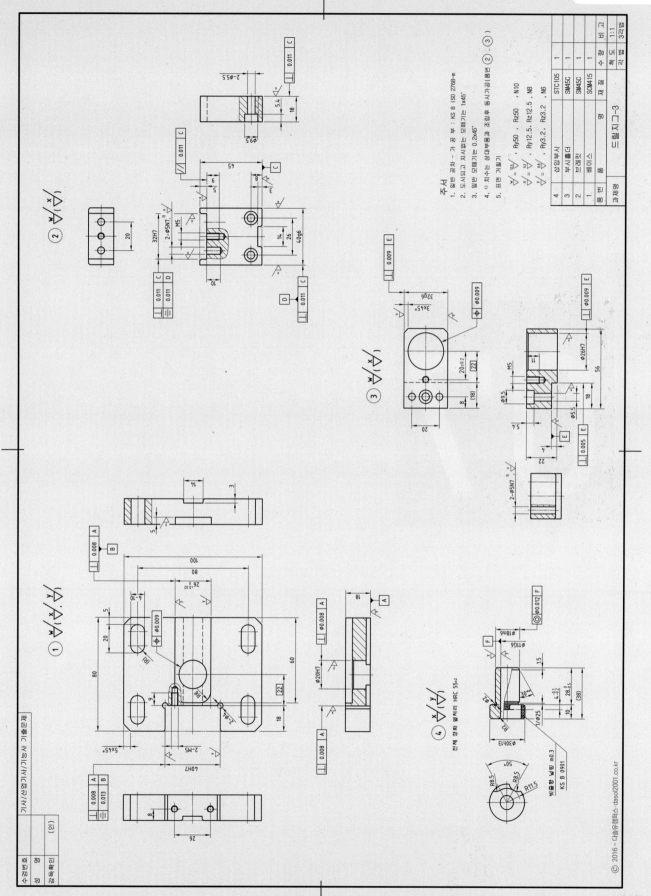

기 계 기 사 · 기 계 설 계 산 업 기 사   실 기   대 비

기 계 인 벤 터 - 3 D / 2 D 실 기

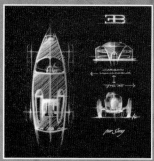

KS기계제도규격
(시험용)

1. 평행 키

단위 : mm

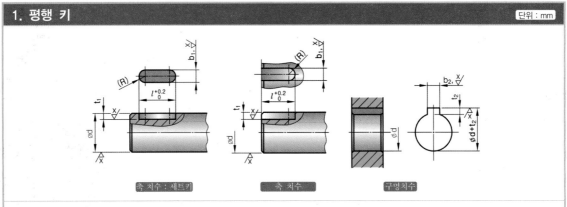

축 치수 : 세트키 | 축 치수 | 구멍치수

참고 적용하는 축지름 d (초과~이하)	키의 호칭 치수 $b \times h$	b_1, b_2 기준 치수	키홈 치수					t_1(축) 기준 치수	t_2(구멍) 기준 치수	t_1, t_2 허용차
			활동형		보통형		조립(임)형			
			b_1(축)	b_2(구멍)	b_1(축)	b_2(구멍)	b_1, b_2			
			허용차 (H9)	허용차 (D10)	허용차 (N9)	허용차 (Js9)	허용차 (P9)			
6~ 8	2×2	2	+0.025 0	+0.060 +0.020	−0.004 −0.029	±0.0125	−0.006 −0.031	1.2	1.0	+0.1 0
8~10	3×3	3						1.8	1.4	
10~12	4×4	4	+0.030 0	+0.078 +0.030	0 −0.030	±0.0150	−0.012 −0.042	2.5	1.8	
12~17	5×5	5						3.0	2.3	
17~22	6×6	6						3.5	2.8	
20~25	(7×7)	7	+0.036 0	+0.098 +0.040	0 −0.036	±0.0180	−0.015 −0.051	4.0	3.3	+0.2 0
22~30	8×7	8						4.0	3.3	
30~38	10×8	10						5.0	3.3	
38~44	12×8	12	+0.043 0	+0.120 +0.050	0 −0.043	±0.0215	−0.018 −0.061	5.0	3.3	
44~50	14×9	14						5.5	3.8	
50~55	(15×10)	15						5.0	5.3	
50~58	16×10	16						6.0	4.3	
58~65	18×11	18						7.0	4.4	
65~75	20×12	20	+0.052 0	+0.149 +0.065	0 −0.052	±0.0260	−0.022 −0.074	7.5	4.9	
75~85	22×14	22						9.0	5.4	
80~90	(24×16)	24						8.0	8.4	
85~95	25×14	25						9.0	5.4	
95~110	28×16	28						10.0	6.4	

비고
1. ( )를 붙인 호칭 치수의 것은 대응 국제 규격에는 규정되어 있지 않으므로 새로운 설계에는 사용하지 않는다.
2. 단품 평행 키의 길이 : 6, 8, 10, 12, 14, 16, 18, 20, 22, 25, 28, 32, 36, 40, 45, 50, 56, 63, 70, 80, 90, 100, 110 등
3. 조립되는 축의 치수를 재서 참고 축 지름(d)에 해당하는 데이터를 적용한다. 이때 축의 치수가 두 칸에 걸친 경우(예 : ∅30mm)는 작은 쪽, 즉 22~30mm를 적용시킨다.
4. 치수기입의 편의를 위해 b_1, b_2의 허용차는 치수공차 대신 IT공차를 사용한다.

2. 반달 키

단위 : mm

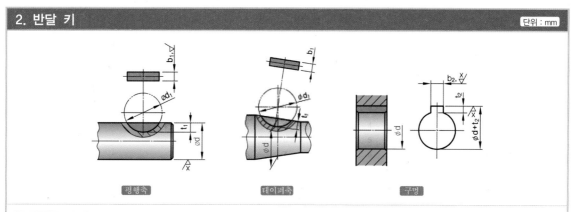

평행축　　　테이퍼축　　　구멍

적용하는 d (초과~이하)	키의 호칭 치수 $b \times d_0$	b_1 및 b_2의 기준 치수	키홈 치수								
			보통형		조립(임)형	t_1(축)		t_2(구멍)		d_1(키홈지름)	
			b_1(축) 허용차 (N9)	b_2(구멍) 허용차 (Js9)	b_1 및 b_2 허용차 (P9)	기준 치수	허용차	기준 치수	허용차	기준 치수	허용차
7~12	2.5×10	2.5	−0.004 −0.029	±0.012	−0.006 −0.031	2.7	+0.1 0	1.2	+0.1 0	10	+0.2 0
8~14	(3×10)	3				2.5		1.4		10	
9~16	3×13					3.8	+0.2 0			13	
11~18	3×16					5.3				16	
11~18	(4×13)	4	0 −0.030	±0.015	−0.012 −0.042	3.5	+0.1 0	1.7		13	
12~20	4×16					5.0	+0.2 0	1.8		16	
14~22	4×19					6.0				19	+0.3 0
14~22	5×16	5				4.5		2.3		16	+0.2 0
15~24	5×19					5.5				19	+0.3 0
17~26	5×22					7.0	+0.3 0			22	
19~28	6×22	6				6.5		2.8		22	
20~30	6×25					7.5			+0.2 0	25	
22~32	(6×28)					8.6	+0.1 0	2.6	+0.1 0	28	
24~34	(6×32)					10.6				32	
20~29	(7×22)	7	0 −0.036	±0.018	−0.015 −0.051	6.4		2.8		22	
22~32	(7×25)					7.4				25	
24~34	(7×28)					8.4				28	
26~37	(7×32)					10.4				32	
29~41	(7×38)					12.4				38	
31~45	(7×45)					13.4				45	
24~34	(8×25)	8				7.2		3.0		25	
26~37	8×28					8.0	+0.3 0	3.3	+0.2 0	28	
28~40	(8×32)					10.2	+0.1 0	3.0	+0.1 0	32	
30~44	(8×38)					12.2				38	
31~46	10×32	10				10.0	+0.3 0	3.3	+0.2 0	32	
38~54	(10×45)					12.8	+0.1 0	3.4	+0.1 0	45	
42~60	(10×55)					13.8				55	

비고
( )를 붙인 호칭 치수의 것은 대응 국제 규격에는 규정되어 있지 않으므로 새로운 설계에는 사용하지 않는다.

3. 센터구멍(60°)

단위 : mm

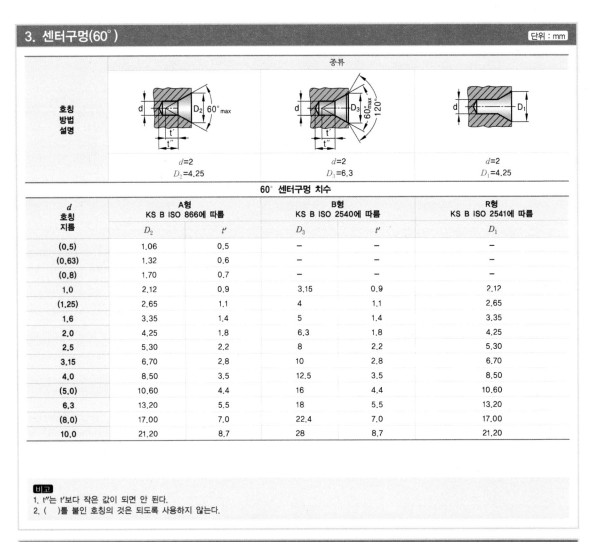

종류		
d=2 D_2=4.25	d=2 D_3=6.3	d=2 D_1=4.25

60° 센터구멍 치수

d 호칭 지름	A형 KS B ISO 866에 따름		B형 KS B ISO 2540에 따름		R형 KS B ISO 2541에 따름
	D_2	t'	D_3	t'	D_1
(0.5)	1.06	0.5	–	–	–
(0.63)	1.32	0.6	–	–	–
(0.8)	1.70	0.7	–	–	–
1.0	2.12	0.9	3.15	0.9	2.12
(1.25)	2.65	1.1	4	1.1	2.65
1.6	3.35	1.4	5	1.4	3.35
2.0	4.25	1.8	6.3	1.8	4.25
2.5	5.30	2.2	8	2.2	5.30
3.15	6.70	2.8	10	2.8	6.70
4.0	8.50	3.5	12.5	3.5	8.50
(5.0)	10.60	4.4	16	4.4	10.60
6.3	13.20	5.5	18	5.5	13.20
(8.0)	17.00	7.0	22.4	7.0	17.00
10.0	21.20	8.7	28	8.7	21.20

비고
1. t''는 t'보다 작은 값이 되면 안 된다.
2. ( )를 붙인 호칭의 것은 되도록 사용하지 않는다.

4. 센터구멍 도시방법

단위 : mm

센터구멍 필요여부	기호	도시방법(예)	기호크기
필요	<	KS A ISO 6411-A 2/4.25	60° 5
필요하나 기본적으로 요구하지 않음	없음	KS A ISO 6411-A 2/4.25	
불필요	K	KS A ISO 6411-A 2/4.25	• 외형선 굵기 : 0.5mm일 때 • 기호의 선 두께 : 0.35mm • 지시선 두께 : 0.25mm
센터구멍 호칭방법(예)	KS A ISO 6411 = 규격번호 A = 센터구멍 종류(R, 또는 or B) 2/4.25 = 호칭지름(d)/카운터싱크 지름(D)		

5. 공구의 생크 4조각

단위 : mm

생크 지름 d(h9)			4각부의 나비 K		4각부 길이 L	생크 지름 d(h9)			4각부의 나비 K		4각부 길이 L
장려 치수	초과	이하	기준치수	허용차 h12	기준 치수	장려 치수	초과	이하	기준치수	허용차 h12	기준 치수
1.12	1.06	1.18	0.9	0 −0.10	4	7.1	6.7	7.5	5.6	0 −0.12	8
1.25	1.18	1.32	1			8	7.5	8.5	6.3		9
1.4	1.32	1.5	1.12			9	8.5	9.5	7.1	0 −0.15	10
1.6	1.5	1.7	1.25			10	9.5	10.6	8		11
1.8	1.7	1.9	1.4			11.2	10.6	11.8	9		12
2	1.9	2.12	1.6			12.5	11.8	13.2	10		13
2.24	2.12	2.36	1.8			14	13.2	15	11.2	0 −0.18	14
2.5	2.36	2.65	2			16	15	17	12.5		16
2.8	2.65	3	2.24		5	18	17	19	14		18
3.15	3	3.35	2.5			20	19	21.2	16		20
3.55	3.35	3.75	2.8			22.4	21.2	23.6	18		22
4	3.75	4.25	3.15	0 −0.12	6	25	23.6	26.5	20	0 −0.21	24
4.5	4.25	4.75	3.55			28	26.5	30	22.4		26
5	4.75	5.3	4		7	31.5	30	33.5	25		28
5.6	5.3	6	4.5			35.5	33.5	37.5	28		31
6.3	6	6.7	5		8	40	37.5	42.5	31.5	0 −0.25	34

6. 수나사 부품 나사틈새

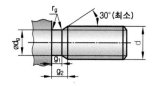

단위 : mm

나사의 피치 P	d_g		g_1	g_2	r_g
	기준치수	허용차	최소	최대	약
0.25	d−0.4	•3mm 이하〜(h12)	0.4	0.75	0.12
0.3	d−0.5		0.5	0.9	1.06
0.35	d−0.6	•3mm 이상〜(h13)	0.6	1.05	0.16
0.4	d−0.7		0.6	1.2	0.2
0.45	d−0.7		0.7	1.35	0.2
0.5	d−0.8		0.8	1.5	0.2
0.6	d−1		0.9	1.8	0.4
0.7	d−1.1		1.1	2.1	0.4
0.75	d−1.2		1.2	2.25	0.4
0.8	d−1.3		1.3	2.4	0.4
1	d−1.6		1.6	3	0.6
1.25	d−2		2	3.75	0.6
1.5	d−2.3		2.5	4.5	0.8
1.75	d−2.6		3	5.25	1
2	d−3		3.4	6	1
2.5	d−3.6		4.4	7.5	1.2
3	d−4.4		5.2	9	1.6

비고

1. d_g의 기준 치수는 나사 피치에 대응하는 나사의 호칭지름(d)에서 이 난에 규정하는 수치를 뺀 것으로 한다.
   (보기 : P=1, d=20에 대한 d_g의 기준 치수는 d−1.6=20−1.6=18.4mm)
2. 호칭치수 d는 KS B 0201(미터보통나사) 또는 KS B 0204(미터가는나사)의 호칭지름이다.

7. 그리스 니플

단위 : mm

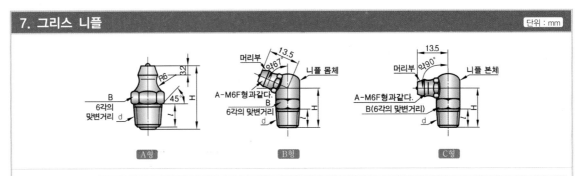

A형 치수		B형 치수		C형 치수	
형 식	나사의 호칭지름 d	형 식	나사 호칭지름 d	형 식	나사 호칭지름 d
A–M6 F	M6×0.75	–	–	–	–
A–MT6×0.75	MT6×0.75	B–MT6×0.75	MT6×0.75	C–MT6×0.75	MT6×0.75
A–PT 1/8	PT 1/8	B–PT 1/8	PT 1/8	C–PT 1/8	PT 1/8
A–PT 1/4	PT 1/4	–	–	–	–

비고
1. A–M6 F형 나사는 KS B0204(미터 가는 나사)에 따르며, 정밀도는 KS B0214(미터 가는 나사의 허용한계 치수 및 공차)의 2급으로 한다.
2. PT 1/8 및 PT 1/4 형 나사는 KS B0222(관용 테이퍼 나사)에 따른다.
3. B형, C형의 머리부와 니플 몸체의 나사는 사정에 따라 변경할 수가 있다.
4. 치수의 허용차를 특히 규정하지 않는 것은 KS B ISO 2768–1(절삭가공 치수의 보통 허용차)의 중간급에 따른다.

8. 절삭 가공품 라운드 및 모떼기

단위 : mm

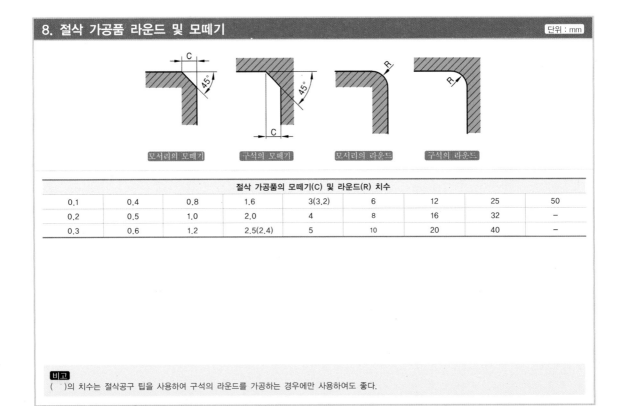

절삭 가공품의 모떼기(C) 및 라운드(R) 치수								
0.1	0.4	0.8	1.6	3(3.2)	6	12	25	50
0.2	0.5	1.0	2.0	4	8	16	32	–
0.3	0.6	1.2	2.5(2.4)	5	10	20	40	–

비고
(   )의 치수는 절삭공구 팁을 사용하여 구석의 라운드를 가공하는 경우에만 사용하여도 좋다.

9. 중심거리의 허용차

단위 : μm

중심거리의 구분(mm) 초과	이하	0급(참고)	1급	2급	3급	4급 (mm)
–	3	±2	±3	±7	±20	±0.05
3	6	±3	±4	±9	±24	±0.06
6	10	±3	±5	±11	±29	±0.08
10	18	±4	±6	±14	±35	±0.09
18	30	±5	±7	±17	±42	±0.11
30	50	±6	±8	±20	±50	±0.13
50	80	±7	±10	±23	±60	±0.15
80	120	±8	±11	±27	±70	±0.18
120	180	±9	±13	±32	±80	±0.20
180	250	±10	±15	±36	±93	±0.23
250	315	±12	±16	±41	±105	±0.26
315	400	±13	±18	±45	±115	±0.29
400	500	±14	±20	±49	±125	±0.32
500	630	–	±22	±55	±140	±0.35
630	800	–	±25	±63	±160	±0.40
800	1,000	–	±28	±70	±180	±0.45
1,000	1,250	–	±33	±83	±210	±0.53
1,250	1,600	–	±29	±98	±250	±0.63
1,600	2,000	–	±46	±120	±300	±0.75
2,000	2,500	–	±55	±140	±350	±0.88
2,500	3,150	–	±68	±170	±430	±1.05

10. 널링

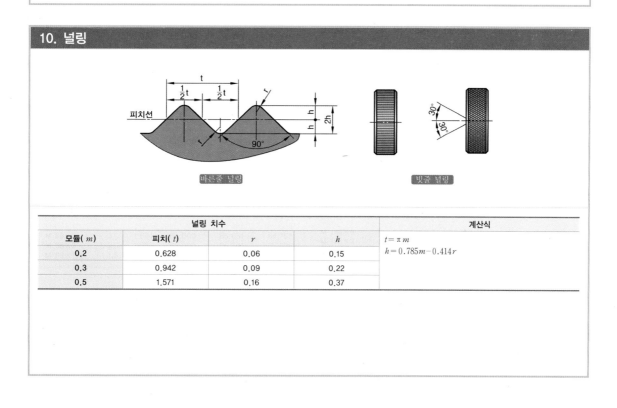

바른줄 널링

빗줄 널링

널링 치수				계산식
모듈(m)	피치(t)	r	h	$t = \pi m$
0.2	0.628	0.06	0.15	$h = 0.785m - 0.414r$
0.3	0.942	0.09	0.22	
0.5	1.571	0.16	0.37	

11. 주철제 V벨트 풀리(홈)

단위 : mm

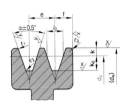

▶ d_p : 홈의 나비가 l_0 곳의 지름이다.

V벨트 형별	호칭지름 (d_p)	α (±0.5°)	l_0	k	k_0	e	f	r_1	r_2	r_3	(참고) V벨트의 두께
M	50 이상 71 이하 71 초과 90 이하 90 초과	34° 36° 38°	8.0	2.7 $^{+0.2}_{0}$	6.3	–	9.5 $^{±1}$	0.2~0.5	0.5~1.0	1~2	5.5
A	71 이상 100 이하 100 초과 125 이하 125 초과	34° 36° 38°	9.2	4.5 $^{+0.2}_{0}$	8.0	15.0 $^{±0.4}$	10.0 $^{±1}$	0.2~0.5	0.5~1.0	1~2	9
B	125 이상 165 이하 165 초과 200 이하 200 초과	34° 36° 38°	12.5	5.5 $^{+0.2}_{0}$	9.5	19.0 $^{±0.4}$	12.5 $^{±1}$	0.2~0.5	0.5~1.0	1~2	11
C	200 이상 250 이하 250 초과 315 이하 315 초과	34° 36° 38°	16.9	7.0 $^{+0.3}_{0}$	12.0	25.5 $^{±0.5}$	17.0 $^{±1}$	0.2~0.5	1.0~1.6	2~3	14
D	355 이상 450 이하 450 초과	36° 38°	24.6	9.5 $^{+0.4}_{0}$	15.5	37.0 $^{±0.5}$	24.0 $^{+2}_{-1}$	0.2~0.5	1.6~2.0	3~4	19
E	500 이상 630 이하 630 초과	36° 38°	28.7	12.7 $^{+0.5}_{0}$	19.3	44.5 $^{±0.5}$	29.0 $^{+3}_{-1}$	0.2~0.5	1.6~2.0	4~5	25.5

바깥지름 d_e의 허용차 및 흔들림 허용차

호칭지름	바깥지름 d_e 허용차	바깥둘레 흔들림 허용값	림 측면 흔들림 허용값
75 이상 118 이하	±0.6	0.3	0.3
125 이상 300 이하	±0.8	0.4	0.4
315 이상 630 이하	±1.2	0.6	0.6
710 이상 900 이하	±1.6	0.8	0.8

비고
1. 풀리의 재질은 보통 회주철(GC200) 또는 이와 동등 이상의 품질인 것으로 사용한다.
2. M형은 원칙적으로 한 줄만 걸친다.
3. M형, D형, E형은 홈부분의 모양 및 수만 규정한다.

12. 볼트 구멍지름

단위 : mm

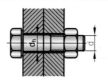

나사의 호칭 (d)	볼트 구멍지름(d_h)			모떼기 (e)	카운터 보어 지름 (D'')	나사의 호칭 (d)	볼트 구멍지름(d_h)			모떼기 (e)	카운터 보어 지름 (D'')
	1급	2급	3급				1급	2급	3급		
3	3.2	3.4	3.6	0.3	9	20	21	22	24	1.2	43
3.5	3.7	3.9	4.2	0.3	10	22	23	24	26	1.2	46
4	4.3	4.5	4.8	0.4	11	24	25	26	28	1.2	50
4.5	4.8	5	5.3	0.4	13	27	28	30	32	1.7	55
5	5.3	5.5	5.8	0.4	13	30	31	33	35	1.7	62
6	6.4	6.6	7	0.4	15	33	34	36	38	1.7	66
7	7.4	7.6	8	0.4	18	36	37	39	42	1.7	72
8	8.4	9	10	0.6	20	39	40	42	45	1.7	76
10	10.5	11	12	0.6	24	42	43	45	48	1.8	82
12	13	13.5	14.5	1.1	28	45	46	48	52	1.8	87
14	15	15.5	16.5	1.1	32	48	50	52	56	2.3	93
16	17	17.5	18.5	1.1	35	52	54	56	62	2.3	100
18	19	20	21	1.1	39	56	58	62	66	3.5	110

13. 볼트 자리파기

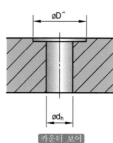
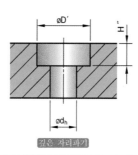
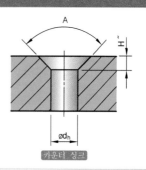

카운터 보어 | 깊은 자리파기 | 카운터 싱크

나사의 호칭 (d)	볼트 구멍 지름 (d_h)	카운터 보어 ($\phi D''$)	깊은 자리파기		카운터싱크	
			깊은 자리파기 ($\phi D'$)	깊이(머리묻힘) (H'')	깊이 (H'')	각도 (A)
M3	3.4	9	6	3.3	1.75	
M4	4.5	11	8	4.4	2.3	$90° {}^{+2''}_{0}$
M5	5.5	13	9.5	5.4	2.8	
M6	6.6	15	11	6.5	3.4	
M8	9	20	14	8.6	4.4	
M10	11	24	17.5	10.8	5.5	
M12	14	28	20	13	6.5	
(M14)	16	32	23	15.2	7	$90° {}^{+2''}_{0}$
M16	18	35	26	17.5	7.5	
M18	20	39	–	–	8	
M20	22	43	32	21.5	8.5	

비고

1. 카운터 보어 : 주로 6각볼트(KS B 1002) 및 너트(KS B 1012) 체결시 적용되는 가공법이고, 보어깊이는 규격에 따라 규정되어 있지 않고 일반적으로 흑피가 없어질 정도로 한다.
2. 깊은 자리파기 : 주로 6각 구멍붙이 볼트(KS B 1003) 체결시 적용되는 가공법이다.

14. 멈춤나사

단위 : mm

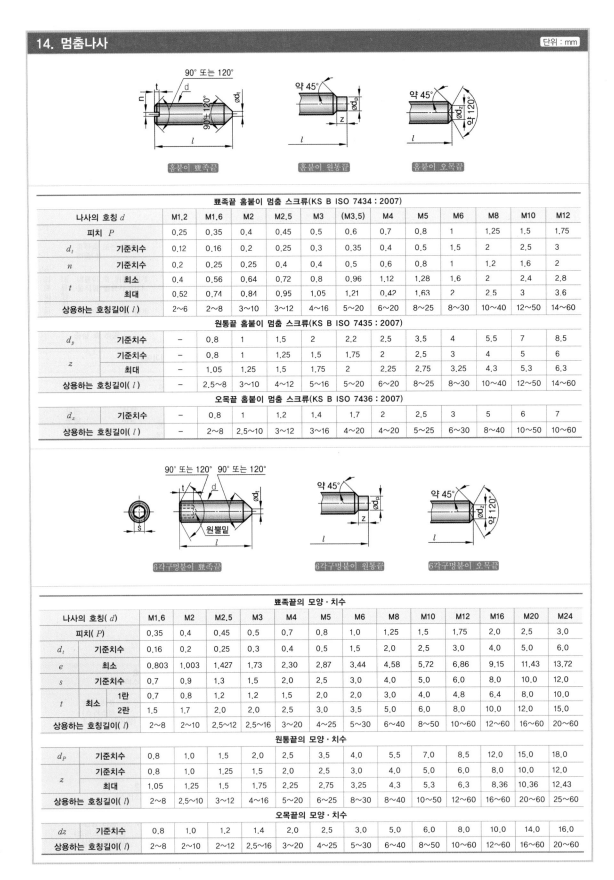

홈붙이 뾰족끝 홈붙이 원통끝 홈붙이 오목끝

뾰족끝 홈붙이 멈춤 스크류(KS B ISO 7434 : 2007)

나사의 호칭 d		M1.2	M1.6	M2	M2.5	M3	(M3.5)	M4	M5	M6	M8	M10	M12
피치 P		0.25	0.35	0.4	0.45	0.5	0.6	0.7	0.8	1	1.25	1.5	1.75
d_t	기준치수	0.12	0.16	0.2	0.25	0.3	0.35	0.4	0.5	1.5	2	2.5	3
n	기준치수	0.2	0.25	0.25	0.4	0.4	0.5	0.6	0.8	1	1.2	1.6	2
t	최소	0.4	0.56	0.64	0.72	0.8	0.96	1.12	1.28	1.6	2	2.4	2.8
	최대	0.52	0.74	0.84	0.95	1.05	1.21	0.42	1.63	2	2.5	3	3.6
상용하는 호칭길이(l)		2~6	2~8	3~10	3~12	4~16	5~20	6~20	8~25	8~30	10~40	12~50	14~60

원통끝 홈붙이 멈춤 스크류(KS B ISO 7435 : 2007)

d_p	기준치수	–	0.8	1	1.5	2	2.2	2.5	3.5	4	5.5	7	8.5
z	기준치수	–	0.8	1	1.25	1.5	1.75	2	2.5	3	4	5	6
	최대	–	1.05	1.25	1.5	1.75	2	2.25	2.75	3.25	4.3	5.3	6.3
상용하는 호칭길이(l)		–	2.5~8	3~10	4~12	5~16	5~20	6~20	8~25	8~30	10~40	12~50	14~60

오목끝 홈붙이 멈춤 스크류(KS B ISO 7436 : 2007)

d_z	기준치수	–	0.8	1	1.2	1.4	1.7	2	2.5	3	5	6	7
상용하는 호칭길이(l)		–	2~8	2.5~10	3~12	3~16	4~20	4~20	5~25	6~30	8~40	10~50	10~60

6각구멍붙이 뾰족끝 6각구멍붙이 원통끝 6각구멍붙이 오목끝

뾰족끝의 모양 · 치수

나사의 호칭(d)			M1.6	M2	M2.5	M3	M4	M5	M6	M8	M10	M12	M16	M20	M24
피치(P)			0.35	0.4	0.45	0.5	0.7	0.8	1.0	1.25	1.5	1.75	2.0	2.5	3.0
d_t	기준치수		0.16	0.2	0.25	0.3	0.4	0.5	1.5	2.0	2.5	3.0	4.0	5.0	6.0
e	최소		0.803	1.003	1.427	1.73	2.30	2.87	3.44	4.58	5.72	6.86	9.15	11.43	13.72
s	기준치수		0.7	0.9	1.3	1.5	2.0	2.5	3.0	4.0	5.0	6.0	8.0	10.0	12.0
t	최소	1란	0.7	0.8	1.2	1.2	1.5	2.0	2.0	3.0	4.0	4.8	6.4	8.0	10.0
		2란	1.5	1.7	2.0	2.0	2.5	3.0	3.5	5.0	6.0	8.0	10.0	12.0	15.0
상용하는 호칭길이(l)			2~8	2~10	2.5~12	2.5~16	3~20	4~25	5~30	6~40	8~50	10~60	12~60	16~60	20~60

원통끝의 모양 · 치수

d_P	기준치수	0.8	1.0	1.5	2.0	2.5	3.5	4.0	5.5	7.0	8.5	12.0	15.0	18.0
z	기준치수	0.8	1.0	1.25	1.5	2.0	2.5	3.0	4.0	5.0	6.0	8.0	10.0	12.0
	최대	1.05	1.25	1.5	1.75	2.25	2.75	3.25	4.3	5.3	6.3	8.36	10.36	12.43
상용하는 호칭길이(l)		2~8	2.5~10	3~12	4~16	5~20	6~25	8~30	8~40	10~50	12~60	16~60	20~60	25~60

오목끝의 모양 · 치수

dz	기준치수	0.8	1.0	1.2	1.4	2.0	2.5	3.0	5.0	6.0	8.0	10.0	14.0	16.0
상용하는 호칭길이(l)		2~8	2~10	2~12	2.5~16	3~20	4~25	5~30	6~40	8~50	10~60	12~60	16~60	20~60

15. T홈

`단위 : mm`

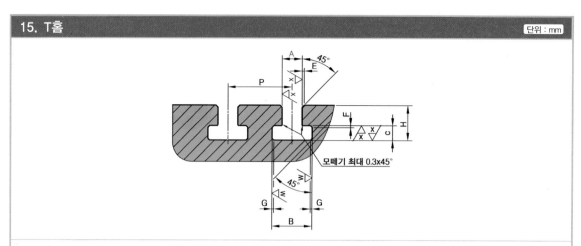

모떼기 최대 0.3x45°

T홈 볼트 d (호칭)	A (기준)	B		C		H		E	F	G	P (T홈 간격)
		최소	최대	최소	최대	최소	최대	최대	최대	최대	
M4	5	10	11	3.5	4.5	8	10	1	0.6	1	20–25–32
M5	6	11	12.5	5	6	11	13	1	0.6	1	25–32–40
M6	8	14.5	16	7	8	15	18	1	0.6	1	32–40–50
M8	10	16	18	7	8	17	21	1	0.6	1	40–50–63
M10	12	19	21	8	9	20	25	1	0.6	1	(40)–50–63–80
M12	14	23	25	9	11	23	28	1.6	0.6	1.6	(50)–50–63–80
M16	18	30	32	12	14	30	36	1.6	1	1.6	(63)–80–100–125
M20	22	37	40	16	18	38	45	1.6	1	2.5	(80)–100–125–160
M24	28	46	50	20	22	48	56	1.6	1	2.5	100–125–160–200
M30	36	56	60	25	28	61	71	2.5	1	2.5	125–160–200–250
M36	42	68	72	32	35	74	85	2.5	1.6	4	160–200–250–320
M42	48	80	85	36	40	84	95	2.5	2	6	200–250–320–400
M48	54	90	95	40	44	94	106	2.5	2	6	250–320–400–500

비고
1. 홈 : A에 대한 공차 : 고정 홈에 대해서는 H12, 기준 홈에 대해서는 H8, P의 괄호 안의 치수는 가능 한 피해야 한다.
2. 모든 T홈의 간격에 대한 공차는 누적되지 않는다.

16. 평행 핀

`단위 : mm`

주([1]) 반지름 또는 딤플된 핀 끝단 허용

호칭지름 d m6/h8([2])	0.6	0.8	1	1.2	1.5	2	2.5	3	4	5	6	8	10	12	16	20	25	30	40	50
c 약	0.12	0.16	0.2	0.25	0.3	0.35	0.4	0.5	0.63	0.8	1.2	1.6	2	2.5	3	3.5	4	5	6.3	8
상용하는 호칭길이(l) ([3])	2 l 6	2 l 8	4 l 10	4 l 12	4 l 16	6 l 20	6 l 24	8 l 30	8 l 40	10 l 50	12 l 60	14 l 80	18 l 95	20 l 140	26 l 180	35 l 200	50 l 200	60 l 200	80 l 200	95 l 200

17. 분할 핀

단위 : mm

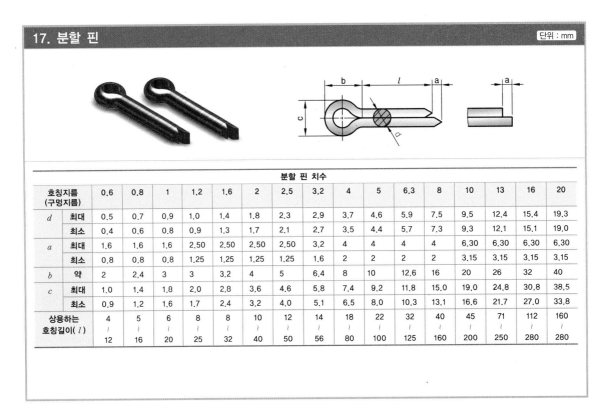

분할 핀 치수

호칭지름 (구멍지름)		0.6	0.8	1	1.2	1.6	2	2.5	3.2	4	5	6.3	8	10	13	16	20
d	최대	0.5	0.7	0.9	1.0	1.4	1.8	2.3	2.9	3.7	4.6	5.9	7.5	9.5	12.4	15.4	19.3
	최소	0.4	0.6	0.8	0.9	1.3	1.7	2.1	2.7	3.5	4.4	5.7	7.3	9.3	12.1	15.1	19.0
a	최대	1.6	1.6	1.6	2.50	2.50	2.50	2.50	3.2	4	4	4	4	6.30	6.30	6.30	6.30
	최소	0.8	0.8	0.8	1.25	1.25	1.25	1.25	1.6	2	2	2	2	3.15	3.15	3.15	3.15
b	약	2	2.4	3	3	3.2	4	5	6.4	8	10	12.6	16	20	26	32	40
c	최대	1.0	1.4	1.8	2.0	2.8	3.6	4.6	5.8	7.4	9.2	11.8	15.0	19.0	24.8	30.8	38.5
	최소	0.9	1.2	1.6	1.7	2.4	3.2	4.0	5.1	6.5	8.0	10.3	13.1	16.6	21.7	27.0	33.8
상용하는 호칭길이(l)		4 ∼ 12	5 ∼ 16	6 ∼ 20	8 ∼ 25	8 ∼ 32	10 ∼ 40	12 ∼ 50	14 ∼ 56	18 ∼ 80	22 ∼ 100	32 ∼ 125	40 ∼ 160	45 ∼ 200	71 ∼ 250	112 ∼ 280	160 ∼ 280

18. 스플릿 테이퍼 핀

단위 : mm

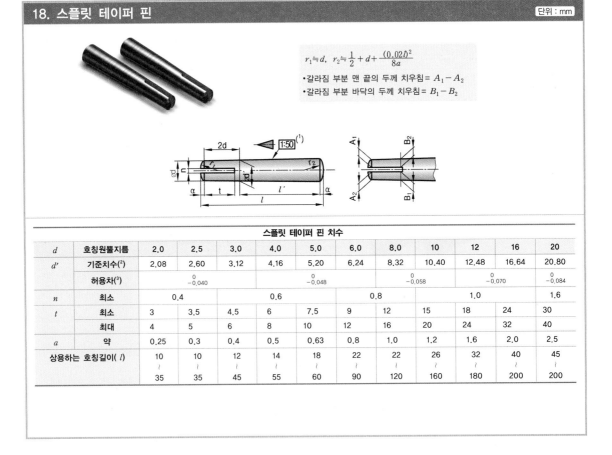

$$r_1 \fallingdotseq d, \quad r_2 \fallingdotseq \frac{1}{2} + d + \frac{(0.02l)^2}{8a}$$

• 갈라짐 부분 맨 끝의 두께 치우침 = $A_1 - A_2$
• 갈라짐 부분 바닥의 두께 치우침 = $B_1 - B_2$

스플릿 테이퍼 핀 치수

d	호칭원뿔지름	2.0	2.5	3.0	4.0	5.0	6.0	8.0	10	12	16	20
d'	기준치수([2])	2.08	2.60	3.12	4.16	5.20	6.24	8.32	10.40	12.48	16.64	20.80
	허용차([3])	$\begin{matrix}0\\-0.040\end{matrix}$			$\begin{matrix}0\\-0.048\end{matrix}$			$\begin{matrix}0\\-0.058\end{matrix}$		$\begin{matrix}0\\-0.070\end{matrix}$		$\begin{matrix}0\\-0.084\end{matrix}$
n	최소	0.4			0.6			0.8		1.0		1.6
t	최소	3	3.5	4.5	6	7.5	9	12	15	18	24	30
	최대	4	5	6	8	10	12	16	20	24	32	40
a	약	0.25	0.3	0.4	0.5	0.63	0.8	1.0	1.2	1.6	2.0	2.5
상용하는 호칭길이(l)		10 ∼ 35	10 ∼ 35	12 ∼ 45	14 ∼ 55	18 ∼ 60	22 ∼ 90	22 ∼ 120	26 ∼ 160	32 ∼ 180	40 ∼ 200	45 ∼ 200

19. 스프링식 곧은 핀-홈형

단위 : mm

스프링식 곧은 핀-홈형(중하중용)

	호칭지름		1	1.5	2	2.5	3	3.5	4	4.5	5	6	8	10	12	13
d_1	가공전	최대	1.3	1.8	2.4	2.9	3.5	4.0	4.6	5.1	5.6	6.7	8.8	10.8	12.8	13.8
		최소	1.2	1.7	2.3	2.8	3.3	3.8	4.4	4.9	5.4	6.4	8.5	10.5	12.5	13.5
	s		0.2	0.3	0.4	0.5	0.6	0.75	0.8	1	1	1.2	1.5	2	2.5	2.5
	이중전단강도 (kN)		0.7	1.58	2.82	4.38	6.32	9.06	11.24	15.36	17.54	26.04	42.76	70.16	104.1	115.1
	상용하는 호칭길이(l)		4~20	4~20	4~30	4~30	4~40	4~40	4~50	5~50	5~80	10~100	10~120	10~160	10~180	10~180

스프링식 곧은 핀-홈형(중하중용 계속)

	호칭지름		14	16	18	20	21	25	28	30	32	35	38	40	45	50
d_1	가공전	최대	14.8	16.8	18.9	20.9	21.9	25.9	28.9	30.9	32.9	35.9	38.9	40.9	45.9	50.9
		최소	14.5	16.5	18.5	20.5	21.5	25.5	28.5	30.5	32.5	35.5	38.5	40.5	45.5	50.5
	s		3	3	3.5	4	4	5	5.5	6	6	7	7.5	7.5	8.5	9.5
	이중전단강도 (kN)		114.7	171	222.5	280.6	298.2	438.5	542.6	631.4	684	859	1003	1068	1360	1685
	상용하는 호칭길이(l)		10~200	10~200	10~200	10~200	14~200	14~200	14~200	14~200	20~200	20~200	20~200	20~200	20~200	20~200

스프링식 곧은 핀-홈형(경하중용)

	호칭지름		2	2.5	3	3.5	4	4.5	5	6	8	10	12	13
d_1	가공전	최대	2.4	2.9	3.5	4.0	4.6	5.1	5.6	6.7	8.8	10.8	12.8	13.8
		최소	2.3	2.8	3.3	3.8	4.4	4.9	5.4	6.4	8.5	10.5	12.5	13.5
	s		0.2	0.25	0.3	0.35	0.5	0.5	0.5	0.75	0.75	1	1	1.2
	이중전단강도(kN)		1.5	2.4	3.5	4.6	8	8.8	10.4	18	24	40	48	66
	상용하는 호칭길이(l)		4~30	4~30	4~40	4~40	4~50	6~50	6~80	10~100	10~120	10~160	10~180	10~180

스프링식 곧은 핀-홈형(경하중용 계속)

	호칭지름		14	16	18	20	21	25	28	30	35	40	45	50
d_1	가공전	최대	14.8	16.8	18.9	20.9	21.9	25.9	28.9	30.9	35.9	40.9	45.9	50.9
		최소	14.5	16.5	18.5	20.5	21.5	25.5	28.5	30.5	25.5	40.5	45.5	50.5
	s		1.5	1.5	1.7	2	2	2	2.5	2.5	3.5	4	4	5
	이중전단강도(kN)		84	98	126	156	168	202	280	302	490	634	720	1000
	상용하는 호칭길이(l)		9~200	9~200	9~200	9~200	14~200	14~200	14~200	14~200	20~200	20~200	20~200	20~200

379

20. 지그용 고정부시

단위 : mm

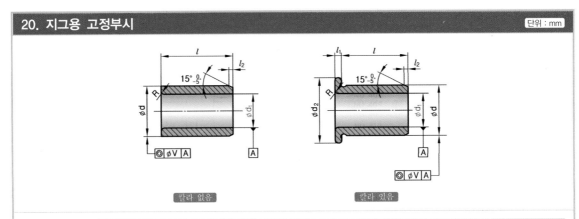

칼라 없음　　　　칼라 있음

지그용 고정부시 치수

d_1		동축도	d		d_2		$l(^{0}_{-0.5})$	l_1	l_2	R
드릴용 구멍(G6) 리머용 구멍(F7)			기준치수	허용차 (P6)	기준 치수	허용차 (h13)				
	1 이하	0.012	3	+0.012 +0.006	7	0 -0.220	6, 8	2	1.5	0.5
1 초과 1.5 이하			4	+0.020 +0.012	8					
1.5초과 2 이하			5		9		6, 8, 10, 12			0.8
2 초과 3 이하			7	+0.024 +0.015	11	0 -0.270	8, 10, 12, 16	2.5		
3 초과 4 이하			8		12					1.0
4 초과 6 이하			10		14		10, 12, 16, 20	3		
6 초과 8 이하			12	+0.029 +0.018	16					2.0
8 초과 10 이하			15		19	0 -0.330	12, 16, 20, 25			
10 초과 12 이하			18		22			4		
12 초과 15 이하			22	+0.035 +0.022	26		16, 20, (25), 28, 36			
15 초과 18 이하			26		30		20, 25, (30), 36, 45			
18 초과 22 이하		0.020	30		35	0 -0.390		5		3.0
22 초과 26 이하			35	+0.042 +0.026	40					
26 초과 30 이하			42		47		25, (30), 36, 45, 56			
30 초과 35 이하			48		53	0 -0.460		6		4.0
35 초과 42 이하			55	+0.051 +0.032	60		30, 35, 45, 56			
42 초과 48 이하			62		67					
48 초과 55 이하			70		75					
55 초과 63 이하		0.025	78		83	0 -0.540	35, 45, 56, 67			

비고

1. d, d_1 및 d_2의 허용차는 KS B 0401(KS B ISO 1829)의 규정에 따른다.

2. l_1, l_2 및 R의 허용차는 KS B ISO 2768-1에 규정하는 보통급으로 한다.

3. l 치수에서 ( )를 붙인 것은 되도록 사용하지 않는다.

21. 지그용 삽입부시(둥근형)

단위 : mm

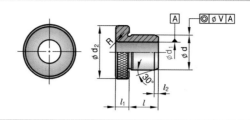

지그용 삽입부시 치수(둥근형)

d_1		동축도	d		d_2		$l(^{\ 0}_{-0.5})$	l_1	l_2	R
드릴용 구멍(G6) 리머용 구멍(F7)			기준치수	허용차 (m5)	기준 치수	허용차 (h13)				
4 이하		0.012	12	+0.012 +0.006	16	0 -0.270	10, 12, 16	8	1.5	2
4 초과 6 이하			15		19	0 -0.330	12, 16, 20, 25			
6 초과 8 이하			18		22			10		
8 초과 10 이하			22	+0.015 +0.007	26		16, 20, (25), 28, 36			
10 초과 12 이하			26		30					
12 초과 15 이하			30		35	0 -0.390	20, 25, (30), 36, 45	12		3
15 초과 18 이하			35	+0.017 +0.008	40					
18 초과 22 이하		0.020	42		47		25, (30), 36, 45, 56			
22 초과 26 이하			48		53	0 -0.460		16		4
26 초과 30 이하			55	+0.020 +0.009	60		30, 35, 45, 56			
30 초과 35 이하			62		67					
35 초과 42 이하			70		75					
42 초과 48 이하			78		83	0 -0.540	35, 45, 56, 67			
48 초과 55 이하			85	+0.024 +0.011	90					
55 초과 63 이하		0.025	95		100		40, 56, 67, 78			
63 초과 70 이하			105		110					
70 초과 78 이하			115		120		45, 50, 67, 89			
78 초과 85 이하			125	+0.028 +0.013	130	0 -0.630				

비고

1. d, d_1 및 d_2의 허용차는 KS B 0401(KS B ISO 1829)의 규정에 따른다.

2. l_1, l_2 및 R의 허용차는 KS B ISO 2768-1에 규정하는 보통급으로 한다.

3. l 치수에서 ( )를 붙인 것은 되도록 사용하지 않는다.

22. 지그용 삽입부시(노치형)

단위 : mm

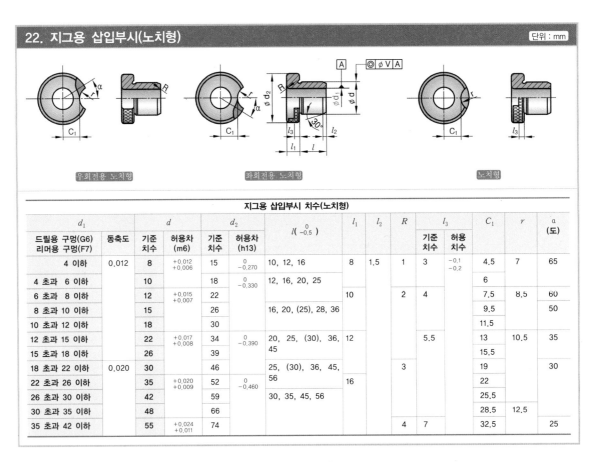

우회전용 노치형   좌회전용 노치형   노치형

지그용 삽입부시 치수(노치형)

d_1		동축도	d		d_2		$l(^{\ 0}_{-0.5})$	l_1	l_2	R	l_3		C_1	r	α (도)
드릴용 구멍(G6) 리머용 구멍(F7)			기준 치수	허용차 (m6)	기준 치수	허용차 (h13)					기준 치수	허용 치수			
4 이하		0.012	8	+0.012 +0.006	15	0 −0.270	10, 12, 16	8	1.5	1	3	−0.1 −0.2	4.5	7	65
4 초과 6 이하			10		18	0 −0.330	12, 16, 20, 25						6		
6 초과 8 이하			12	+0.015 +0.007	22			10		2	4		7.5	8.5	60
8 초과 10 이하			15		26		16, 20, (25), 28, 36						9.5		50
10 초과 12 이하			18		30								11.5		
12 초과 15 이하			22	+0.017 +0.008	34	0 −0.390	20, 25, (30), 36, 45	12			5.5		13	10.5	35
15 초과 18 이하			26		39								15.5		
18 초과 22 이하		0.020	30		46		25, (30), 36, 45, 56			3			19		30
22 초과 26 이하			35	+0.020 +0.009	52	0 −0.460		16					22		
26 초과 30 이하			42		59		30, 35, 45, 56						25.5		
30 초과 35 이하			48		66								28.5	12.5	
35 초과 42 이하			55	+0.024 +0.011	74					4	7		32.5		25

23. 지그용 삽입부시(고정 라이너)

단위 : mm

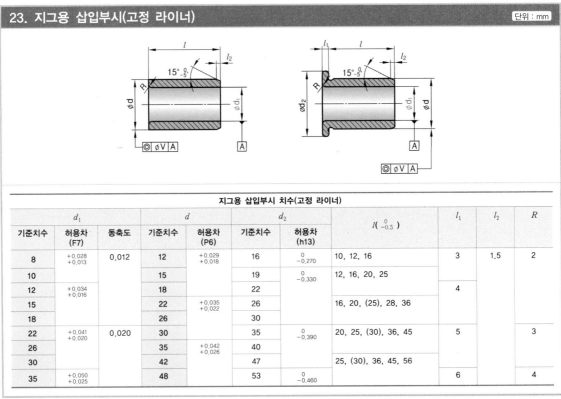

지그용 삽입부시 치수(고정 라이너)

d_1		동축도	d		d_2		$l(^{\ 0}_{-0.5})$	l_1	l_2	R
기준치수	허용차 (F7)		기준치수	허용차 (P6)	기준치수	허용차 (h13)				
8	+0.028 +0.013	0.012	12	+0.029 +0.018	16	0 −0.270	10, 12, 16	3	1.5	2
10			15		19	0 −0.330	12, 16, 20, 25			
12	+0.034 +0.016		18		22			4		
15			22	+0.035 +0.022	26		16, 20, (25), 28, 36			
18			26		30					
22	+0.041 +0.020	0.020	30		35	0 −0.390	20, 25, (30), 36, 45	5		3
26			35	+0.042 +0.026	40					
30			42		47		25, (30), 36, 45, 56			
35	+0.050 +0.025		48		53	0 −0.460		6		4

24. 지그용 삽입부시(조립 치수)

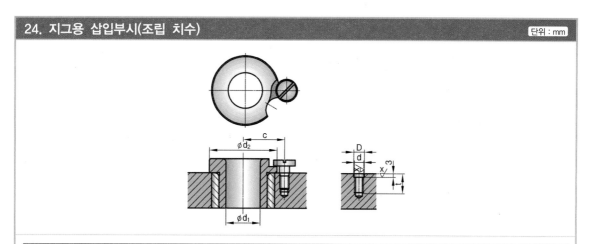

지그용 삽입부시와 멈춤쇠 및 멈춤나사 중심거리 치수

삽입부시의 구멍지름 d_1	d_2	d	c 기준치수	c 허용차	D	t
4 이하	15	M5	11.5	±0.2	5.2	11
4 초과 6 이하	18		13			
6 초과 8 이하	22		16			
8 초과 10 이하	26		18			
10 초과 12 이하	30		20			
12 초과 15 이하	34	M6	23.5		6.2	14
15 초과 18 이하	39		26			
18 초과 22 이하	46		29.5			
22 초과 26 이하	52	M8	32.5		8.5	16
26 초과 30 이하	59		36			
30 초과 35 이하	66		41			
35 초과 42 이하	74		45			
42 초과 48 이하	82	M10	49		10.2	20
48 초과 55 이하	90		53			
55 초과 63 이하	100		58			
63 초과 70 이하	110		63			

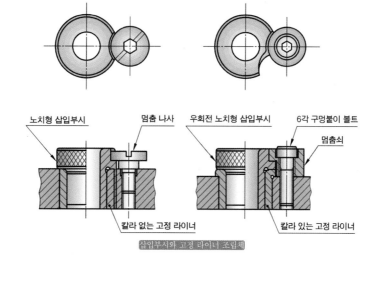

노치형 삽입부시　　멈춤 나사　　우회전 노치형 삽입부시　　6각 구멍붙이 볼트

멈춤쇠

칼라 없는 고정 라이너　　　칼라 있는 고정 라이너

삽입부시와 고정 라이너 조립체

25. C형 멈춤링

단위 : mm

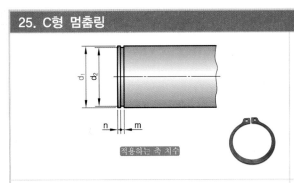

적용하는 축 치수

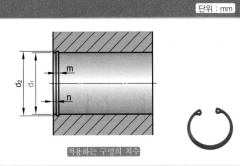

적용하는 구멍의 치수

적용하는 축(참고)

멈춤링 호칭(¹)	호칭 축지름 d_1	d_2 기준치수	d_2 허용차	m 기준치수	m 허용차	n 최소
1란	10	9.6	0 −0.09	1.15	+0.14 0	1.5
2란	11	10.5	0 −0.11			
1란	12	11.5				
3란	13	12.4				
	14	13.4				
1란	15	14.3				
	16	15.2				
	17	16.2				
	18	17		1.35		
2란	19	18				
1란	20	19	0 −0.21			
3란	21	20				
1란	22	21				
2란	24	22.9				
1란	25	23.9				
2란	26	24.9				
1란	28	26.6		1.75		
3란	29	27.6				
1란	30	28.6				
	32	30.3	0 −0.25			
3란	34	32.3				
1란	35	33				
2란	36	34		1.95		2
	38	36				
1란	40	38				
2란	42	39.5				
1란	45	42.5				
2란	48	45.5				
1란	50	47		2.2		
3란	52	49				
1란	55	52	0 −0.3			
2란	56	53				
3란	58	55				
1란	60	57				
3란	62	59				
	63	60				
1란	65	62		2.7		2.5
3란	68	65				
1란	70	67				
3란	72	69				
1란	75	72				
3란	78	75				
1란	80	76.5				
3란	82	78.5				

적용하는 구멍(참고)

멈춤링 호칭(¹)	호칭 구멍지름 d_1	d_2 기준치수	d_2 허용차	m 기준치수	m 허용차	n 최소
1란	10	10.4	+0.11 0	1.15	+0.14 0	1.5
	11	11.4				
	12	12.5				
2란	13	13.6				
1란	14	14.6				
3란	15	15.7				
1란	16	16.8				
2란	17	17.8				
1란	18	19	+0.21 0			
	19	20				
	20	21				
3란	21	22				
1란	22	23				
2란	24	25.2		1.35		
1란	25	26.2				
2란	26	27.2				
1란	28	29.4				
	30	31.4	+0.25 0			
	32	33.7				
3란	34	35.7		1.75		2
1란	35	37				
2란	36	38				
1란	37	39				
2란	38	40				
1란	40	42.5	+0.25 0	1.95		
	42	44.5				
	45	47.5				
	47	49.5		1.9		
2란	48	50.5	+0.3 0	1.9		
1란	50	53		2.2		
	52	55				
	55	58				
2란	56	59				
3란	58	61				
1란	60	63				
	62	65				
2란	63	66				
	65	68		2.7		2.5
1란	68	71				
2란	70	73				
1란	72	75				
	75	78				
3란	78	81	+0.35 0			
1란	80	83.5				

주
(¹) 호칭은 1란의 것을 우선하며, 필요에 따라서 2란, 3란의 순으로 한다. 또한 3란은 앞으로 폐지할 예정이다.

비고
적용하는 축의 치수는 권장하는 치수를 참고로 표시한 것이다 .

26. E형 멈춤링

단위 : mm

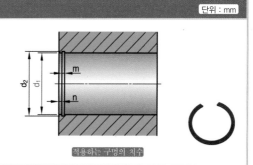

적용하는 축의 치수

비고
적용하는 축의 치수는 권장하는 치수를 참고로 표시한
것이다.

멈춤링 호칭	적용하는 축(참고)							
	d_1의 구분 (호칭 축지름)		d_2		m		n	
	초과	이하	기본치수	허용차	기본치수	허용차	최소	
3	4	5	3	+0.06 / 0	0.7	+0.1 / 0	1	
4	5	7	4	+0.075 / 0			1.2	
5	6	8	5					
6	7	9	6		0.9			
7	8	11	7	+0.09 / 0			1.5	
8	9	12	8				1.8	
9	10	14	9				2	
10	11	15	10		1.15	+0.14 / 0		
12	13	18	12	+0.11 / 0			2.5	
15	16	24	15		1.75 (5)		3	
19	20	31	19	+0.13 / 0			3.5	
24	25	38	24		2.2		4	

27. C형 동심형 멈춤링

단위 : mm

적용하는 축의 치수

적용하는 구멍의 치수

멈춤링 호칭 (¹)	적용하는 축(참고)					
	호칭 축지름 d_1	d_2		m		n
		기준 치수	허용차	기준 치수	허용차	최소
1란	20	19	0 / −0.21	1.35	+0.14 / 0	1.5
	22	21				
3란	22.4	21.5				
1란	25	23.9				
	28	26.6		1.75		
	30	28.6				
3란	31.5	29.8	0 / −0.25			
1란	32	30.3				
	35	33				
3란	35.5	33.5				
1란	40	38		1.9		2
2란	42	39.5				
1란	45	42.5				
	50	47		2.2		
	55	52	0 / −0.3			
2란	56	53				

멈춤링 호칭 (¹)	적용하는 구멍(참고)					
	호칭구멍지름 d_1	d_2		m		n
		기준 치수	허용차	기준 치수	허용차	최소
1란	20	21	+0.21 / 0	1.15	+0.14 / 0	1.5
	22	23				
3란	24	25.2		1.35		
1란	25	26.2				
3란	26	27.2				
1란	28	29.4				
	30	31.4				
2란	32	33.7	+0.25 / 0			
1란	35	37		1.75		2
2란	37	39				
1란	40	42.5		1.9		
2란	42	44.5				
1란	45	47.5				
2란	47	49.5				
1란	50	53		2.2		
	52	55				

주 (¹) 호칭은 1란의 것을 우선하며, 필요에 따라서 2란, 3란의 순으로 한다. 또한 3란은 앞으로 폐지할 예정이다.
비고 적용하는 축의 치수는 권장하는 치수를 참고로 표시한 것이다 .

28. 구름베어링용 로크너트 · 와셔
단위 : mm

로크너트—AN

X형 와셔—AW

A형 와셔—AW

구름베어링용 로크너트 · 와셔 치수

호칭 번호	나사호칭 (G)	로크너트 치수					호칭 번호	조합하는 와셔 치수			
		d_1	d_2	B	b	h		d_3	f_1	M	f
AN00	M10×0.75	13.5	18	4	3	2	AW00	10	3	8.5	3
AN01	M12×1	17	22	4	3	2	AW01	12	3	10.5	3
AN02	M15×1	21	25	5	4	2	AW02	15	4	13.5	4
AN03	M17×1	24	28	5	4	2	AW03	17	4	15.5	4
AN04	M20×1	26	32	6	4	2	AW04	20	4	18.5	4
AN/22	M22×1	28	34	6	4	2	AW/22	22	4	20.5	4
AN05	M25×1.5	32	38	7	5	2	AW05	25	5	23	5
AN/28	M28×1.5	36	42	7	5	2	AW/28	28	5	26	5
AN06	M30×1.5	38	45	7	5	2	AW06	30	5	27.5	5
AN/32	M32×1.5	40	48	8	5	2	AW/32	32	5	29.5	5
AN07	M35×1.5	44	52	8	5	2	AW07	35	6	32.5	5
AN08	M40×1.5	50	58	9	6	2.5	AW08	40	6	37.5	6
AN09	M45×1.5	56	65	10	6	2.5	AW09	45	6	42.5	6
AN10	M50×1.5	61	70	11	6	2.5	AW10	50	6	47.5	6
AN11	M55×2	67	75	11	7	3	AW11	55	8	52.5	7
AN12	M60×2	73	80	11	7	3	AW12	60	8	57.5	7
AN13	M65×2	79	85	12	7	3	AW13	65	8	62.5	7
AN14	M70×2	85	92	12	8	3.5	AW14	70	8	66.5	8
AN15	M75×2	90	98	13	8	3.5	AW15	75	8	71.5	8
AN16	M80×2	95	105	15	8	3.5	AW16	80	10	76.5	8
AN17	M85×2	102	110	16	8	3.5	AW17	85	10	81.5	8
AN18	M90×2	108	120	16	10	4	AW18	90	10	86.5	10
AN19	M95×2	113	125	17	10	4	AW19	95	10	91.5	10
AN20	M100×2	120	130	18	10	4	AW20	100	12	96.5	10
AN21	M105×2	126	140	18	12	5	AW21	105	12	100.5	12
AN22	M110×2	133	145	19	12	5	AW22	110	12	105.5	12
AN23	M115×2	137	150	19	12	5	AW23	115	12	110.5	12
AN24	M120×2	138	155	20	12	5	AW24	120	14	115	12
AN25	M125×2	148	160	21	12	5	AW25	125	14	120	12

비고
1. 호칭번호 AN00~AN25의 로그너트에는 X형의 와셔를 사용한다.
2. 호칭번호 AN26~AN40의 로그너트에는 A형 또는 X형의 와셔를 사용한다.
3. 호칭번호 AN44~AN52의 로그너트에는 X형의 와셔 또는 멈춤쇠를 사용한다.
4. 호칭번호 AN00~AN40의 로그너트에 대한 나사 기준치수는 KS B 0204(미터 가는나사)에 따른다.
5. 호칭번호 AN44~AN100의 로그너트에 대한 나사 기준치수는 KS B 0229(미터 사다리꼴나사)에 따른다.

29. 미터 보통 나사

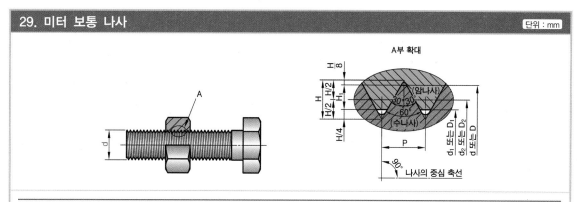

A부 확대

나사의 중심 축선

미터 보통 나사의 기본 치수

1란	2란	3란	피치 P	접촉높이 H_1	골지름 D / 바깥지름 d	유효지름 D_2 / 유효지름 d_2	안지름 D_1 / 골지름 d_1	1란	2란	피치 P	접촉높이 H_1	골지름 D / 바깥지름 d	유효지름 D_2 / 유효지름 d_2	안지름 D_1 / 골지름 d_1
M 1			0.25	0.135	1.000	0.838	0.729		M 14	2	1.083	14.000	12.701	11.835
	M 1.1		0.25	0.135	1.100	0.938	0.829	M 16		2	1.083	16.000	14.701	13.835
M 1.2			0.25	0.135	1.200	1.038	0.929		M 18	2.5	0.353	18.000	16.376	15.294
	M 1.4		0.3	0.162	1.400	1.205	1.075	M 20		2.5	1.353	20.000	18.376	17.294
M 1.6			0.35	0.189	1.600	1.373	1.221		M 22	2.5	1.353	22.000	20.376	19.294
	M 1.8		0.35	0.189	1.800	1.573	1.421	M 24		3	1.624	24.000	22.051	20.752
M 2			0.4	0.217	2.000	1.740	1.567		M 27	3	1.624	27.000	25.051	23.752
	M 2.2		0.45	0.244	2.200	1.908	1.713	M 30		3.5	1.894	30.000	27.727	26.211
M 2.5			0.45	0.244	2.500	2.208	2.013		M 33	3.5	1.894	33.000	30.727	29.211
M 3			0.5	0.271	3.000	2.675	2.459	M 36		4	2.165	36.000	33.402	31.670
	M 3.5		0.6	0.325	3.500	3.110	2.850		M 39	4	2.165	39.000	36.402	34.670
M 4			0.7	0.379	4.000	3.545	3.242	M 42		4.5	2.436	42.000	39.077	37.129
	M 4.5		0.75	0.406	4.500	4.013	3.688		M 45	4.5	2.436	45.000	42.077	40.129
M 5			0.8	0.433	5.000	4.480	4.134	M 48		5	2.706	48.000	44.752	42.587
M 6			1	0.541	6.000	5.350	4.917		M 52	5	2.706	52.000	48.752	46.587
M 8		M 7	1	0.541	7.000	6.350	5.917	M 56		5.5	2.977	56.000	52.428	50.046
		M 9	1.25	0.677	8.000	7.188	6.647		M 60	5.5	2.977	60.000	56.428	54.046
			1.25	0.677	9.000	8.188	7.647	M 64		6	3.248	64.000	60.103	57.505
M 10			1.5	0.812	10.000	9.026	8.376		M 68	6	3.248	68.000	64.103	61.505
		M 11	1.5	0.812	11.000	10.026	9.376	–	–	–	–	–	–	–
M 12			1.75	0.947	12.000	10.863	10.106							

비고
1. d, d_1 및 d_2의 허용차는 KS B 0401(KS B ISO 1829)의 규정에 따른다.
2. l_1, l_2 및 R의 허용차는 KS B ISO 2768-1에 규정하는 보통급으로 한다.

30. 미터 가는 나사

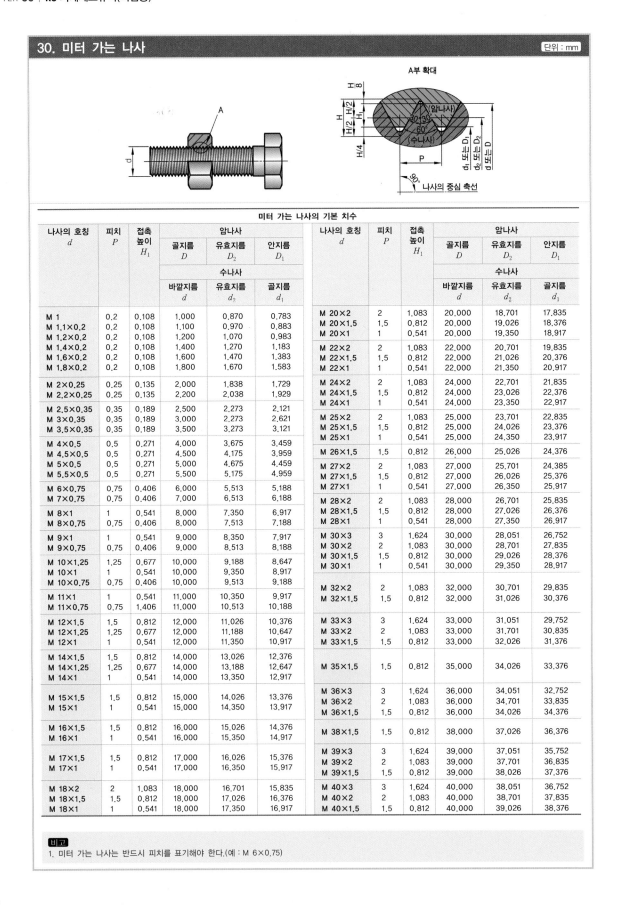

단위 : mm

미터 가는 나사의 기본 치수

나사의 호칭 d	피치 P	접촉높이 H_1	암나사 골지름 D / 수나사 바깥지름 d	암나사 유효지름 D_2 / 수나사 유효지름 d_2	암나사 안지름 D_1 / 수나사 골지름 d_1	나사의 호칭 d	피치 P	접촉높이 H_1	암나사 골지름 D / 수나사 바깥지름 d	암나사 유효지름 D_2 / 수나사 유효지름 d_2	암나사 안지름 D_1 / 수나사 골지름 d_1
M 1	0.2	0.108	1.000	0.870	0.783	M 20×2	2	1.083	20.000	18.701	17.835
M 1.1×0.2	0.2	0.108	1.100	0.970	0.883	M 20×1.5	1.5	0.812	20.000	19.026	18.376
M 1.2×0.2	0.2	0.108	1.200	1.070	0.983	M 20×1	1	0.541	20.000	19.350	18.917
M 1.4×0.2	0.2	0.108	1.400	1.270	1.183	M 22×2	2	1.083	22.000	20.701	19.835
M 1.6×0.2	0.2	0.108	1.600	1.470	1.383	M 22×1.5	1.5	0.812	22.000	21.026	20.376
M 1.8×0.2	0.2	0.108	1.800	1.670	1.583	M 22×1	1	0.541	22.000	21.350	20.917
M 2×0.25	0.25	0.135	2.000	1.838	1.729	M 24×2	2	1.083	24.000	22.701	21.835
M 2.2×0.25	0.25	0.135	2.200	2.038	1.929	M 24×1.5	1.5	0.812	24.000	23.026	22.376
M 2.5×0.35	0.35	0.189	2.500	2.273	2.121	M 24×1	1	0.541	24.000	23.350	22.917
M 3×0.35	0.35	0.189	3.000	2.273	2.621	M 25×2	2	1.083	25.000	23.701	22.835
M 3.5×0.35	0.35	0.189	3.500	3.273	3.121	M 25×1.5	1.5	0.812	25.000	24.026	23.376
M 4×0.5	0.5	0.271	4.000	3.675	3.459	M 25×1	1	0.541	25.000	24.350	23.917
M 4.5×0.5	0.5	0.271	4.500	4.175	3.959	M 26×1.5	1.5	0.812	26.000	25.026	24.376
M 5×0.5	0.5	0.271	5.000	4.675	4.459	M 27×2	2	1.083	27.000	25.701	24.385
M 5.5×0.5	0.5	0.271	5.500	5.175	4.959	M 27×1.5	1.5	0.812	27.000	26.026	25.376
M 6×0.75	0.75	0.406	6.000	5.513	5.188	M 27×1	1	0.541	27.000	26.350	25.917
M 7×0.75	0.75	0.406	7.000	6.513	6.188	M 28×2	2	1.083	28.000	26.701	25.835
M 8×1	1	0.541	8.000	7.350	6.917	M 28×1.5	1.5	0.812	28.000	27.026	26.376
M 8×0.75	0.75	0.406	8.000	7.513	7.188	M 28×1	1	0.541	28.000	27.350	26.917
M 9×1	1	0.541	9.000	8.350	7.917	M 30×3	3	1.624	30.000	28.051	26.752
M 9×0.75	0.75	0.406	9.000	8.513	8.188	M 30×2	2	1.083	30.000	28.701	27.835
M 10×1.25	1.25	0.677	10.000	9.188	8.647	M 30×1.5	1.5	0.812	30.000	29.026	28.376
M 10×1	1	0.541	10.000	9.350	8.917	M 30×1	1	0.541	30.000	29.350	28.917
M 10×0.75	0.75	0.406	10.000	9.513	9.188	M 32×2	2	1.083	32.000	30.701	29.835
M 11×1	1	0.541	11.000	10.350	9.917	M 32×1.5	1.5	0.812	32.000	31.026	30.376
M 11×0.75	0.75	1.406	11.000	10.513	10.188	M 33×3	3	1.624	33.000	31.051	29.752
M 12×1.5	1.5	0.812	12.000	11.026	10.376	M 33×2	2	1.083	33.000	31.701	30.835
M 12×1.25	1.25	0.677	12.000	11.188	10.647	M 33×1.5	1.5	0.812	33.000	32.026	31.376
M 12×1	1	0.541	12.000	11.350	10.917	M 35×1.5	1.5	0.812	35.000	34.026	33.376
M 14×1.5	1.5	0.812	14.000	13.026	12.376	M 36×3	3	1.624	36.000	34.051	32.752
M 14×1.25	1.25	0.677	14.000	13.188	12.647	M 36×2	2	1.083	36.000	34.701	33.835
M 14×1	1	0.541	14.000	13.350	12.917	M 36×1.5	1.5	0.812	36.000	34.026	34.376
M 15×1.5	1.5	0.812	15.000	14.026	13.376	M 38×1.5	1.5	0.812	38.000	37.026	36.376
M 15×1	1	0.541	15.000	14.350	13.917	M 39×3	3	1.624	39.000	37.051	35.752
M 16×1.5	1.5	0.812	16.000	15.026	14.376	M 39×2	2	1.083	39.000	37.701	36.835
M 16×1	1	0.541	16.000	15.350	14.917	M 39×1.5	1.5	0.812	39.000	38.026	37.376
M 17×1.5	1.5	0.812	17.000	16.026	15.376	M 40×3	3	1.624	40.000	38.051	36.752
M 17×1	1	0.541	17.000	16.350	15.917	M 40×2	2	1.083	40.000	38.701	37.835
M 18×2	2	1.083	18.000	16.701	15.835	M 40×1.5	1.5	0.812	40.000	39.026	38.376
M 18×1.5	1.5	0.812	18.000	17.026	16.376						
M 18×1	1	0.541	18.000	17.350	16.917						

비고

1. 미터 가는 나사는 반드시 피치를 표기해야 한다.(예 : M 6×0.75)

미터 가는 나사의 기본 치수(계속)

나사의 호칭 d	피치 P	접촉높이 H_1	암나사 골지름 D / 수나사 바깥지름 d	암나사 유효지름 D_2 / 수나사 유효지름 d_2	암나사 안지름 D_1 / 수나사 골지름 d_1
M 42×4	4	2.165	42.000	39.402	37.670
M 42×3	3	1.624	42.000	40.051	38.752
M 42×2	2	1.083	42.000	40.701	39.835
M 42×1.5	1.5	0.812	42.000	41.026	40.376
M 45×4	4	2.165	45.000	42.402	40.670
M 45×3	3	1.624	45.000	43.051	41.752
M 45×2	2	1.083	45.000	43.701	42.835
M 45×1.5	1.5	0.812	45.000	44.026	43.376
M 48×4	4	2.165	48.000	45.402	43.670
M 48×3	3	1.624	48.000	46.051	44.752
M 48×2	2	1.083	48.000	46.701	45.835
M 48×1.5	1.5	0.812	48.000	47.026	46.376
M 50×3	3	1.624	50.000	48.051	46.752
M 50×2	2	1.083	50.000	48.701	47.835
M 50×1.5	1.5	0.812	50.000	49.026	48.376
M 52×4	4	2.165	52.000	49.402	47.670
M 52×3	3	1.624	52.000	50.051	48.752
M 52×2	2	1.083	52.000	50.701	49.835
M 52×1.5	1.5	0.812	52.000	51.026	50.376
M 55×4	4	2.165	55.000	52.402	50.670
M 55×3	3	1.624	55.000	53.051	51.752
M 55×2	2	1.083	55.000	53.701	52.835
M 55×1.5	1.5	0.812	55.000	54.026	53.376
M 56×4	4	2.165	56.000	53.402	51.670
M 56×3	3	1.624	56.000	54.051	52.752
M 56×2	2	1.083	56.000	54.701	53.835
M 56×1.5	1.5	0.812	56.000	55.026	54.376
M 58×4	4	2.165	58.000	55.402	53.670
M 58×3	3	1.624	58.000	56.051	54.752
M 58×2	2	1.083	58.000	56.701	55.835
M 58×1.5	1.5	0.812	58.000	57.026	56.376
M 60×4	4	2.165	60.000	57.402	55.670
M 60×3	3	1.624	60.000	58.051	56.752
M 60×2	2	1.083	60.000	58.701	57.835
M 60×1.5	1.5	0.812	60.000	59.026	58.376
M 62×4	4	2.165	62.000	59.402	57.670
M 62×3	3	1.624	62.000	60.051	58.752
M 62×2	2	1.083	62.000	60.701	59.835
M 62×1.5	1.5	0.812	62.000	61.026	60.376
M 64×4	4	2.165	64.000	61.402	59.670
M 64×3	3	1.624	64.000	62.051	60.752
M 64×2	2	1.083	64.000	62.701	61.835
M 64×1.5	1.5	0.812	64.000	63.026	62.376
M 65×4	4	2.165	65.000	62.402	60.670
M 65×3	3	1.624	65.000	63.051	61.752
M 65×2	2	1.083	65.000	63.701	62.835
M 65×1.5	1.5	0.812	65.000	64.026	63.376
—	—	—	—	—	—
M 68×4	4	2.165	68.000	65.402	63.670
M 68×3	3	1.624	68.000	66.051	64.752
M 68×2	2	1.083	68.000	66.701	65.835
M 68×1.5	1.5	0.812	68.000	67.026	66.376
M 70×6	6	3.248	70.000	66.103	63.505
M 70×4	4	2.165	70.000	67.402	65.670
M 70×3	3	1.624	70.000	68.051	66.752
M 70×2	2	1.083	70.000	68.701	67.835
M 70×1.5	1.5	0.812	70.000	69.026	68.376
M 72×6	6	3.248	72.000	68.103	65.505
M 72×4	4	2.165	72.000	69.402	67.670
M 72×3	3	1.624	72.000	70.051	68.752
M 72×2	2	1.083	72.000	70.701	69.835
M 72×1.5	1.5	0.812	72.000	71.026	70.376
M 76×6	6	3.248	76.000	72.103	69.505
M 76×4	4	2.165	76.000	73.402	71.670
M 76×3	3	1.624	76.000	74.051	72.752
M 76×2	2	1.083	76.000	74.701	73.835
M 76×1.5	1.5	0.812	76.000	75.026	74.376
M 80×6	6	3.248	80.000	76.103	73.505
M 80×4	4	2.165	80.000	77.402	75.670
M 80×3	3	1.624	80.000	78.051	76.752
M 80×2	2	1.083	80.000	78.701	77.835
M 80×1.5	1.5	0.812	80.000	79.026	78.376
M 85×6	6	3.248	85.000	81.103	78.505
M 85×4	4	2.165	85.000	82.402	80.670
M 85×3	3	1.624	85.000	83.051	81.752
M 85×2	2	1.083	85.000	83.701	82.835
M 90×6	6	3.248	90.000	86.103	83.505
M 90×4	4	2.165	90.000	87.402	85.670
M 90×3	3	1.624	90.000	88.051	86.752
M 90×2	2	1.083	90.000	88.701	87.835
M 95×6	6	3.248	95.000	91.103	88.505
M 95×4	4	2.165	95.000	92.402	90.670
M 95×3	3	1.624	95.000	93.051	91.752
M 95×2	2	1.083	95.000	93.701	92.835
M 100×6	6	3.248	100.000	96.103	93.505
M 100×4	4	2.165	100.000	97.402	95.670
M 100×3	3	1.624	100.000	98.051	96.752
M 100×2	2	1.083	100.000	98.701	97.835
M 105×6	6	3.248	105.000	101.103	98.505
M 105×4	4	2.165	105.000	102.402	100.670
M 105×3	3	1.624	105.000	103.051	101.752
M 105×2	2	1.083	105.000	103.701	102.835
M 110×6	6	3.248	110.000	106.103	103.505
M 110×4	4	2.165	110.000	107.402	105.670
M 110×3	3	1.624	110.000	108.501	106.752
M 110×2	2	1.083	110.000	108.701	107.835
M 115×6	6	3.248	115.000	111.103	108.505
M 115×4	4	2.165	115.000	112.402	110.670
M 115×3	3	1.624	115.000	113.051	111.752
M 115×2	2	1.083	115.000	113.701	112.835
M 120×6	6	3.248	120.000	116.103	113.505
M 120×4	4	2.165	120.000	117.402	115.670
M 120×3	3	1.624	120.000	118.051	116.752
M 120×2	2	1.083	120.000	118.701	117.835
M 125×6	6	3.248	125.000	121.103	118.505
M 125×4	4	2.165	125.000	122.402	120.670
M 125×3	3	1.624	125.000	123.051	121.752
M 125×2	2	1.083	125.000	123.701	122.835
—	—	—	—	—	—

비고

1. 미터 가는 나사는 반드시 피치를 표기해야 한다.(예 : M 6×0.75)

31. 관용 평행 나사

단위 : mm

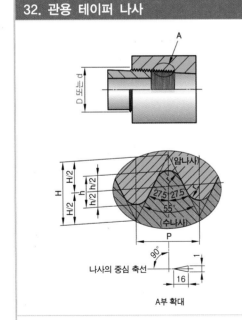

A부 확대

나사 호칭 d	나사산 수 25.4mm 에 대하여 n	피치 P (참고)	수나사		
			바깥지름 d	유효지름 d_2	골지름 d_1
			암나사		
			골지름 D	유효지름 D_2	안지름 D_1
G 1/16	28	0.9071	7.723	7.142	6.561
G 1/8	28	0.9071	9.728	9.147	8.566
G 1/4	19	1.3368	13.157	12.301	11.445
G 3/8	19	1.3368	16.662	15.803	14.950
G 1/2	14	1.8143	20.955	19.793	18.631
G 5/8	14	1.8143	22.911	21.749	20.587
G 3/4	14	1.8143	26.441	25.279	24.117
G 7/8	14	1.8143	30.201	29.039	27.877
G 1	11	2.3091	33.249	31.770	30.291
G 1 1/8	11	2.3091	37.897	36.418	34.939
G 1 1/4	11	2.3091	41.910	40.431	38.952
G 1 1/2	11	2.3091	47.803	46.324	44.845
G 1 3/4	11	2.3091	53.746	52.267	50.788
G 2	11	2.3091	59.614	58.135	56.656
G 2 1/4	11	2.3091	65.710	64.231	62.752
G 2 1/2	11	2.3091	75.184	73.705	72.226
G 2 3/4	11	2.3091	81.534	80.055	78.576

비고
표 중의 관용 평행 나사를 표시하는 기호 G는 필요에 따라 생략하여도 좋다.

32. 관용 테이퍼 나사

단위 : mm

A부 확대

나사의 호칭([1])	나사산 수 25.4mm 에 대하여 n	피치 P (참고)	수나사		
			바깥지름 d	유효지름 d_2	골지름 d_1
			암나사		
			골지름 D	유효지름 D_2	안지름 D_1
R 1/16	28	0.9071	7.723	7.142	6.561
R 1/8	28	0.9071	9.728	9.147	8.566
R 1/4	19	1.3368	13.157	12.301	11.445
R 3/8	19	1.3368	16.662	15.806	14.950
R 1/2	14	1.8143	20.955	19.793	18.631
R 3/4	14	1.8143	26.441	25.279	24.117
R 1	11	2.3091	33.249	31.770	30.291
R 1 1/4	11	2.3091	41.910	40.431	38.952
R 1 1/2	11	2.3091	47.803	46.324	44.845
R 2	11	2.3091	59.614	58.135	56.656
R 2 1/2	11	2.3091	75.184	73.705	72.226
R 3	11	2.3091	87.884	86.405	84.926
R 4	11	2.3091	113.030	111.551	110.072
R 5	11	2.3091	138.430	136.951	135.472
R 6	11	2.3091	163.880	162.351	160.872

주
([1]) 이 호칭은 테이퍼 수나사에 대한 것이며, 테이퍼 암나사 및 평행 암나사의 경우는 R의 기호를 RC 또는 RP로 한다.

비고
관용 나사를 나타내는 기호(R, RC 및 RP)는 필요에 따라 생략하여도 좋다.

33. 미터 사다리꼴 나사
단위 : mm

미터 사다리꼴 나사 기준치수 산출공식

$$H = 1.866P \qquad d_2 = d - 0.5P \qquad D = d$$
$$H_1 = 0.5P \qquad d_1 = d - P \qquad D_2 = d_2$$
$$D_1 = d_1$$

나사의 호칭 d	피치 P	접촉 높이 H_1	암나사		
			골지름 D	유효지름 D_2	안지름 D_1
			수나사		
			바깥지름 d	유효지름 d_2	골지름 d_1
Tr 8×1.5	1.5	0.75	8.000	7.250	6.500
Tr 9×2	2	1	9.000	8.000	7.000
Tr 9×1.5	1.5	0.75	9.000	8.250	7.500
Tr 10×2	2	1	10.000	9.000	8.000
Tr 10×1.5	1.5	0.75	10.000	9.250	8.500
Tr 11×3	3	1.5	11.000	9.500	8.000
Tr 11×2	2	1	11.000	10.000	9.000
Tr 12×3	3	1.5	12.000	10.500	9.000
Tr 12×2	2	1	12.000	11.000	10.000
Tr 14×3	3	1.5	14.000	12.500	11.000
Tr 14×2	2	1	14.000	13.000	12.000
Tr 16×4	4	2	16.000	14.000	12.000
Tr 16×2	2	1	16.000	15.000	14.000
Tr 18×4	4	2	18.000	16.000	14.000
Tr 18×2	2	1	18.000	17.000	16.000
Tr 20×4	4	2	20.000	18.000	16.000
Tr 20×2	2	1	20.000	19.000	18.000
Tr 22×8	8	4	22.000	18.000	14.000
Tr 22×5	5	2.5	22.000	19.000	17.000
Tr 22×3	3	1.5	22.000	20.500	19.000

34. 레이디얼 베어링 끼워맞춤부 축과 하우징 R 및 어깨높이
단위 : mm

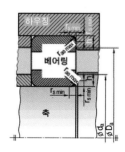

호칭 치수	축과 하우징		
r_{smin} (베어링 모떼기 치수)	r_{asmax} (적용할 구멍/축 최대 모떼기치수)	어깨 높이 h(최소)	
		일반의 경우(')	특별한 경우(²)
0.1	0.1	0.4	
0.15	0.15	0.6	
0.2	0.2	0.8	
0.3	0.3	1.25	1
0.6	0.6	2.25	2
1	1	2.75	2.5
1.1	1	3.5	3.25
1.5	1.5	4.25	4
2	2	5	4.5
2.1	2	6	5.5
2.5	2	6	5.5
3	2.5	7	6.5
4	3	9	8
5	4	11	10
6	5	14	12
4.5	6	18	16
9.5	8	22	20

35. 레이디얼 베어링 및 스러스트 베어링 조립부 공차

단위 : mm

레이디얼 베어링(0급, 6X급, 6급)에 대하여 일반적으로 사용하는 축의 공차 범위 등급

조건		축 지름(mm)						축 공차	적용 보기
		볼 베어링		원통롤러베어링 원뿔롤러베어링		자동 조심 롤러베어링			
		초과	이하	초과	이하	초과	이하		
내륜 회전 하중	경하중 또는 변동 하중(0,1,2)	– 18 100 –	18 100 200 –	– – 40 140	40 140 200	– – – –	– – – –	h5 js6(j6) k6 m6	정밀도를 필요로 하는 경우 js6, k6, m6 대신에 js5, k5, m5를 사용한다.
	보통 하중(3)	– 18 100 140 200 –	18 100 140 200 280	– – 40 100 140 200	40 100 140 200 400	– 40 65 100 140 280	40 65 100 140 280 500	js5(j5) k5 m5 m6 n6 p6 .r6	단열 앵귤러 볼 베어링 및 원뿔 롤러 베어링인 경우 끼워맞춤으로 인한 내부틈새의 변화를 생각할 필요가 없으므로 k5, m5 대신에 k6, m6을 사용할 수 있다.
	중하중 또는 충격 하중(4)	– – –	– – –	50 140 200	140 200	50 100 140	100 140 200	n6 p6 r6	보통 틈새의 베어링보다 큰 내부 틈새의 베어링이 필요하다.
외륜 회전 하중	내륜 정지 하중	내륜이 축 위를 쉽게 움직일 필요가 있다.	전체 축 지름					g6	정밀도를 필요로 하는 경우 g5를 사용한다. 큰 베어링에서는 쉽게 움직일 수 있도록 f6을 사용해도 된다.
		내륜이 축 위를 쉽게 움직일 필요가 없다.	전체 축 지름					h6	정밀도를 필요로 하는 경우 h5를 사용한다.
중심 축 하중		전체 축 지름						js6(j6)	–

레이디얼 베어링(0급, 6X급, 6급)에 대하여 일반적으로 사용하는 하우징 구멍의 공차 범위 등급

하우징	조건			하우징 구멍 공차	적용보기
		하중의 종류 등	외륜의 축 방향의 이동		
일체 또는 분할 하우징	내륜 회전 하중	모든 종류의 하중	쉽게 이동할 수 있다.	H7	대형 베어링 또는 외륜과 하우징의 온도차가 큰 경우 G7을 사용해도 된다.
		경하중 또는 보통하중(0,1,2,3)	쉽게 이동할 수 있다.	H8	–
		축과 내륜이 고온으로 된다.	쉽게 이동할 수 있다.	G7	대형 베어링 또는 외륜과 하우징의 온도차가 큰 경우 F7을 사용해도 된다.
일체 하우징		경하중 또는 보통하중에서 정밀 회전을 요한다.	원칙적으로 이동할 수 없다.	K6	주로 롤러 베어링에 적용한다.
			이동할 수 있다.	JS6	주로 볼 베어링에 적용한다.
		조용한 운전을 요한다.	쉽게 이동할 수 있다.	H6	–
	외륜 회전 하중	경하중 또는 변동하중(0,1,2)	이동할 수 없다.	M7	–
		보통하중 또는 중하중(3,4)	이동할 수 없다.	N7	주로 볼 베어링에 적용한다.
		얇은 하우징에서 중하중 또는 큰 충격하중	이동할 수 없다.	P7	주로 롤러 베어링에 적용한다.
	방향 부정 하중	경하중 또는 보통하중	통상, 이동할 수 있다.	JS7	정밀을 요하는 경우 JS7, K7 대신에 JS6, K6을 사용한다.
		보통하중 또는 중하중(1)	원칙적으로 이동할 수 없다.	K7	
		큰 충격하중	이동할 수 없다.	M7	–

스러스트 베어링(0급, 6급)에 대하여 일반적으로 사용하는 축의 공차 범위 등급

조건		축 지름(mm)		축 공차	적용 범위
		초과	이하		
중심 축 하중 (스러스트 베어링 전반)		전체 축 지름		js6	h6도 사용할 수 있다.
합성 하중 (스러스트 자동 조심롤러베어링)	내륜정지 하중	전체 축 지름		js6	–
	내륜회전 하중 또는 방향 부정하중	– 200 400	200 400 –	k6 m6 n6	k6, m6, n6 대신에 각각 js6, k6, m6도 사용할 수 있다.

스러스트 베어링(0급, 6급)에 대하여 일반적으로 사용하는 하우징 구멍의 공차 범위 등급

조건		하우징 구멍 공차	적용 범위
중심 축 하중 (스러스트 베어링 전반)		–	외륜에 레이디얼 방향의 틈새를 주도록 적절한 공차범위 등급을 선정한다.
		H8	스러스트 볼 베어링에서 정밀을 요하는 경우
합성 하중 (스러스트 자동 조심롤러베어링)	외륜정지 하중	H7	보통 사용 조건인 경우
	외륜회전 하중 또는 방향 부정하중	K7	
		M7	비교적 레이디얼 하중이 큰 경우

36. 미끄럼 베어링용 부시

단위 : mm

(1) C형

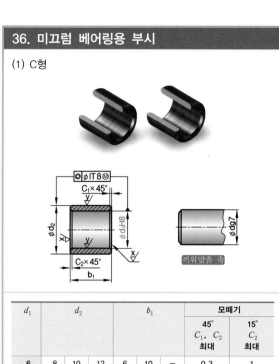

(2) F형

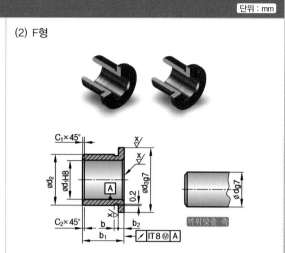

(1) C형

d_1	d_2			b_1		모떼기 45° C_1, C_2 최대	모떼기 15° C_2 최대
6	8	10	12	6	10	—	0.3	1
8	10	12	14	6	10	—	0.3	1
10	12	14	16	6	10	—	0.3	1
12	14	16	18	10	10	20	0.5	2
14	16	18	20	10	15	20	0.5	2
15	17	19	21	10	15	20	0.5	2
16	18	20	22	12	15	20	0.5	2
18	20	22	24	12	15	30	0.5	2
20	23	24	26	15	20	30	0.5	2
22	25	26	28	15	20	30	0.5	2
(24)	27	28	30	15	20	30	0.5	2
25	28	30	32	20	30	40	0.5	2
(27)	30	32	34	20	30	40	0.5	2
28	32	34	36	20	30	40	0.5	2
30	34	36	38	20	30	40	0.5	2
32	36	38	40	20	30	40	0.8	3
(33)	37	40	42	20	30	40	0.8	3
35	39	41	45	30	40	50	0.8	3

(2) F형

d_1	시리즈 1 d_2	d_3	b_2	시리즈 2 d_2	d_3	b_2	b_1			모떼기 45° C_1, C_2 최대	모떼기 15° C_2 최대	b
6	8	10	1	12	14	3	—	10	—	0.3	1	1
8	10	12	1	14	18	3	—	10	—	0.3	1	1
10	12	14	1	16	20	3	—	10	—	0.3	1	1
12	14	16	1	18	22	3	10	15	20	0.5	2	1
14	16	18	1	20	25	3	10	15	20	0.5	2	1
15	17	19	1	21	27	3	10	15	20	0.5	2	1
16	18	20	1	22	28	3	12	15	20	0.5	2	1.5
18	20	22	1	24	30	3	12	20	30	0.5	2	1.5
20	23	26	1.5	26	32	3	15	20	30	0.5	2	1.5
22	25	28	1.5	28	34	3	15	20	30	0.5	2	1.5
(24)	27	30	1.5	30	36	3	15	20	30	0.5	2	1.5
25	28	31	1.5	32	38	4	20	30	40	0.5	2	1.5
(27)	30	33	1.5	34	40	4	20	30	40	0.5	2	1.5
28	32	36	2	36	42	4	20	30	40	0.5	2	1.5
30	34	38	2	38	44	4	20	30	40	0.5	2	2
32	36	40	2	40	46	4	20	30	40	0.8	3	2
(33)	37	41	2	42	48	5	20	30	40	0.8	3	2
35	39	43	2	45	50	5	30	40	50	0.8	3	2

재질
KS D 6024 동 합금주물(CAC304, CAC401, CAC402, CAC403, CAC403)

재질
KS D 6024 동 합금주물(CAC304, CAC401, CAC402, CAC403, CAC403)

37. 깊은 홈 볼 베어링

단위 : mm

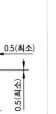

호칭 번호	베어링 계열 60 치수			
	d (안지름)	D (바깥지름)	B (폭)	r_{smin}
6000	10	26	8	0.3
6001	12	28	8	0.3
6002	15	32	9	0.3
6003	17	35	10	0.3
6004	20	42	12	0.6
60/22	22	44	12	0.6
6005	25	47	12	0.6
60/28	28	52	12	0.6
6006	30	55	13	1
60/32	32	58	13	1
6007	35	62	14	1
6008	40	68	15	1
6009	45	75	16	1
6010	50	80	16	1
6011	55	90	18	1.1
6012	60	95	18	1.1
6013	65	100	18	1.1

호칭 번호	베어링 계열 62 치수			
	d (안지름)	D (바깥지름)	B (폭)	r_{smin}
6200	10	30	9	0.6
6201	12	32	10	0.6
6202	15	35	11	0.6
6203	17	40	12	0.6
6204	20	47	14	1
62/22	22	50	14	1
6205	25	52	15	1
62/28	28	58	16	1
6206	30	62	16	1
62/32	32	65	17	1
6207	35	72	17	1.1
6208	40	80	18	1.1
6209	45	85	19	1.1
6210	50	90	20	1.1
6211	55	100	21	1.5
6212	60	110	22	1.5
6213	65	120	23	1.5

호칭 번호	베어링 계열 63 치수			
	d (안지름)	D (바깥지름)	B (폭)	r_{smin}
6300	10	35	11	0.6
6301	12	37	12	1
6302	15	42	13	1
6303	17	47	14	1
6304	20	52	15	1.1
63/22	22	56	16	1.1
6305	25	62	17	1.1
63/28	28	68	18	1.1
6306	30	72	19	1.1
63/32	32	75	20	1.1
6307	35	80	21	1.5
6308	40	90	23	1.5
6309	45	100	25	1.5
6310	50	110	27	2
6311	55	120	29	2
6312	60	130	31	2.1
6313	65	140	33	2.1

호칭 번호	베어링 계열 64 치수			
	d (안지름)	D (바깥지름)	B (폭)	r_{smin}
6400	10	37	12	0.6
6401	12	42	13	1
6402	15	52	15	1.1
6403	17	62	17	1.1
6404	20	72	19	1.1
6405	25	80	21	1.5
6406	30	90	23	1.5
6407	35	100	25	1.5
6408	40	110	27	2
6409	45	120	29	2
6410	50	130	31	2.1
6411	55	140	33	2.1
6412	60	150	35	2.1
6413	65	160	37	2.1
6414	70	180	42	3
6415	75	190	45	3
6416	80	200	48	3

호칭 번호	베어링 계열 67 치수			
	d (안지름)	D (바깥지름)	B (폭)	r_{smin}
6700	10	15	3	0.1
6701	12	18	4	0.2
6702	15	21	4	0.2
6703	17	23	4	0.2
6704	20	27	4	0.2
67/22	22	30	4	0.2
6705	25	32	4	0.2
67/28	28	35	4	0.2
6706	30	37	4	0.2
67/32	32	40	4	0.2
6707	35	44	5	0.3
6708	40	50	6	0.3
6709	45	55	6	0.3
6710	50	62	6	0.3
6711	55	68	7	0.3
6712	60	75	7	0.3
6713	65	80	7	0.3

호칭 번호	베어링 계열 68 치수			
	d (안지름)	D (바깥지름)	B (폭)	r_{smin}
6800	10	19	5	0.3
6801	12	21	5	0.3
6802	15	24	5	0.3
6803	17	26	5	0.3
6804	20	32	7	0.3
68/22	22	34	7	0.3
6805	25	37	7	0.3
68/28	28	40	7	0.3
6806	30	42	7	0.3
68/32	32	44	7	0.3
6807	35	47	7	0.3
6808	40	52	7	0.3
6809	45	58	7	0.3
6810	50	65	7	0.3
6811	55	72	9	0.3
6812	60	78	10	0.3
6813	65	85	10	0.6
6814	70	90	10	0.6
6815	75	95	10	0.6
6816	80	100	10	0.6
6817	85	110	13	1
6818	90	115	13	1
6819	95	120	13	1

호칭 번호	베어링 계열 69 치수			
	d (안지름)	D (바깥지름)	B (폭)	r_{smin}
6900	10	22	6	0.3
6901	12	24	6	0.3
6902	15	28	7	0.3
6903	17	30	7	0.3
6904	20	37	9	0.3
69/22	22	39	9	0.3
6905	25	42	9	0.3
69/28	28	45	9	0.3
6906	30	47	9	0.3
69/32	32	52	10	0.6
6907	35	55	10	0.6
6908	40	62	12	0.6
6909	45	68	12	0.6
6910	50	72	12	0.6
6911	55	80	13	1
6912	60	85	13	1
6913	65	90	13	1
6914	70	100	16	1
6915	75	105	16	1
6916	80	110	16	1
6917	85	120	18	1.1
6918	90	125	18	1.1

시방	보조기호
실 · 실드	양쪽 실붙이 : UU 한쪽 실붙이 : U 양쪽 실드 붙이 : ZZ 한쪽 실드 붙이 : Z

38. 앵귤러 볼 베어링

단위 : mm

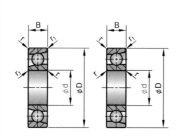

주
(¹) 접촉각 기호 (A)는 생략할 수 있다.
(²) 내륜 및 외륜의 최소 허용 모떼기 치수이다.

호칭번호 (¹)	베어링 계열 70 치수 d	D	B	r_{min}(²)	참고 r_{1smin}(²)
7000 A	10	26	8	0.3	0.15
7001 A	12	28	8	0.3	0.15
7002 A	15	32	9	0.3	0.15
7003 A	17	35	10	0.3	0.15
7004 A	20	42	12	0.6	0.3
7005 A	25	47	12	0.6	0.3
7006 A	30	55	13	1	0.6
7007 A	35	62	14	1	0.6
7008 A	40	68	15	1	0.6
7009 A	45	75	16	1	0.6
7010 A	50	80	16	1	0.6
7011 A	55	90	18	1.1	0.6
7012 A	60	95	18	1.1	0.6
7013 A	65	100	18	1.1	0.6
7014 A	70	110	20	1.1	0.6

호칭번호 (¹)	베어링 계열 72 치수 d	D	B	r_{min}(²)	참고 r_{1smin}(²)
7200 A	10	30	9	0.6	0.3
7201 A	12	32	10	0.6	0.3
7202 A	15	35	11	0.6	0.3
7203 A	17	40	12	0.6	0.3
7204 A	20	47	14	1	0.6
7205 A	25	52	15	1	0.6
7206 A	30	62	16	1	0.6
7207 A	35	72	17	1.1	0.6
7208 A	40	80	18	1.1	0.6
7209 A	45	85	19	1.1	0.6
7210 A	50	90	20	1.1	0.6
7211 A	55	100	21	1.5	1
7212 A	60	110	22	1.5	1
7213 A	65	120	23	1.5	1
7214 A	70	125	24	1.5	1

호칭번호 (¹)	베어링 계열 73 치수 d	D	B	r_{min}(²)	참고 r_{1smin}(²)
7300 A	10	35	11	0.6	0.3
7301 A	12	37	12	1	0.6
7302 A	15	42	13	1	0.6
7303 A	17	47	14	1	0.6
7304 A	20	52	15	1.1	0.6
7305 A	25	62	17	1.1	0.6
7306 A	30	72	19	1.1	0.6
7307 A	35	80	21	1.5	1
7308 A	40	90	23	1.5	1
7309 A	45	100	25	1.5	1
7310 A	50	110	27	2	1
7311 A	55	120	29	2	1
7312 A	60	130	31	2.1	1.1
7313 A	65	140	33	2.1	1.1
7314 A	70	150	35	2.1	1.1

호칭번호 (¹)	베어링 계열 74 치수 d	D	B	r_{min}(²)	참고 r_{1smin}(²)
7404 A	20	72	19	1.1	0.6
7405 A	25	80	21	1.5	1
7406 A	30	90	23	1.5	1
7407 A	35	100	25	1.5	1
7408 A	40	110	27	2	1
7409 A	45	120	29	2	1
7410 A	50	130	31	2.1	1.1
7411 A	55	140	33	2.1	1.1
7412 A	60	150	35	2.1	1.1
7413 A	65	160	37	2.1	1.1
7414 A	70	180	42	3	1.1
7415 A	75	190	45	3	1.1
7416 A	80	200	48	3	1.1
7417 A	85	210	52	4	1.5
7418 A	90	225	54	4	1.5

비고
접촉각 : A : 22~32°
B : 32~45°
C : 10~22°

39. 자동 조심 볼 베어링

단위 : mm

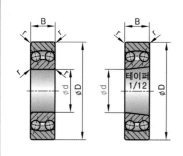

호칭번호 원통구멍	테이퍼구멍	베어링 계열 12 치수 d	D	B	r_{smin}(¹)
1200	–	10	30	9	0.6
1201	–	12	32	10	0.6
1202	–	15	35	11	0.6
1203	–	17	40	12	0.6
1204	1204 K	20	47	14	1
1205	1205 K	25	52	15	1
1206	1206 K	30	62	16	1
1207	1207 K	35	72	17	1.1
1208	1208 K	40	80	18	1.1
1209	1209 K	45	85	19	1.1
1210	1210 K	50	90	20	1.1
1211	1211 K	55	100	21	1.5

호칭번호 원통구멍	테이퍼구멍	베어링 계열 13 치수 d	D	B	r_{smin}(¹)
1300	–	10	35	11	0.6
1301	–	12	37	12	1
1302	–	15	42	13	1
1303	–	17	47	14	1
1304	1304 K	20	52	15	1.1
1305	1305 K	25	92	17	1.1
1306	1306 K	30	72	19	1.5
1307	1307 K	35	80	21	1.5
1308	1308 K	40	90	23	1.5
1309	1309 K	45	100	25	1.5
1310	1310 K	50	110	27	2
1311	1311 K	55	120	29	2

호칭번호 원통구멍	테이퍼구멍	베어링 계열 22 치수 d	D	B	r_{smin}(¹)
2200	–	10	30	14	0.6
2201	–	12	32	14	0.6
2202	–	15	35	14	0.6
2203	–	17	40	16	0.6
2204	2204 K	20	47	18	1
2205	2205 K	25	52	18	1
2206	2206 K	30	62	20	1
2207	2207 K	35	72	23	1.1
2208	2208 K	40	80	23	1.1
2209	2209 K	45	85	23	1.1
2210	2210 K	50	90	23	1.1
2211	2211 K	55	100	25	1.5

호칭번호 원통구멍	테이퍼구멍	베어링 계열 23 치수 d	D	B	r_{smin}(¹)
2300	–	10	35	17	0.6
2301	–	12	37	17	1
2302	–	15	42	17	1
2303	–	17	47	19	1
2304	2304 K	20	52	21	1.1
2305	2305 K	25	92	24	1.1
2306	2306 K	30	72	27	1.1
2307	2307 K	35	80	31	1.5
2308	2308 K	40	90	33	1.5
2309	2309 K	45	100	36	1.5
2310	2310 K	50	110	40	2
2311	2311 K	55	120	43	2

주
(¹) 내륜 및 외륜의 최소 허용 모떼기 치수이다.

비고
호칭 번호 1318, 1319, 1320, 1321, 1318 K, 1319 K, 1320 K 및 1322 K의 베어링에서는 강구가 베어링의 측면보다 돌출된 것이 있다.

40. 원통 롤러 베어링

단위 : mm

호칭번호	베어링 계열 NU 4, NJ 4, NUP 4, N 4, NF 4 치수			
	d	D	B	r_{min} (')
NU 406	30	90	23	1.5
NU 407	35	100	25	1.5
NU 408	40	110	27	2
NU 409	45	120	29	2
NU 410	50	130	31	2.1
NU 411	55	140	33	2.1
NU 412	60	150	35	2.1
NU 413	65	160	37	2.1
NU 414	70	180	42	3
NU 415	75	190	45	3
NU 416	80	200	48	3
NU 417	85	210	52	4

호칭번호		베어링 계열 NU 2, NJ 2, NUP 2, N 2, NF 2 치수					
원통 구멍	테이퍼 구 멍	d	D	B	r_{min} (')	참고	
						r_{1smin}(')	
N 203	–	17	40	12	0.6	0.3	
N 204	NU 204 K	20	47	14	1	0.6	
N 205	NU 205 K	25	52	15	1	0.6	
N 206	NU 206 K	30	62	16	1	0.6	
N 207	NU 207 K	35	72	17	1.1	0.6	
N 208	NU 208 K	40	80	18	1.1	1.1	
N 209	NU 209 K	45	85	19	1.1	1.1	
N 210	NU 210 K	50	90	20	1.1	1.1	
N 211	NU 211 K	55	100	21	1.5	1.1	
N 212	NU 212 K	60	110	22	1.5	1.5	
N 213	NU 213 K	65	120	23	1.5	1.5	
N 214	NU 214 K	70	125	24	1.5	1.5	
N 215	NU 215 K	75	130	25	1.5	1.5	
N 216	NU 216 K	80	140	26	2	2	
N 217	NU 217 K	85	150	28	2	2	
N 218	NU 218 K	90	160	30	2	2	

호칭번호	베어링 계열 NU 10 치수				
	d	D	B	r_{min} (')	참고 r_{1smin}(')
NU 1005	25	47	12	0.6	0.3
NU 1006	30	55	13	1	0.6
NU 1007	35	62	14	1	0.6
NU 1008	40	68	15	1	0.6
NU 1009	45	75	16	1	0.6
NU 1010	50	80	16	1	0.6
NU 1011	55	90	18	1.1	1
NU 1012	60	95	18	1.1	1
NU 1013	65	100	18	1.1	1
NU 1014	70	110	20	1.1	1
NU 1015	75	115	20	1.1	1
NU 1016	80	125	22	1.1	1
NU 1017	85	130	22	1.1	1
NU 1018	90	140	24	1.5	1.1
NU 1019	95	145	24	1.5	1.1
NU 1020	100	150	24	1.5	1.1
NU 1021	105	160	26	2	1.1

호칭번호		베어링 계열 NU 23, NJ 23, NUP 23 치수				
원통 구멍	테이퍼 구멍	d	D	B	r_{min} (')	
					r_{1smin}(')	
NU 2305	NU 2305 K	25	62	24	1.1	
NU 2306	NU 2306 K	30	72	27	1.1	
NU 2307	NU 2307 K	35	80	31	1.5	
NU 2308	NU 2308 K	40	90	33	1.5	
NU 2309	NU 2309 K	45	100	36	1.5	
NU 2310	NU 2310 K	50	110	40	2	
NU 2311	NU 2311 K	55	120	43	2	
NU 2312	NU 2312 K	60	130	46	2.1	
NU 2313	NU 2313 K	65	140	48	2.1	
NU 2314	NU 2314 K	70	150	51	2.1	
NU 2315	NU 2315 K	75	160	55	2.1	
NU 2316	NU 2316 K	80	170	58	2.1	

호칭번호		베어링 계열 NU 22, NJ 22, NUP 22 치수				
원통 구멍	테이퍼 구멍	d	D	B	r_{min} (')	참고
						r_{1smin}(')
NU 2204	NU 2204 K	20	47	18	1	0.6
NU 2205	NU 2205 K	25	52	18	1	0.6
NU 2206	NU 2206 K	30	62	20	1	0.6
NU 2207	NU 2207 K	35	72	23	1.1	0.6
NU 2208	NU 2208 K	40	80	23	1.1	1.1
NU 2209	NU 2209 K	45	85	23	1.1	1.1
NU 2210	NU 2210 K	50	90	23	1.1	1.1
NU 2211	NU 2211 K	55	100	25	1.5	1.1
NU 2212	NU 2212 K	60	110	28	1.5	1.5
NU 2213	NU 2213 K	65	120	31	1.5	1.5
NU 2214	NU 2214 K	70	125	31	1.5	1.5
NU 2215	NU 2215 K	75	130	31	1.5	1.5

호칭번호		베어링 계열 NN 30 치수				
원통 구멍	테이퍼 구멍	d	D	B	r_{min} (')	
					r_{1smin}(')	
NN 3005	NN 3005 K	25	47	16	0.6	
NN 3006	NN 3006 K	30	55	19	1	
NN 3007	NN 3007 K	35	62	20	1	
NN 3008	NN 3008 K	40	68	21	1	
NN 3009	NN 3009 K	45	75	23	1	
NN 3010	NN 3010 K	50	80	23	1	
NN 3011	NN 3011 K	55	90	26	1.1	
NN 3012	NN 3012 K	60	95	26	1.1	
NN 3013	NN 3013 K	65	100	26	1.1	
NN 3014	NN 3014 K	70	110	30	1.1	
NN 3015	NN 3015 K	75	115	30	1.1	
NN 3016	NN 3016 K	80	125	34	1.1	
NN 3017	NN 3017 K	85	130	34	1.1	

호칭번호			베어링 계열 NU3, NJ3, NUP3, N3, NF3 치수				
원통 구멍	테이퍼 구멍	스냅링 홈붙이	d	D	B	r_{min} (')	
						r_{1smin}(')	
N 304	NU 304 K	NU 304 N	20	52	15	1.1	
N 305	NU 305 K	NU 305 N	25	62	17	1.1	
N 306	NU 306 K	NU 306 N	30	72	19	1.1	
N 307	NU 307 K	NU 307 N	35	80	21	1.5	
N 308	NU 308 K	NU 308 N	40	90	23	1.5	
N 309	NU 309 K	NU 309 N	45	100	25	1.5	
N 310	NU 310 K	NU 310 N	50	110	27	2	
N 311	NU 311 K	NU 311 N	55	120	29	2	
N 312	NU 312 K	NU 312 N	60	130	31	2.1	
N 313	NU 313 K	NU 313 N	65	140	33	2.1	
N 314	NU 314 K	NU 314 N	70	150	35	2.1	
N 315	NU 315 K	NU 315 N	75	160	37	2.1	

41. 니들 롤러 베어링

단위 : mm

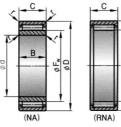

(NA)　　(RNA)

호칭번호	내륜붙이 베어링 NA 49 치수				호칭번호	내륜이 없는 베어링 RNA 49 치수			
	d	D	B 및 C	r_{smin}		F_w	D	C	r_{smin}
–	–	–	–	–	RNA 493	5	11	10	0.15
	–	–	–	–	RNA 494	6	12	10	0.15
NA 495	5	13	10	0.15	RNA 495	7	13	10	0.15
NA 496	6	15	10	0.15	RNA 496	8	15	10	0.15
NA 497	7	17	10	0.15	RNA 497	9	17	10	0.15
NA 498	8	19	11	0.2	RNA 498	10	19	11	0.2
NA 499	9	20	11	0.3	RNA 499	12	20	11	0.3
NA 4900	10	22	13	0.3	RNA 4900	14	22	13	0.3
NA 4901	12	24	13	0.3	RNA 4901	16	24	13	0.3
–	–	–	–	–	RNA 49/14	18	26	13	0.3
NA 4902	15	28	13	0.3	RNA 4902	20	28	13	0.3
NA 4903	17	30	13	0.3	RNA 4903	22	30	13	0.3
NA 4904	20	37	17	0.3	RNA 4904	25	37	17	0.3
NA 49/22	22	39	17	0.3	RNA 49/22	28	39	17	0.3
NA 4905	25	42	17	0.3	RNA 4905	30	42	17	0.3
NA 49/28	28	45	17	0.3	RNA 49/28	32	45	17	0.3
NA 4906	30	47	17	0.3	RNA 4906	35	47	17	0.3
NA 49/32	32	52	20	0.6	RNA 49/32	40	52	20	0.6
NA 4907	35	55	20	0.6	RNA 4907	42	55	20	0.6
–	–	–	–	–	RNA 49/38	45	58	20	0.6
NA 4908	40	62	22	0.6	RNA 4908	48	62	22	0.6

42. 스러스트 볼 베어링(단식)

단위 : mm

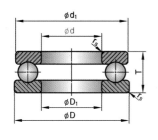

호칭 번호	베어링 계열 511 치수						호칭 번호	베어링 계열 512 치수					
	d	D	T	r_{smin}	d_{1smax}	D_{1smin}		d	D	T	r_{smin}	d_{1smax}	D_{1smin}
51100	10	24	9	0.3	24	11	5124	4	16	8	16	4	0.3
51101	12	26	9	0.3	26	13	5126	6	20	9	20	6	0.3
51102	15	28	9	0.3	28	16	5128	8	22	9	22	8	0.3
51103	17	30	9	0.3	30	18	51200	10	26	11	26	12	0.6
51104	20	35	10	0.3	35	21	51201	12	28	11	28	14	0.6
51105	25	42	11	0.6	42	26	51202	15	32	12	32	17	0.6
51106	30	47	11	0.6	47	32	51203	17	35	12	35	19	0.6
51107	35	52	12	0.6	52	37	51204	20	40	14	40	22	0.6
51108	40	60	13	0.6	60	42	51205	25	47	15	47	27	0.6
51109	45	65	14	0.6	65	47	51206	30	52	16	52	32	0.6
51110	50	70	14	0.6	70	52	51207	35	62	18	62	37	1
51111	55	78	16	0.6	78	57	51208	40	68	19	68	42	1

호칭 번호	베어링 계열 513 치수						호칭 번호	베어링 계열 514 치수					
	d	D	T	r_{smin}	d_{1smax}	D_{1smin}		d	D	T	r_{smin}	d_{1smax}	D_{1smin}
5134	4	20	11	20	4	0.6	51405	25	60	24	60	27	1
5136	6	24	12	24	6	0.6	51406	30	70	28	70	32	1
5138	8	26	12	26	8	0.6	51407	35	80	32	80	37	1.1
51300	10	30	14	30	10	0.6	51408	40	90	36	90	42	1.1
51301	12	32	14	32	12	0.6	51409	45	100	39	100	47	1.1
51302	15	37	15	37	15	0.6	51410	50	110	43	110	52	1.5
51303	17	40	16	40	19	0.6	51411	55	120	48	120	57	1.5
51304	20	47	18	47	22	1	51412	60	130	51	130	62	1.5
51305	25	52	18	52	27	1	51413	65	140	56	140	68	2
51306	30	60	21	60	32	1	51414	70	150	60	150	73	2
51307	35	68	24	68	37	1	51415	75	160	65	160	78	2
51308	40	78	26	78	42	1	51416	80	170	68	170	83	2.1

비고

d_{1smax} : 내륜의 최대 허용 바깥지름
D_{1smin} : 외륜의 최소 허용 안지름

43. 스러스트 볼 베어링(복식)

단위 : mm

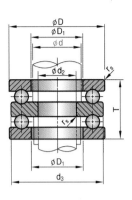

호칭 번호	베어링 계열 522 치수								
	d (축경)	d_2	S	T_1	B	d_{3smax}	D_{1smin}	r_{smin}	
								내륜	외륜
52202	15	10	32	22	5	32	17	0.3	0.6
52204	20	15	40	26	6	40	22	0.3	0.6
52205	25	20	47	28	7	47	27	0.3	0.6
52206	30	25	52	29	7	52	32	0.3	0.6
52207	35	30	62	34	8	62	37	0.3	1
52208	40	30	68	36	9	68	42	0.6	1
52209	45	35	73	37	9	73	47	0.6	1
52210	50	40	78	39	9	78	52	0.6	1
52211	55	45	90	45	10	90	57	0.6	1
52212	60	50	95	46	10	95	62	0.6	1
52213	65	55	100	47	10	100	67	0.6	1
52214	70	55	105	47	10	105	72	1	1

호칭 번호	베어링 계열 523 치수								
	d (축경)	d_2	S	T_1	B	d_{3smax}	D_{1smin}	r_{smin}	
								내륜	외륜
52305	25	20	52	34	8	52	27	0.3	1
52306	30	25	60	38	9	60	32	0.3	1
52307	35	30	68	44	10	68	37	0.3	1
52308	40	30	78	49	12	78	42	0.6	1
52309	45	35	85	52	12	85	47	0.6	1
52310	50	40	95	58	14	95	52	0.6	1.1
52311	55	45	105	64	15	105	57	0.6	1.1
52312	60	50	110	64	15	110	62	0.6	1.1
52313	65	55	115	65	15	115	67	0.6	1.1
52314	70	55	125	72	16	125	72	1	1.1
52315	75	60	135	79	18	135	77	1	1.5
52316	80	65	140	79	18	140	82	1	1.5

호칭 번호	베어링 계열 524 치수								
	d (축경)	d_2	S	T_1	B	d_{3smax}	D_{1smin}	r_{smin}	
								내륜	외륜
52405	25	15	60	45	11	60	22	0.6	1
52406	30	20	70	52	12	70	32	0.6	1
52407	35	25	80	59	14	80	37	0.6	1.1
52408	40	30	90	65	15	90	42	0.6	1.1
52409	45	35	100	72	17	100	47	0.6	1.1
52410	50	40	110	78	18	110	52	0.6	1.5
52411	55	45	120	87	20	120	57	0.6	1.5
52412	60	50	130	93	21	130	62	0.6	1.5
52413	65	50	140	101	23	140	68	1	2
52414	70	55	150	107	24	150	73	1	2
52415	75	60	160	115	26	160	78	1	2
52416	80	65	170	120	27	170	83	1	2.1

비고
d_{3smax} : 중앙 내륜의 최대 허용 바깥지름
D_{1smin} : 외륜의 최소 허용 안지름

44. O링 홈 모따기 치수

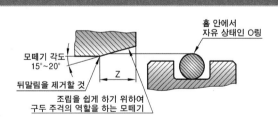

O링 부착부 모따기치수					
O링 호칭번호	O링 굵기	Z(최소)	O링 호칭번호	O링 굵기	Z(최소)
P3 ~ P10	1.9±0.08	1.2	P150A ~ P400	8.4±0.15	4.3
P10A ~ P22	2.4±0.09	1.4	G25 ~ G145	3.1±0.10	1.7
P22A ~ P50	3.5±0.10	1.8	G150 ~ G300	5.7±0.13	3.0
P48A ~ P150	5.7±0.13	3.0	–	–	–

45. 운동 및 고정용(원통면) O링 홈 치수(P계열) 　단위 : mm

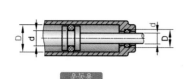
운동용

0.1~0.3°×45
홈

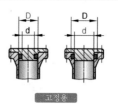
고정용

• E=k의 최대값-k의 최소값(즉, 동축도의 2배)

O링 호칭 번호	d		D		b(+0.25/0) 백업링			R (최대)	E (최대)
					없음	1개	2개		
P3	3	0 -0.05 (h9)	6	+0.05 0 (H9)	2.5	3.9	5.4	0.4	0.05
P4	4		7						
P5	5		8						
P6	6		9						
P7	7		10						
P8	8		11						
P9	9		12						
P10	10		13						
P10A	10	0 -0.06 (h9)	14	+0.06 0 (H9)	3.2	4.4	6.0	0.4	0.05
P11	11		15						
P11.2	11.2		15.2						
P12	12		16						
P12.5	12.5		16.5						
P14	14		18						
P15	15		19						
P16	16		20						
P18	18		22						
P20	20		24						
P21	21		25						
P22	22		26						
P22A	22	0 -0.08 (h9)	28	+0.08 0 (H9)	4.7	6	7.8	0.8	0.08
P22.4	22.4		28.4						
P24	24		30						
P25	25		31						
P25.5	25.5		31.5						
P26	26		32						
P28	28		34						
P29	29		35						
P29.5	29.5		35.5						
P30	30		36						
P31	31		37						
P31.5	31.5		37.5						
P32	32		38						
P34	34		40						
P35	35		41						
P35.5	35.5		41.5						
P36	36		42						
P38	38		44						
P39	39		45						
P40	40		46						
P41	41		47						
P42	42		42						
P44	44		44						
P45	45		45						
P46	46		46						
P48	48		48						
P49	49		49						
P50	50		50						

O링 호칭 번호	d		D		b(+0.25/0) 백업링			R (최대)	E (최대)
					없음	1개	2개		
P48A	48	0 -0.10 (h9)	58	+0.10 0 (H9)	7.5	9	11.5	0.8	0.1
P50A	50		60						
P52	52		62						
P53	53		63						
P55	55		65						
P56	56		66						
P58	58		68						
P60	60		70						
P62	62		72						
P63	63		73						
P65	65		75						
P67	67		77						
P70	70		80						
P71	71		81						
P75	75		85						
P80	80		90						
P62	62		72						
P63	63		73						
P65	65		75						
P67	67		77						
P70	70		80						
P71	71		81						
P75	75		85						
P80	80		90						
P85	85		95						
P90	90		100						
P95	95		105						
P100	100		110						
P102	102		112						
P105	105		115						
P110	110		120						
P112	112		122						
P115	115		125						
P120	120		130						
P125	125		135						
P130	130		140						
P132	132		142						
P135	135		145						
P140	140		150						
P145	145		155						
P150	150		160						
P150A	150	0 -0.10 (h9)	165	+0.10 0 (H9)	11	13	17	1.2	0.12
P155	155		170						
P160	160		175						
P165	165		180						
P170	170		185	+0.10 0 (H8)					
P175	175		195						
P180	180		205						

비고

1) P3~P400은 운동용, 고정용에 사용한다.
2) H8, H9/h9 는 D/d의 끼워맞춤 치수이다.

45. 운동 및 고정용(원통면) O링 홈 치수(G계열)

단위 : mm

운동용 　홈 　고정용

• E=k의 최대값−k의 최소값(즉, 동축도의 2배)

O링 호칭 번호	P계열 홈부 치수 (운동 및 고정용-원통면)							O링 호칭 번호	P계열 홈부 치수 (운동 및 고정용-원통면)						
	d		D		$b^{(+0.25)}_{0}$		R (최대)	E (최대)		d		D		$b^{(+0.25)}_{0}$		R (최대)	E (최대)
					백업링									백업링			
					없음	1개	2개								없음	1개	2개		
G25	25	0 −0.10 (h9)	30	+0.10 0 (H10)	4.1	5.6	7.3	0.7	0.08	G150	150	0 −0.10 (h9)	160	+0.10 0 (H9)	7.5	9	11.5	0.8	0.1
G30	30		35							G155	155		165						
G35	35		40							G160	160		170						
G40	40		45							G165	165		175						
G45	45		50							G170	170		180						
G50	50		55	+0.10 0 (H9)						G175	175		185						
G55	55		60							G180	180		190	+0.10 0 (H8)					
G60	60		65							G185	185		195						
G65	65		70							G190	190	0 −0.10 (h8)	200						
G70	70		75							G195	195		205						
G75	75		80							G200	200		210						
G80	80		85							G210	210		220						
G85	85		90							G220	220		230						
G90	90		95							G230	230		240						
G95	95		100							G240	240		250						
G100	100		105							G250	250		260						
G105	105		110							G260	260		270						
G110	110		115							G270	270		280						
G115	115		120							G280	280		290						
G120	120		125							G290	290		300						
G125	125		130							G300	300		310						
G130	130		135							–	–		–						
G135	135		140							–	–		–						
G140	140		145							–	–		–						
G145	145		150																

비고
1) G25~G300은 고정용에만 사용하고, 운동용에는 사용하지 않는다.
2) H9, H10/h8, h9 는 D/d의 끼워맞춤 치수이다.

46. 고정용(평면) O링 홈 치수(P계열)

단위 : mm

외압용　　　내압용　　　내압용　　　홈

O링 호칭 번호	P계열 홈부 치수(고정용-평면)					O링 호칭 번호	P계열 홈부 치수(고정용-평면)				
	d (외압용)	D (내압용)	b +0.25 / 0	h ±0.05	R (최대)		d (외압용)	D (내압용)	b +0.25 / 0	h ±0.05	R (최대)
P3	3	6.2	2.5	1.4	0.4	P48A	48	58	7.5	4.6	0.8
P4	4	7.2				P50A	50	60			
P5	5	8.2				P52	52	62			
P6	6	9.2				P53	53	63			
P7	7	10.2				P55	55	65			
P8	8	11.2				P56	56	66			
P9	9	12.2				P58	58	68			
P10	10	13.2				P60	60	70			
P10A	10	14	3.2	1.8	0.4	P62	62	72			
P11	11	15				P63	63	73			
P11.2	11.2	15.2				P65	65	75			
P12	12	16				P67	67	77			
P12.5	12.5	16.5				P70	70	80			
P14	14	18				P71	71	81			
P15	15	19				P75	75	85			
P16	16	20				P80	80	90			
P18	18	22				P85	85	95			
P20	20	24				P90	90	100			
P21	21	25				P95	95	105			
P22	22	26				P100	100	110			
P22A	22	28	4.7	2.7	0.8	P102	102	112			
P22.4	22.4	28.4				P105	105	115			
P24	24	30				P110	110	120			
P25	25	31				P112	112	122			
P25.5	25.5	31.5				P115	115	125			
P26	26	32				P120	120	130			
P28	28	34				P125	125	135			
P29	29	35				P130	130	140			
P29.5	29.5	35.5				P132	132	142			
P30	30	36				P135	135	145			
P31	31	37				P140	140	150			
P31.5	31.5	37.5				P145	145	155			
P32	32	38				P150	150	160			
P34	34	40				P150A	150	165	11	6.9	1.2
P35	35	41				P155	155	170			
P35.5	35.5	41.5				P160	160	175			
P36	36	42				P165	165	180			
P38	38	44				P170	170	185			
P39	39	45				P175	175	190			
P40	40	46				P180	180	195			
P41	41	47				P185	185	200			
P42	42	48				P190	190	205			
P44	44	50				P195	195	210			
P45	45	51				P200	200	215			
P46	46	52				P205	205	220			
P48	48	54				P209	209	224			
P49	49	55				P210	210	225			
P50	50	56				P215	215	230			

비고

1. 고정용(평면)에서는 내압이 걸리는 경우는 O링의 바깥둘레가 홈의 외벽에 밀착하도록 설계하고, 외압이 걸리는 경우는 반대로 O링의 안 둘레가 홈의 내벽에 밀착하도록 설계한다.
2. d 및 D는 기준치수를 나타내며, 허용차에 대해서는 특별히 규정하지 않는다.

46. 고정용(평면) O링 홈 치수(G계열)

단위 : mm

| 외압용 | 내압용 | 내압용 | 홈 |

O링 호칭 번호	G계열 홈부 치수(고정용-평면)					O링 호칭 번호	G계열 홈부 치수(고정용-평면)				
	d (외압용)	D (내압용)	b $+0.25$ 0	h ± 0.05	R (최대)		d (외압용)	D (내압용)	b $+0.25$ 0	h ± 0.05	R (최대)
G25	25	30	4.1	2.4	0.7	G150	150	160	7.5	4.6	0.8
G30	30	35				G155	155	165			
G35	35	40				G160	160	170			
G40	40	45				G165	165	175			
G45	45	50				G170	170	180			
G50	50	55				G175	175	185			
G55	55	60				G180	180	190			
G60	60	65				G185	185	195			
G65	65	70				G190	190	200			
G70	70	75				G195	195	205			
G75	75	80				G200	200	210			
G80	80	85				G210	210	220			
G85	85	90				G220	220	230			
G90	90	95				G230	230	240			
G95	95	100				G240	240	250			
G100	100	105				G250	250	260			
G105	105	110				G260	260	270			
G110	110	115				G270	270	280			
G115	115	120				G280	280	290			
G120	120	125				G290	290	300			
G125	125	130				G300	300	310			
G130	130	135				–	–	–			
G135	135	140				–	–	–			
G140	140	145				–	–	–			
G145	145	150				–	–	–			

비고
1. 고정용(평면)에서는 내압이 걸리는 경우는 O링의 바깥둘레가 홈의 외벽에 밀착하도록 설계하고, 외압이 걸리는 경우는 반대로 O링의 안 둘레가 홈의 내벽에 밀착하도록 설계한다.
2. d 및 D는 기준치수를 나타내며, 허용차에 대해서는 특별히 규정하지 않는다.

47. 오일실 조립관계 치수(축, 하우징)

단위 : mm

S, SM, SA, D, DM, DA 계열 치수

호칭 d (h8)	d₂ (최대)	외경 D (H8)	나비 B	구멍폭 B′	l (최소/최대) 0.1B~0.15B	r (최소) r≧0.5	호칭 d (h8)	d₂ (최대)	외경 D (H8)	나비 B	구멍폭 B′	l (최소/최대) 0.1B~0.15B	r (최소) r≧0.5
7	5.7	18	7	7.3	0.7/1.05	0.5	25	22.5	38	8	8.3	0.8/1.2	0.5
		20							40				
8	6.6	18	7	7.3	0.7/1.05	0.5	*26	23.4	38	8	8.3	0.8/1.2	0.5
		22							42				
9	7.5	20	7	7.3	0.7/1.05	0.5	28	25.3	40	8	8.3	0.8/1.2	0.5
		22							45				
10	8.4	20	7	7.3	0.7/1.05	0.5	30	27.3	42	8	8.3	0.8/1.2	0.5
		25							45				
11	9.3	22	7	7.3	0.7/1.05	0.5	32	29.2	52	11	11.4	1.1/1.65	0.5
		25					35	32	55	11	11.4	1.1/1.65	0.5
12	10.2	22	7	7.3	0.7/1.05	0.5	38	34.9	58	11	11.4	1.1/1.65	0.5
		25					40	36.8	62	11	11.4	1.1/1.65	0.5
*13	11.2	25	7	7.3	0.7/1.05	0.5	42	38.7	65	12	12.4	1.2/1.8	0.5
		28					45	41.6	68	12	12.4	1.2/1.8	0.5
14	12.1	25	7	7.3	0.7/1.05	0.5	48	44.5	70	12	12.4	1.2/1.8	0.5
		28					50	46.4	72	12	12.4	1.2/1.8	0.5
15	13.1	25	7	7.3	0.7/1.05	0.5	*52	48.3	75	12	12.4	1.2/1.8	0.5
		30					55	51.3	78	12	12.4	1.2/1.8	0.5
16	14	28	7	7.3	0.7/1.05	0.5	56	52.3	78	12	12.4	1.2/1.8	0.5
		30					*58	54.2	80	12	12.4	1.2/1.8	0.5
17	14.9	30	8	8.3	0.8/1.2	0.5	60	56.1	82	12	12.4	1.2/1.8	0.5
		32					*62	58.1	85	12	12.4	1.2/1.8	0.5
18	15.8	30	8	8.3	0.8/1.2	0.5	63	59.1	85	12	12.4	1.2/1.8	0.5
		35					65	61	90	13	13.4	1.3/1.95	0.5
20	17.7	32	8	8.3	0.8/1.2	0.5	*68	63.9	95	13	13.4	1.3/1.95	0.5
		35					70	65.8	95	13	13.4	1.3/1.95	0.5
22	19.6	35	8	8.3	0.8/1.2	0.5	(71)	(66.8)	(95)	(13)	(13.4)	1.3/1.95	0.5
		38					75	70.7	100	13	13.4	1.3/1.95	0.5
24	21.5	38	8	8.3	0.8/1.2	0.5	80	75.5	105	13	13.4	1.3/1.95	0.5
		40					85	80.4	110	13	13.4	1.3/1.95	0.5

기호	종류	기호	종류
S	스프링들이 바깥 둘레 고무	D	스프링들이 바깥 둘레 고무 먼지 막이 붙이
SM	스프링들이 바깥 둘레 금속	DM	스프링들이 바깥 둘레 금속 먼지 막이 붙이
SA	스프링들이 조립	DA	스프링들이 조립 먼지 막이 붙이

비고
1. *을 붙인 것은 KS B 0406(축 지름)에 없는 것이고, ( ) 안의 것은 되도록 사용하지 않는다.
2. B′는 KS규격 치수가 아닌 실무 데이터이다.

47. 오일실 조립관계 치수(축, 하우징)

단위 : mm

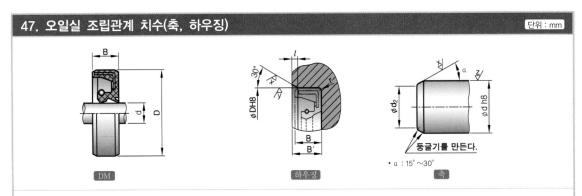

DM	하우징	축

• α : 15°~30°
동글기를 만든다.

G, GM, GA 계열 치수

호칭 d (h8)	d_2 (최대)	외경 D (H8)	나비 B	구멍폭 B'	l (최소/최대) $0.1B$~$0.15B$	r (최소) $r \geqq 0.5$	호칭 d (h8)	d_2 (최대)	외경 D (H8)	나비 B	구멍폭 B'	l (최소/최대) $0.1B$~$0.15B$	r (최소) $r \geqq 0.5$
7	5.7	18	4	4.2	0.4/0.6	0.5	24	21.5	38	5	5.2	0.5/0.75	0.5
		20	7	7.3	0.7/1.05	0.5			40	8	8.3	0.8/1.2	0.5
8	6.6	18	4	4.2	0.4/0.6	0.5	25	22.5	38	5	5.2	0.5/0.75	0.5
		22	7	7.3	0.7/1.05	0.5			40	8	8.3	0.8/1.2	0.5
9	7.5	20	4	4.2	0.4/0.6	0.5	*26	23.4	38	5	5.2	0.5/0.75	0.5
		22	7	7.3	0.7/1.05	0.5			42	8	8.3	0.8/1.2	0.5
10	8.4	20	4	4.2	0.4/0.6	0.5	28	25.3	40	5	5.3	0.5/0.75	0.5
		25	7	7.3	0.7/1.05	0.5			45	8	8.5	0.8/1.2	0.5
11	9.3	22	4	4.2	0.4/0.6	0.5	30	27.3	42	5	5.2	0.5/0.75	0.5
		25	7	7.3	0.7/1.05	0.5			45	8	8.3	0.8/1.2	0.5
12	10.2	22	4	4.2	0.4/0.6	0.5	32	29.2	45	5	5.2	0.5/0.75	0.5
		25	7	7.3	0.7/1.05	0.5			52	8	8.3	0.8/1.2	0.5
*13	11.2	25	4	4.2	0.4/0.6	0.5	35	32	48	5	5.2	0.5/0.75	0.5
		28	7	7.3	0.7/1.05	0.5			55	11	11.4	1.1/1.65	0.5
14	12.1	25	4	4.2	0.4/0.6	0.5	38	34.9	50	5	5.2	0.5/0.75	0.5
		28	7	7.3	0.7/1.05	0.5			58	11	11.4	1.1/1.65	0.5
15	13.1	25	4	4.2	0.4/0.6	0.5	40	36.8	52	5	5.2	0.5/0.75	0.5
		30	7	7.3	0.7/1.05	0.5			62	11	11.4	1.1/1.65	0.5
16	14	28	4	4.2	0.4/0.6	0.5	42	38.7	55	6	6.2	0.6/0.9	0.5
		30	7	7.3	0.7/1.05	0.5			65	12	12.4	1.2/1.8	0.5
17	14.9	30	5	5.2	0.5/0.75	0.5	45	41.6	60	6	6.2	0.6/0.9	0.5
		32	8	8.3	0.8/1.2	0.5			68	12	12.4	1.2/1.8	0.5
18	15.8	30	5	5.2	0.5/0.75	0.5	48	44.5	62	6	6.2	0.6/0.9	0.5
		35	8	8.3	0.8/1.2	0.5			70	12	12.4	1.2/1.8	0.5
20	17.7	32	5	5.2	0.5/0.75	0.5	50	46.4	65	6	6.2	0.6/0.9	0.5
		35	8	8.3	0.8/1.2	0.5			72	12	12.4	1.2/1.8	0.5
22	19.6	35	5	5.2	0.5/0.75	0.5	*52	48.3	65	6	6.2	0.6/0.9	0.5
		38	8	8.3	0.8/1.2	0.5			75	12	12.4	1.2/1.8	0.5

기호	종류
G	스프링 없는 바깥 둘레 고무
GM	스프링 없는 바깥 둘레 금속
GA	스프링 없는 조립

비고 GA는 되도록 사용하지 않는다.

비고
1. *을 붙인 것은 KS B 0406(축 지름)에 없는 것이고, ( ) 안의 것은 되도록 사용하지 않는다.
2. B'는 KS규격 치수가 아닌 실무 데이터이다.

48. 롤러체인 스프로킷 치형 및 치수
단위 : mm

스프로킷 치수 · 가로 치형 상세도 · 가로 치형

호칭 번호	가로 치형							t, M 허용차	가로 피치 P_t	적용 롤러 체인(참고)		
	모떼기 나 비 g (약)	모떼기 깊 이 h (약)	모떼기 반 경 R_c (최소)	둥글기 r_f (최대)	치폭 t(최대)					원주피치 P	롤러외경 D_r (최대)	안쪽 링크 안쪽 나비 b_1 (최소)
					단열	2열 3열	4열 이상					
25	0.8	3.2	6.8	0.3	2.8	2.7	2.4	0 −0.20	6.4	6.35	3.30([1])	3.10
35	1.2	4.8	10.1	0.4	4.3	4.1	3.8		10.1	9.525	5.08([1])	4.68
41[2]	1.6	6.4	13.5	0.5	5.8	–	–		–	12.70	7.77	6.25
40	1.6	6.4	13.5	0.5	7.2	7.0	6.5	0 −0.25	14.4	12.70	7.95	7.85
50	2.0	7.9	16.9	0.6	8.7	8.4	7.9		18.1	15.875	10.16	9.40
60	2.4	9.5	20.3	0.8	11.7	11.3	10.6	0 −0.30	22.8	19.05	11.91	12.57
80	3.2	12.7	27.0	1.0	14.6	14.1	13.3		29.3	25.40	15.88	15.75
100	4.0	15.9	33.8	1.3	17.6	17.0	16.1	0 −0.35	35.8	31.75	19.05	18.90
120	4.8	19.0	40.5	1.5	23.5	22.7	21.5	0 −0.40	45.4	38.10	22.23	25.22
140	5.6	22.2	47.3	1.8	23.5	22.7	21.5		48.9	44.45	25.40	25.22
160	6.4	25.4	54.0	2.0	29.4	28.4	27.0	0 −0.45	58.5	50.80	28.58	31.55
200	7.9	31.8	67.5	2.5	35.3	34.1	32.5	0 −0.55	71.6	63.50	39.68	37.85
240	9.5	38.1	81.0	3.0	44.1	42.7	40.7	0 −0.65	87.8	76.20	47.63	47.35

주
([1]) 이 경우 D_r은 부시 바깥지름을 표시한다.
([2]) 41은 홑줄만으로 한다.

48. 스프로킷 기준치수

단위 : mm

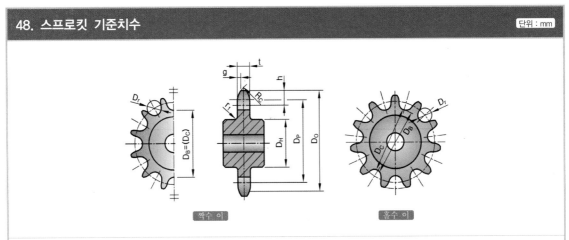

짝수 이 / 홀수 이

체인 호칭번호 25용 스프로킷 기준치수

잇수 N	피치원지름 D_p	바깥지름 D_o	이뿌리원지름 D_B	이뿌리거리 D_c	최대보스지름 D_H	잇수 N	피치원지름 D_p	바깥지름 D_o	이뿌리원지름 D_B	이뿌리거리 D_c	최대보스지름 D_H	잇수 N	피치원지름 D_p	바깥지름 D_o	이뿌리원지름 D_B	이뿌리거리 D_c	최대보스지름 D_H
11	22.54	25	19.24	19.01	15	26	52.68	56	49.38	49.38	45	41	82.95	87	79.65	79.59	76
12	24.53	28	21.23	21.23	17	27	54.70	58	51.40	51.30	47	42	84.97	89	81.67	81.67	78
13	26.53	30	23.23	23.04	19	28	56.71	60	53.41	53.41	49	43	86.99	91	83.69	83.63	80
14	28.54	32	25.24	25.24	21	29	58.73	62	55.43	55.35	51	44	89.01	93	85.71	85.71	82
15	30.54	34	27.24	27.07	23	30	60.75	64	57.45	57.45	53	45	91.03	95	87.73	87.68	84
16	32.55	36	29.25	29.25	25	31	62.77	66	59.47	59.39	55	46	93.05	97	89.75	89.75	86
17	34.56	38	31.26	31.11	27	32	64.78	68	61.48	61.48	57	47	95.07	99	91.77	91.72	88
18	36.57	40	33.27	33.27	29	33	66.80	70	63.50	63.43	59	48	97.09	101	93.79	93.79	90
19	38.58	42	35.28	35.15	31	34	68.82	72	65.52	65.52	61	49	99.11	103	95.81	95.76	92
20	40.59	44	37.29	37.29	33	35	70.84	74	67.54	67.47	63	50	101.13	105	97.83	97.83	94
21	42.61	46	39.31	39.19	35	36	72.86	76	69.56	69.56	65	51	103.15	107	99.85	99.80	96
22	44.62	48	41.32	41.32	37	37	74.88	78	71.58	71.51	67	52	105.17	109	101.87	101.87	98
23	46.63	50	43.33	43.23	39	38	76.90	80	73.60	73.60	70	53	107.19	111	103.89	103.84	100
24	48.65	52	45.35	45.35	41	39	78.91	82	75.61	75.55	72	54	109.21	113	105.91	105.91	102
25	50.66	54	47.36	47.27	43	40	80.93	84	77.63	77.63	74	55	111.23	115	107.93	107.88	104

체인 호칭번호 35용 스프로킷 기준치수

잇수 N	피치원지름 D_p	바깥지름 D_o	이뿌리원지름 D_B	이뿌리거리 D_c	최대보스지름 D_H	잇수 N	피치원지름 D_p	바깥지름 D_o	이뿌리원지름 D_B	이뿌리거리 D_c	최대보스지름 D_H	잇수 N	피치원지름 D_p	바깥지름 D_o	이뿌리원지름 D_B	이뿌리거리 D_c	최대보스지름 D_H
11	33.81	38	28.73	28.38	22	26	79.02	84	73.94	73.94	68	41	124.43	130	119.35	119.26	114
12	36.80	41	31.72	31.72	25	27	82.05	87	76.97	76.83	71	42	127.46	133	122.38	122.38	117
13	39.80	44	34.72	34.43	28	28	85.07	90	79.99	79.99	74	43	130.49	136	125.41	125.32	120
14	42.81	47	37.73	37.73	31	29	88.10	93	83.02	82.89	77	44	133.52	139	128.44	128.44	123
15	45.81	51	40.73	40.48	35	30	91.12	96	86.04	86.04	80	45	136.55	142	131.47	131.38	126
16	48.82	54	43.74	43.74	38	31	94.15	99	89.07	88.95	83	46	139.58	145	134.50	134.50	129
17	51.84	57	46.76	46.54	41	32	97.18	102	92.10	92.10	86	47	142.61	148	137.53	137.45	132
18	54.85	60	49.77	49.77	44	33	100.20	105	95.12	95.01	89	48	145.64	151	140.56	140.56	135
19	57.87	63	52.79	52.59	47	34	103.23	109	98.15	98.15	93	49	148.67	154	143.59	143.51	138
20	60.89	66	55.81	55.81	50	35	106.26	112	101.18	101.07	96	50	151.70	157	146.62	146.62	141
21	63.91	69	58.83	58.65	53	36	109.29	115	104.21	104.21	99	51	154.73	160	149.65	149.57	144
22	66.93	72	61.85	61.85	56	37	112.31	118	107.23	107.13	102	52	157.75	163	152.67	152.67	147
23	69.95	75	64.87	64.71	59	38	115.34	121	110.26	110.26	105	53	160.78	166	155.70	155.63	150
24	72.97	78	67.89	67.89	62	39	118.37	124	113.29	113.20	108	54	163.81	169	158.73	158.73	153
25	76.00	81	70.92	70.77	65	40	121.40	127	116.32	116.32	111	55	166.85	172	161.77	161.70	156

48. 스프로킷 기준치수

단위 : mm

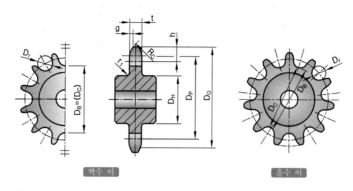

짝수 이   홀수 이

체인 호칭번호 40용 스프로킷 기준치수

잇수 N	피치원지름 D_p	바깥지름 D_o	이뿌리원지름 D_B	이뿌리거리 D_c	최대보스지름 D_H	잇수 N	피치원지름 D_p	바깥지름 D_o	이뿌리원지름 D_B	이뿌리거리 D_c	최대보스지름 D_H	잇수 N	피치원지름 D_p	바깥지름 D_o	이뿌리원지름 D_B	이뿌리거리 D_c	최대보스지름 D_H
11	45.08	51	37.13	36.67	30	26	105.36	112	97.41	97.41	91	41	165.91	173	157.96	157.83	152
12	49.07	55	41.12	41.12	34	27	109.40	116	101.45	101.26	95	42	169.95	177	162.00	162.00	156
13	53.07	59	45.12	44.73	38	28	113.43	120	105.48	105.48	99	43	173.98	181	166.03	165.92	160
14	57.07	63	49.12	49.12	42	29	117.46	124	109.51	109.34	103	44	178.02	185	170.07	170.07	164
15	61.08	67	53.13	52.80	46	30	121.50	128	113.55	113.55	107	45	182.06	189	174.11	174.00	168
16	65.10	71	57.15	57.15	50	31	125.53	133	117.58	117.42	111	46	186.10	193	178.15	178.15	172
17	69.12	76	61.17	60.87	54	32	129.57	137	121.62	121.62	115	47	190.14	197	182.19	182.09	176
18	73.14	80	65.19	65.19	59	33	133.61	141	125.66	125.50	120	48	194.18	201	186.23	186.23	180
19	77.16	84	69.21	68.95	63	34	137.64	145	129.69	129.69	124	49	198.22	205	190.27	190.17	184
20	81.18	88	73.23	73.23	67	35	141.68	149	133.73	133.59	128	50	202.26	209	194.31	194.31	188
21	85.21	92	77.26	77.02	71	36	145.72	153	137.77	137.77	132	51	206.30	214	198.35	198.25	192
22	89.24	96	81.29	81.29	75	37	149.75	157	141.80	141.67	136	52	210.34	218	202.39	202.39	196
23	93.27	100	85.32	85.10	79	38	153.79	161	145.84	145.84	140	53	214.38	222	206.43	206.34	201
24	97.30	104	89.35	89.35	83	39	157.83	165	149.88	149.75	144	54	218.42	226	210.47	210.47	205
25	101.33	108	93.38	93.18	87	40	161.87	169	153.92	153.92	148	55	222.46	230	214.51	214.42	209

체인 호칭번호 41용 스프로킷 기준치수

잇수 N	피치원지름 D_p	바깥지름 D_o	이뿌리원지름 D_B	이뿌리거리 D_c	최대보스지름 D_H	잇수 N	피치원지름 D_p	바깥지름 D_o	이뿌리원지름 D_B	이뿌리거리 D_c	최대보스지름 D_H	잇수 N	피치원지름 D_p	바깥지름 D_o	이뿌리원지름 D_B	이뿌리거리 D_c	최대보스지름 D_H
11	45.08	51	37.31	36.85	30	26	105.36	112	97.59	97.59	91	41	165.91	173	158.14	158.01	152
12	49.07	55	41.30	41.30	34	27	109.40	116	101.63	101.44	95	42	169.95	177	162.18	162.18	156
13	53.07	59	45.30	44.91	38	28	113.43	120	105.66	105.66	99	43	173.98	181	166.21	166.10	160
14	57.07	63	49.30	49.30	42	29	117.46	124	109.69	109.52	103	44	178.02	185	170.25	170.25	164
15	61.08	67	53.31	52.98	46	30	121.50	128	113.73	113.73	107	45	182.06	189	174.29	174.18	168
16	65.10	71	57.33	57.33	50	31	125.53	133	117.76	117.60	111	46	186.10	193	178.33	178.33	172
17	69.12	76	61.35	61.05	54	32	129.57	137	121.80	121.80	115	47	190.14	197	182.37	182.27	176
18	73.14	80	65.37	65.37	59	33	133.61	141	125.84	125.68	120	48	194.18	201	186.41	186.41	180
19	77.16	84	69.39	69.13	63	34	137.64	145	129.87	129.87	124	49	198.22	205	190.45	190.35	184
20	81.18	88	73.41	73.41	67	35	141.68	149	133.91	133.77	128	50	202.26	209	194.49	194.49	188
21	85.21	92	77.44	77.20	71	36	145.72	153	137.95	137.95	132	51	206.30	214	198.53	198.43	192
22	89.24	96	81.47	81.47	75	37	149.75	157	141.98	141.85	136	52	210.34	218	202.57	202.57	196
23	93.27	100	85.50	85.28	79	38	153.79	161	146.02	146.02	140	53	214.38	222	206.61	206.52	201
24	97.30	104	89.53	89.53	83	39	157.83	165	150.06	149.93	144	54	218.42	226	210.65	210.65	205
25	101.33	108	93.56	93.36	87	40	161.87	169	154.10	154.10	148	55	222.46	230	214.69	214.60	209

49. 스퍼기어 계산식 　　　　　　　　　　　　　　　　　　　　단위 : mm

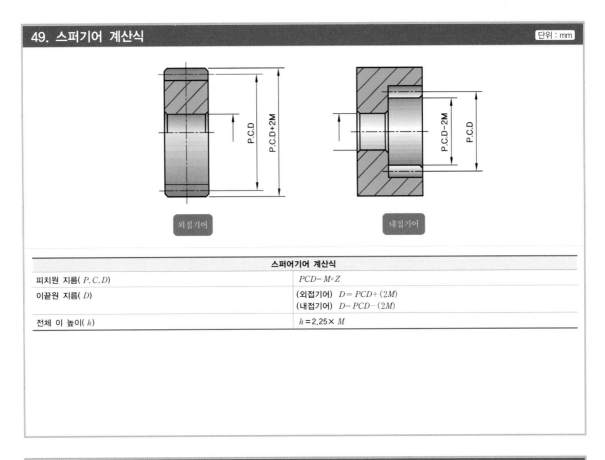

외접기어　　　　내접기어

스퍼어기어 계산식	
피치원 지름($P.C.D$)	$PCD = M \times Z$
이끝원 지름(D)	(외접기어) $D = PCD + (2M)$ (내접기어) $D = PCD - (2M)$
전체 이 높이(h)	$h = 2.25 \times M$

50. 래크 및 피니언 계산식 　　　　　　　　　　　　　　　　　단위 : mm

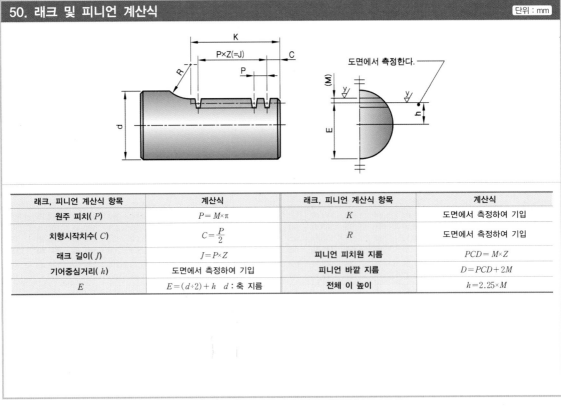

도면에서 측정한다.

래크, 피니언 계산식 항목	계산식	래크, 피니언 계산식 항목	계산식
원주 피치(P)	$P = M \times \pi$	K	도면에서 측정하여 기입
치형시작치수(C)	$C = \dfrac{P}{2}$	R	도면에서 측정하여 기입
래크 길이(J)	$J = P \times Z$	피니언 피치원 지름	$PCD = M \times Z$
기어중심거리(h)	도면에서 측정하여 기입	피니언 바깥 지름	$D = PCD + 2M$
E	$E = (d \div 2) + h$ 　 d : 축 지름	전체 이 높이	$h = 2.25 \times M$

51. 헬리컬기어 계산식

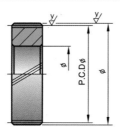

헬리컬기어 계산식

① 모듈(M) : 치직각 모듈(M_t), 축직각 모듈(M_s)

$$M_t = M_s \times \cos\beta, \quad M_S = \frac{M_t}{\cos\beta}$$

② 잇수(Z)

$$Z = \frac{PCD}{M_s} = \frac{PCD \times \cos\beta}{M_t}$$

③ 피치원 지름(PCD) $= Z \times M_s = \dfrac{Z \times M_t}{\cos\beta}$

④ 비틀림각(β) $= \tan^{-1}\dfrac{3.14 \times PCD}{L}$

⑤ 리드(L) $= \dfrac{3.14 \times PCD}{\tan\beta}$

⑥ 전체 이 높이 $= 2.25M_t = 2.25 \times M_s \times \cos\beta$

52. 베벨기어 계산식

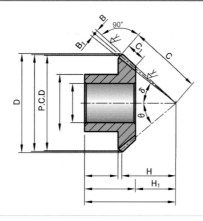

베벨기어 계산식

1. 이뿌리 높이 $A = M \times 1.25$ (M : 모듈)

2. 피치원 지름($P.C.D$)
   $PCD = M \times Z$ (잇수)

3. 바깥끝 원뿔거리(C)
   ① $C = \sqrt{(P.C.D_1{}^2 + PCD_2{}^2)/2}$
   (PCD : 큰 기어, PCD_2 : 작은 기어)

   ② $C = \dfrac{PCD}{2\sin\theta}$
   (기어가 1개인 경우 θ는 피치원추각)

4. 이의 나비(C_1)
   $$C_1 \leqq \frac{C}{3}$$

5. 이끝각(B)
   $$B = \tan^{-1}\frac{M}{C}$$

6. 이뿌리각(B_1)
   $$B_1 = \tan^{-1}\frac{A}{C}$$

7. 피치원추각(θ)
   ① $\theta = \sin^{-1}\left(\dfrac{PCD}{2C}\right)$ (기어가 1개인 경우)

   ② $\theta_1 = \tan^{-1}\left(\dfrac{Z_1}{Z_2}\right)$

   $\theta_2 = 90° - \theta_1$
   (기어가 2개인 경우 Z_1 : 작은 기어 잇수,
   Z_Z : 큰 기어 잇수, θ_1 : 작은 기어, θ_2 : 큰 기어)

8. 바깥 지름(D)
   $$D = PCD + (2M\cos\theta)$$

9. 이끝원추각(δ)
   $\delta = \theta + B =$ 피치원추각+이끝각

10. 대단치 끝높이(H)
    $H = (C \times \cos\delta)$
    소단치 끝높이(H_1)
    $H_1 = (C - C_1) \times \cos\delta$

53. 웜과 웜휠 계산식
단위 : mm

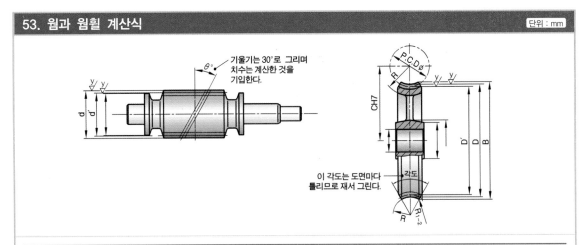

웜과 웜휠 계산식

1. 원주 피치 $P = \pi M = 3.14 \times M$

2. 리드(L) : 1줄인 경우 $L = P$, 2줄인 경우 $L = 2P$, 3줄인 경우 $L3P$

3. 피치원 지름(PCD)

   웜축(d') $= \dfrac{L}{\pi \tan \theta}$, 바깥 지름(d) $d' + 2M$

   웜휠(D'), $= M \times Z$ 모듈×잇수 $D = D' + 2M$

4. 진행각 $\theta = \dfrac{L}{\pi d'}$

5. 중심거리 $C = \dfrac{D' + d'}{2}$

6. 웜휠의 최대 지름(B) $B = D + (d' - 2M)\left(1 - \cos \dfrac{\lambda}{2}\right)$

54. 래칫 휠 계산식
단위 : mm

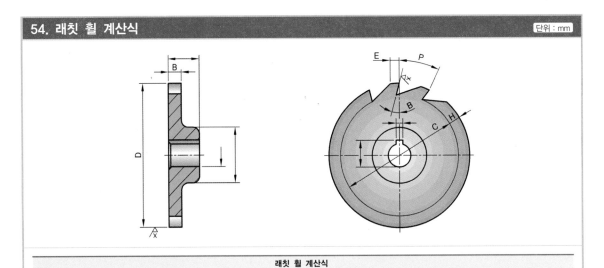

래칫 휠 계산식

① 모듈(M)

   $M = \dfrac{D}{Z}$ (D : 바깥지름, Z : 잇수)

   ※ 도면에 잇수와 모듈이 주어지지 않았을 경우 도면에 있는 외경(D)을 측정하고 피치각(P)을 측정하여 잇수(Z)를 구한 후 모듈(M)을 계산한다.

② 잇수(Z) $Z = \dfrac{360}{\text{피치각}(P)}$

③ 이 높이(H) : 도면에서 측정, 측정할 수 없을 때는

   $H = 0.35P$

④ 이 뿌리 지름(C)

   $C = D - 2H$

⑤ 이 나비(E) : 도면에서 측정, 측정할 수 없을 때는 $E = 0.5P$(주철), $E = 0.3 \sim 0.5P$(주강)

⑥ 톱니각(B) : 15~20°

55. 요목표

스퍼기어 요목표

구분		품번	○	○
공구	기어치형		표준	
		치형	보통 이	
		모듈	□	
		압력각	20°	
잇수			□	□
피치원 지름			□	□
전체 이 높이			□	
다듬질방법			호브 절삭	
정밀도			KS B ISO 1328-1, 4급	

웜과 웜휠 요목표

품번	○웜	○웜휠
치형기준단면	축직각	
원주 피치	−	□
리드	□	−
줄수와 방향	줄, 좌 또는 우	
모듈	□	
압력각	20°	
잇수	−	□
피치원 지름	□	□
진행각	□	
다듬질 방법	호브 절삭	연삭

헬리컬기어 요목표

구분		품번	○
기어치형			표준
기준 래크	치형		보통 이
	모듈		M_t(이직각)
	압력각		20°
잇수			□
치형 기준면			치직각
비틀림각			□
리드			□
방향			좌 또는 우
피치원 지름			P.C.D∅
전체 이 높이			$2.25 \times M_t$
다듬질 방법			호브 절삭
정밀도			KS B ISO 1328-1, 4급

래크, 피니언 요목표

구분		품번	○래크	○피니언
기어치형			표준	
기준 래크	치형		보통 이	
	모듈		□	
	압력각		20°	
잇수			□	□
피치원 지름			−	□
전체 이 높이			□	
다듬질방법			호브 절삭	
정밀도			KS B ISO 1328-1, 4급	

체인과 스프로킷 요목표

종류	품번 구분	□
롤러체인	호칭	□
	원주 피치(P)	□
	롤러 외경(D_r)	□
스프로킷	잇수(N)	□
	피치원 지름(D_P)	□
	이뿌리원지름(D_B)	□
	이뿌리 거리(D_C)	□

베벨기어 요목표

치형	그리슨식
축각	90°
모듈	□
압력각	20°
피치원추각	□
잇수	□
피치원 지름	□
다듬질 방법	절삭
정밀도	KS B 1412, 5급

래칫 휠

구분	품번	
잇수		
원주 피치		
이 높이		

56. 표면거칠기 구분치

단위 : μm

표면거칠기기호	산술(중심선) 평균거칠기 (Ra)값	최대높이 (Ry)값	10점 평균거칠기 (Rz)값	비교표준 게이지 번호
$\sqrt{}$	특별히 규정하지 않는다.			
w $\sqrt{}$	Ra25 Ra12.5	Ry100 Ry50	Rz100 Rz50	N11 N10
x $\sqrt{}$	Ra6.3 Ra3.2	Ry25 Ry12.5	Rz25 Rz12.5	N9 N8
y $\sqrt{}$	Ra1.6 Ra0.8	Ry6.3 Ry3.2	Rz6.3 Rz3.2	N7 N6
z $\sqrt{}$	Ra0.4 Ra0.2 Ra0.1 Ra0.05 Ra0.025	Ry1.6 Ry0.8 Ry0.4 Ry0.2 Ry0.1	Rz1.6 Rz0.8 Rz0.4 Rz0.2 Rz0.1	N5 N4 N3 N2 N1

57. 상용하는 끼워맞춤(축/구멍)

기준 축	구멍의의 공차역 클래스										
	헐거운 끼워맞춤				중간 끼워맞춤			억지 끼워맞춤			
h5				H6	JS6	K6	M6	N6[1]	P6		
h6		F6	G6	H6	JS6	K6	M6	N6	P6[1]		
		F7	G7	H6	JS7	K7	M7	N7	P7[1]	R7	
h7			F7		H7						
			F8		H8						
h8	D8	E8	F8		H8						
	D9	E9			H9						
h9	C9	D9	E8		H8						
	C10	D10	E9		H9						

기준 구멍	축의 공차역 클래스										
	헐거운 끼워맞춤				중간 끼워맞춤			억지 끼워맞춤			
H6			g5	h5	js6	k5	m5				
		f6	g6	h6	js6	k6	m6	n6[1]	p6[1]		
H7		f6	g6	h6	js6	k6	m6	n6[1]	p6[1]	r6[1]	
	e7	f7		h7	js7						
H8		f7		h7							
	e8	f8		h8							
	d9	e9									
H9	d8	e8		h8							
	c9	d9	e9		h9						

[1] 이들의 끼워맞춤은 치수의 구분에 따라 예외가 생긴다.

[1] 이들의 끼워맞춤은 치수의 구분에 따라 예외가 생긴다.

58. IT공차

단위 : μm

치수		IT4 4급	IT5 5급	IT6 6급	IT7 7급
초과	이하				
–	3	3	4	6	10
3	6	4	5	8	12
6	10	4	6	9	15
10	18	5	8	11	18
18	30	6	9	13	21
30	50	7	11	16	25
50	80	8	13	19	30
80	120	10	15	22	35
120	180	12	18	25	40
180	250	14	20	29	46
250	315	16	23	32	52
315	400	18	25	36	57
400	500	20	27	40	63

59. 주서 작성예시

1. 일반공차
   가) 가공부 : KS B ISO 2768-m
   나) 주강부 : KS B 0418-B급
   다) 주조부 : KS B 0250-CT11
   라) 프레스 가공부 : KS B 0413 보통급
   마) 전단 가공부 : KS B 0416 보통급
   바) 금속 소결부 : KS B 0417 보통급
   사) 중심거리 : KS B 0420 보통급
   아) 알루미늄 합금부 : KS B 0424 보통급
   자) 알루미늄 합금 다이캐스팅부 : KS B 0415 보통급
   차) 주조품 치수공차 및 절삭여유방식 : KS B 0415 보통급
   카) 단조부 : KS B 0426 보통급(해머, 프레스)
   타) 단조부 : KS B 0427 보통급(업셋팅)
   파) 가스 절단부 : KS B 0408 보통급
2. 도시되고 지시 없는 모떼기는 C1, 필렛 R3
3. 일반 모떼기는 C0.2~0.5
4. 주조부 외면 명회색 도장
5. 내면 광명단 도장
6. 기어 치부 열처리 HRC50±2
7. ――― 표면 열처리 HRC50±2
8. 전체 열처리 HRC50±2
9. 전체 열처리 HRC50±2(니들 롤러베어링, 재료 STB3)
10. 알루마이트 처리(알루미늄 재질 사용시)
11. 파커라이징 처리
12. 표면거칠기

, Ry50 , Rz50 , N10
, Ry12.5, Rz12.5, N8
, Ry3.2 , Rz3.2 , N6
, Ry0.8 , Rz0.8 , N4

비고
다음의 주서는 일반적으로 많이 기입하는 것을 나열한 것으로 부품의 재질 및 가공방법 등을 고려하여 선택적으로 기입하면 된다.

60. 기계재료 기호 예시(KS D)

명칭	기호	명칭	기호	명칭	기호
회 주철품	GC100, GC150 GC200, GC250	스프링강	SVP9M	탄소 공구강	SK3
탄소 주강품	SC360, SC410 SC450, SC480	피아노선	PW1	화이트메탈	WM3, WM4
인청동 주물	CAC502A CAC502B	알루미늄 합금주물	ASDC6, ASDC7	니켈 크롬 몰리브덴강	SNCM415 SNCM431
침탄용 기계구조용 탄소강재	SM9CK, SM15CK SM20CK	인청동 봉	C5102B	스프링강재	SPS6, SPS10
탄소공구강 강재	STC85, STC90 STC105, STC120	탄소 단강품	SF390A, SF440A SF490A	스프링용 냉간압연강재	S55C-CSP
합금공구강	STS3, STD4	청동 주물	CAC402	일반 구조용 압연강재	SS330, SS440 SS490
크롬 몰리브덴강	SCM415, SCM430 SCM435	알루미늄 합금주물	AC4C, AC5A	용접 구조용 주강품	SCW410, SCW450
니켈 크롬강	SNC415, SNC631	기계구조용 탄소강재	SM25C, SM30C SM35C, SM40C SM45C	인청동 선	C5102W

비고
본 예시 이외에 해당 부품에 적절한 재료라 판단되면, 다른 재료기호를 사용해도 무방함

기계 인벤터 – 3D / 2D
실기 활용서

발행일 | 2023년 5월 20일 초판 발행

저 자 | 권 신 혁
발행인 | 정 용 수
발행처 | 예문사
주 소 | 경기도 파주시 직지길 460(출판도시) 도서출판 예문사
T E L | 031) 955 – 0550
F A X | 031) 955 – 0660
등록번호 | 11 – 76호

정가 : 28,000원

http : // www.yeamoonsa.com

ISBN 978–89–274–5030–6 13550